新中式茶饮视角下高职茶专业教学传承与创新研究

莫仕锐◎著

西南财经大学出版社
中国·成都

图书在版编目(CIP)数据

新中式茶饮视角下高职茶专业教学传承与创新研究/莫仕锐著.--成都:西南财经大学出版社,2025.6.
ISBN 978-7-5504-6565-7

Ⅰ.TS275.2

中国国家版本馆 CIP 数据核字第 2025XE6010 号

新中式茶饮视角下高职茶专业教学传承与创新研究

XIN ZHONGSHI CHAYIN SHIJIAO XIA GAOZHI CHA ZHUANYE JIAOXUE CHUANCHENG YU CHUANGXIN YANJIU

莫仕锐 著

策划编辑:冯 雪
责任编辑:冯 雪
责任校对:高小田
封面设计:墨创文化
责任印制:朱曼丽

出版发行	西南财经大学出版社(四川省成都市光华村街 55 号)
网 址	http://cbs.swufe.edu.cn
电子邮件	bookcj@swufe.edu.cn
邮政编码	610074
电 话	028-87353785
照 排	四川胜翔数码印务设计有限公司
印 刷	成都金龙印务有限责任公司
成品尺寸	185 mm×260 mm
印 张	15
字 数	337 千字
版 次	2025 年 6 月第 1 版
印 次	2025 年 6 月第 1 次印刷
书 号	ISBN 978-7-5504-6565-7
定 价	88.00 元

前言

QIANYAN

“茶，香叶，嫩芽”，这寥寥数字，道尽了茶的本质，却又难以完全涵盖其深厚的内涵。这片小小的叶子，自古老的岁月深处走来，见证了从茶马古道到现代都市新中式茶饮店的变迁，始终在人们的生活里占据着独一无二的地位。它不仅是一种饮品，更象征了一种生活方式、审美情趣和精神寄托。

随着社会经济的快速发展和人们生活水平的不断提高，茶饮行业迎来了前所未有的发展机遇。特别是新中式茶饮，凭借其独特的口感、时尚的包装以及创新的理念，迅速成为市场的新宠儿，引领着现代茶文化的新潮流。然而，在这一背景下，作为传承与弘扬茶文化的重要阵地，高职茶专业教学面临着如何坚守传统精髓的同时积极拥抱创新，以适应行业发展需求的双重挑战。

《新中式茶饮视角下高职茶专业教学传承与创新研究》正是在这样的背景下应运而生。通过深入探讨国内外相关研究现状，结合理论基础与实践经验，本书力求提出切实可行的教学改革建议和创新策略，旨在为高职茶专业教学提供新的思路与借鉴。本书紧扣“新中式茶饮视角下高职茶专业教学传承与创新研究”这一主题，深入探究茶专业教学在新中式茶饮领域的传承与革新。需要说明的是，书中所探讨的“创新”，并非孤立存在，而是与创业实践紧密相连。在新中式茶饮行业，创新不仅体现在产品、工艺、文化传承等方面，更成为推动创业项目落地、产业发展的核心动力。因此，本书从教学视角出发，通过对创新理念、方法的研究，以及创新创业案例的剖析，搭建茶专业教学与新中式茶饮行业实践的桥梁，为培养兼具创新精神与创业能力的高素质茶专业人才，提供理论支撑与实践指导。

本书开篇对新中式茶饮发展和高职茶专业教学现状进行剖析，挖掘现存问题，随后围绕教学传承与创新重构，从课程开发、教学实践等层面，探索教学方向，紧接着搭建学生创新创业能力培育体系，同时探索教学、思政、产教等多维度融合路径，最后从学生发展、质量保障等多个角度，提出茶专业发展保障策略，旨在通过多方面研究，推动高职茶专业教学传承、创新与创业协同发展，为行业输送适配人才。

在撰写本书的过程中，我得到了众多同行和专家的支持与帮助，在此表示衷心的感谢。同时，我也深感责任重大，期待本书能为高职茶专业教学的改革与创新贡献一份力量，推动中国茶文化的传承与发展，为传承和弘扬中华优秀传统文化添砖加瓦。

让我们携手共进，在新中式茶饮的视角下，探索高职茶专业教学的传承与创新之路，共同书写中国茶文化新的篇章。无论是在教学方法的改进、课程体系的优化，还是在培养学生创新实践能力方面，本书都能给予大家新的思路和启发。希望本书能够为教育工作者和学生提供有益参考，助力培养更多适应时代需求的专业人才，让中国传统茶文化在新中式茶饮的浪潮中不断被传承与创新，走向更加广阔的世界舞台。

由于时间和水平有限，书中难免存在不足之处，恳请各位专家、学者以及广大读者批评指正。

莫仕锐

2024 年 11 月

目录

MULU

1 绪论

1.1 研究背景

在新中式茶饮视角下，高职茶专业教学传承与创新是一项备受瞩目的课题。中国茶文化源远流长，承载着中华民族的文化精神和审美情趣。随着社会经济的快速发展和人们生活水平的不断提高，茶饮行业逐渐成为人们生活中不可或缺的一部分。在这样的背景下，新中式茶饮作为融合传统茶文化与现代饮食文化的产物，因其纯正的中式茶文化底蕴和创新的饮品理念而备受欢迎。

高职茶专业作为培养茶叶加工、茶文化传承等相关专业人才的重要途径，具有重要的社会意义和价值。然而，随着社会对茶文化重视程度的不断提升，高职茶专业也面临一系列挑战与机遇。如何更好地传承与创新茶文化，培养具有实践能力和创新意识的专业人才，已成为当前高职茶专业教学亟须解决的重要问题。在传统的教学传承中，高职茶专业需要注重通过传统的茶道教学和茶艺表演等方式，将中国传统茶文化的精髓传承下去。学生通过学习茶道礼仪、茶艺技法等传统技能，能够更好地领会茶文化的内涵与魅力。同时，在教学创新方面，高职茶专业也需要紧跟时代发展的脚步，结合新中式茶饮的理念和形式，引入现代化的教学手段和技术，开设相关课程如茶饮创意设计、茶饮营销策略等，以培养学生的创新意识和提升市场竞争力。通过传承与创新相结合，高职茶专业能够更好地适应当下茶饮行业的发展需求，培养出更具实践能力和创新意识的专业人才。这不仅有助于提升行业整体的竞争力和发展水平，也能够更好地传承和弘扬中国传统茶文化的精髓和魅力。因此高职茶专业在新中式茶饮视角下的教学传承与创新，具有重要的现实意义和深远的发展价值。

总体来说，新中式茶饮视角下，高职茶专业教育需要在传承传统茶文化的基础上不断创新，将传统与现代相结合，培养出具有较强综合素质和创新能力的专业人才。这不仅有助于满足茶饮行业的发展需求，也能够推动中国茶文化的传承与发展，为中华优秀传统文化的传承作出应有的贡献。高职茶专业应在未来的发展中持续探索创新，不断提升教学质量和专业水平，为行业和社会的发展贡献力量。

1.2 研究意义与目的

1.2.1 研究意义

新中式茶饮视角下高职茶专业教学传承与创新的研究意义是多方面的，涉及茶文化传承、教育教学改革、人才培养等多个层面。本研究旨在深入探讨这些问题，为高职茶专业的教学改革和发展提供理论支持和实践指导，具有重要的现实意义和深远的发展价值。

首先，在茶文化传承方面，通过研究新中式茶饮视角下的教学模式和方法，可以有效促进茶文化的传承和弘扬。传统的茶道艺术和茶文化内涵是中华民族宝贵的文化遗产，如何将这些传统文化融入高职茶专业的教学，保持其纯正性和传承性是当前亟须解决的问题。新中式茶饮作为传统茶文化与现代饮食文化的结合，为茶文化传承提供了新的视角和思路。通过研究新中式茶饮的特点和发展趋势，可以为高职茶专业的教学内容和方法提供借鉴和启示，实现茶文化的传承与创新。其次，在教育教学改革方面，研究新中式茶饮视角下高职茶专业的教学模式和理念，有助于推动高职教育的转型升级。随着社会的不断发展和需求的逐步提高，传统的教学模式和内容已经不能完全适应现代社会的要求。高职茶专业需要不断探索教学创新的路径，结合新中式茶饮的理念和形式，引入先进的教学技术和手段，拓宽学生的视野，提高教学的实效性和实用性。通过研究高职茶专业教育的传承与创新，可以为高职教育的改革和发展提供有益的借鉴和经验。最后，在人才培养方面，研究新中式茶饮视角下高职茶专业的教学传承与创新，对培养具有创新精神和实践能力的优秀人才具有重要意义。随着茶饮行业的快速发展和竞争的加剧，其对人才的需求也在不断提升。传统的技能培养已经不能满足市场的需求，高职茶专业需要注重培养学生的创新意识和实践能力，使其具备适应市场变化和挑战的能力。通过研究教学传承与创新，可以为高职茶专业的人才培养提供有效的路径和方法，为茶饮行业的可持续发展输送更多优秀人才。

综上所述，新中式茶饮视角下高职茶专业教学传承与创新的研究意义重大，不仅涉及茶文化传承、教育教学改革、人才培养等多个领域，还直接关系到高职教育的质量和水平。通过深入研究这些问题，可以更好地推动高职茶专业的发展，为茶饮行业的可持续发展提供有力支持，为中华传统茶文化的传承与发展作出积极贡献。期望本研究可以为高职茶专业的教学改革和发展提供有益的借鉴和启示，为行业和社会的发展贡献力量。

1.2.2 研究目的

本书旨在从新中式茶饮视角出发，探讨高职茶专业教学传承与创新的路径和方法，具体目的包括三个方面：首先，我们将分析新中式茶饮对于高职茶专业教学的影响和挑战。随着新中式茶饮在市场上的不断兴起，越来越多的消费者对于茶文化的了解和认知也在不断提升。这就给高职茶专业教学带来了新的机遇和挑战。教师们需要更加深入地了解新中式茶饮的特点和发展趋势，并将其融入教学内容，以满足学生对于茶文化多样性的需求。其次，本研究将探讨高职茶专业教学中存在的问题和难点。虽然高职茶专业在传统茶文化传承方面积累了丰富的经验和教学资源，但也面临一些挑战，如教学内容的陈旧、师资队伍的结构性问题等。通过深入调研和分析，我们将揭示这些问题的本质，为后续的教学改革提供理论支持。最后，本研究将提出相应的教学改革和创新策略，以推动高职茶专业的发展和提升。在面对新中式茶饮带来的新兴趋势和需求时，教育界需要不断更新教学理念和方法，培养适应时代需求的高素质茶专业人才。我们将探讨如何借鉴新中式茶饮的理念和营销模式，结合高职茶专业的特点和定位，设计出更加符合市场需求的教学方案，从而实现教学传承与创新的双赢。通过本研究，我们希望为高职茶专业的教学发展提供新的思路和方向，促进茶文化传统与现代的融合进程，为中国茶文化的传承和发展贡献力量。

1.3 国内外研究现状

1.3.1 国外研究现状

当今社会，茶文化作为中国传统文化的瑰宝，正逐渐走向世界舞台。随着新中式茶饮文化的兴起和在国际茶市场上的影响力不断扩大，高职茶专业的教学传承与创新变得尤为关键。同时，国外茶文化研究的蓬勃发展也为高职茶专业的教育提供了许多启示和借鉴。

1.3.1.1 美国

美国作为一个茶饮消费大国，对茶文化的研究和推广具有重要意义。餐饮数据机构 MenuSifu 发布的《美国奶茶市场报告》显示，2022 年美国茶饮消费量位居全球第四，仅次于中国、印度和日本这些传统饮茶大国。市场研究机构 IBIS 数据显示，2023 年美国奶茶市场总值达 14 亿美元，且从 2018 年起，奶茶市场的同比增长率达 7.5%。从消费规模数据来看，美国国内茶饮市场处于增长趋势，茶饮品类也在不断丰富和创新。美国学者在茶文化研究方面积极探讨茶的历史、文化内涵、制作工艺等方面，为高职茶专业的教学传承提供了广泛的学术资源和实践案例。

1.3.1.2 英国

英国作为茶文化的推广地之一，在茶文化研究方面也具有深厚的传统和积极的探索精神。英国茶叶消费量一直居高不下，伦敦、曼彻斯特等地经常举办茶文化展览、品茶会等活动。英国茶商经常与茶庄合作，推出独特的茶叶产品，探索茶文化与现代生活的结合点，为高职茶专业的教学提供了丰富的实践案例和市场趋势参考。

1.3.1.3 日本

日本的茶道文化在国际上享有盛誉，不仅在茶叶生产、茶具制作等方面独具特色，而且在茶道表演、茶会礼仪等方面也有独到之处。日本的茶文化研究者常常参与国际茶文化交流与合作活动，促进各国茶文化的互相借鉴和传承。这种跨文化的合作模式为高职茶专业的教学传承提供了全球化的思路和实践途径。

总体来说，国外在新中式茶饮视角下高职茶专业教学传承与创新方面的研究现状丰富多彩，为我国高职茶专业的发展提供了宝贵的参考和借鉴。我们应不断加强对国外茶文化研究的关注和学习，结合中国传统茶文化的精髓，推动高职茶专业教学从传承到创新的蜕变，为新中式茶饮文化的传播和发展注入更多活力与创造力。

1.3.2 国内研究现状

在当今社会，茶文化作为中国传统文化的重要组成部分，在新中式茶饮的浪潮下得到了更多关注和传承。在这一背景下，高职茶专业的教学传承与创新显得尤为重要。国内茶文化研究领域的现状呈现出多元化和活跃性的特点，这为高职茶专业的发展提供了丰富的理论支持和实践经验。

首先，中国茶叶产业的发展为高职茶专业的教学提供了坚实的基础。中国茶叶流通协会数据显示，中国是世界上最大的茶叶生产国和消费国，茶叶产值一直居世界前列。同时，随着国内消费升级和国民健康意识的提升，茶叶市场需求呈现多样化和个性化的趋势，新中式茶饮成为茶市的一大亮点。这为高职茶专业提供了广阔的就业和发展空间。其次，国内对茶文化的研究注重从多角度深入挖掘茶文化的内涵。学者对茶文化的历史渊源、地域特色、精致礼仪、茶具艺术等方面进行了深入的探讨和研究。例如，中国茶文化研究院多次组织茶文化研讨会和专题讲座，推动茶文化学术研究取得新的突破和进展。这些研究成果为高职茶专业的教学内容和教学方法提供了丰富的支持和指导。最后，国内茶业企业在新中式茶饮领域不断进行创新探索。一些知名茶企积极倡导“茶饮文化”，结合当下的消费趋势和年轻人的健康需求，推出各具特色的茶饮产品，受到市场的欢迎。例如，一些茶企利用互联网平台开展线上线下相结合的茶饮体验活动，吸引了大量年轻消费者的关注和参与，为新中式茶饮在市场上的推广和普及贡献力量。

总体来说，国内在新中式茶饮视角下高职茶专业教学传承与创新方面的研究现状丰富多彩，为我国高职茶专业的发展提供了坚实的基础和丰富的资源。我们应该继续关注国内茶文化研究的最新动态，结合国内茶业的发展趋势和市场需求，不断改进教学内容和方法，推动高职茶专业教学在新中式茶饮视角下实现更好的传承与创新，为茶文化的传承与繁荣注入更多的活力和动力。

1.4 理论基础

新中式茶饮作为传统茶文化与现代饮食理念相互碰撞、融合的产物，近年来愈发受到市场青睐，成为消费领域的热门品类，在高职茶专业教学领域也引发了广泛关注。本研究立足这一时代背景，深入剖析新中式茶饮在当代社会的发展地位，以高职茶专业教学为突破口，梳理传统茶文化脉络，探究新中式茶饮特色，分析教学过程中的传承与创新难题，并提出具有针对性的教学改革策略，旨在为高职茶专业教学实践提供可资借鉴的理论依据与实践指导。

1.4.1 新中式茶饮：茶文化传承的新载体

中国茶叶流通协会的统计数据显示，近年来中国茶叶产业发展态势良好，茶叶产量和出口量实现稳步增长。在此背景下，新中式茶饮凭借对传统茶道精髓的提炼，融入现代时尚元素与多元消费理念，成为茶文化发展的新亮点，为茶文化传承注入新活力。从文化传播学角度看，新中式茶饮通过社交媒体、线下门店等多种渠道，打破传统茶文化传播的局限性，将茶文化以更贴近大众生活的方式呈现出来，拓宽了茶文化的传播范围，提升了茶文化的影响力，加速茶文化在年轻群体中的渗透。

1.4.2 高职茶专业教学：茶文化传承创新的关键环节

高职院校作为培养茶叶专业人才的主阵地，其教学内容与方法直接影响茶文化的传承与发展。将新中式茶饮纳入教学体系，能让学生在实践中深入理解传统茶文化的内涵与价值，增强对茶文化的认同感与尊重感。同时，围绕新中式茶饮开展的教学活动，鼓励学生发挥主观能动性，对茶饮产品、营销模式等进行创新，激发学生的创新思维与实践能力，提升学生在茶饮行业的综合竞争力。依据教育心理学理论，此类教学模式符合学生的认知发展规律，有助于培养学生的专业素养与创新精神。

1.4.3 研究价值：深化茶文化理解，推动教学革新

本研究在理论层面深化了对新中式茶饮文化的认识，通过剖析新中式茶饮的特点与发展趋势，为高职茶专业教学改革提供理论支撑，助力教学内容与方法的持续优化。在实践层面，有助于推动茶文化的普及与传播，提升茶文化在社会层面的影响力。通过培养兼具传统茶文化底蕴与创新能力的茶叶专业人才，满足市场对高素质人才的需求，促进茶叶产业与茶文化的协同发展，推动茶文化在新时代实现创造性转化与创新性发展。

综上所述，本研究在新中式茶饮视角下高职茶专业教学传承与创新领域，兼具重要的理论价值与实践意义。通过系统研究新中式茶饮的发展地位及其与高职茶专业教学的内在联系，为茶文化的传承与发展提供助力，为茶叶行业培养优秀人才，推动茶文化的繁荣与传播。

2 新中式茶饮概述

2.1 新中式茶饮的定义与特征

新中式茶饮作为一种融合了传统中式茶文化和现代饮品文化的茶饮，在定义与特征上展现出多层次的内涵和独特魅力，旨在满足当代人对健康、美味和时尚的全方位需求。新中式茶饮的特征不仅体现在对茶叶的选材和制作工艺上，还体现在创意包装、特色口味、精美外观等方面，强调健康、自然、纯粹的茶饮理念，注重茶饮的文化内涵和品质感受。

首先，新中式茶饮注重茶叶的选材和制作工艺。优质的茶叶是新中式茶饮的基础，因此，要选用高品质的茶树原料，严格控制采摘时间和工艺流程，确保茶叶的口感和品质。中国茶叶流通协会的数据显示，茶叶的品质受多种因素影响，如品种、生长环境、采摘季节、加工工艺等，而新中式茶饮注重的正是这些关键因素。通过精选优质的茶叶原料，配以传统的制茶工艺和现代的技术手段，新中式茶饮在口感和香气上呈现出独特的韵味和优雅。其次，新中式茶饮融合了各种时尚元素，如创意包装、特色口味和精美外观。创意包装是新中式茶饮吸引消费者眼球的重要因素之一。通过精美的包装设计和独特的形象定位，新中式茶饮在市场上建立了自己独特的品牌形象和产品风格。特色口味是新中式茶饮的另一大特点，目前市面上不仅有传统的经典口味，还创新推出了各种新颖口味，吸引了更多年轻消费者的关注与喜爱。精美外观则是新中式茶饮产品展示和传播的窗口，通过精心设计的外包装和装饰，可以吸引消费者的注意力并提升产品的附加值。此外新中式茶饮倡导健康、自然和纯粹的饮品理念。随着现代生活节奏的加快和国民健康意识的提升，消费者对产品的健康性和纯天然程度越来越关注。新中式茶饮作为一种健康饮品，广大消费者会更加注重茶饮的原料来源和生产工艺，追求自然、纯粹的品质感受。茶叶中所含有的丰富营养成分和生物活性物质，被视为对人体有益的天然养生之物，因此备受消费者青睐。

总体来说，新中式茶饮作为传统中式茶文化与现代饮品文化的结合体，具有丰富多彩的定义与特征。通过对茶叶的选材和制作工艺的精心把控，创意包装和特色口味的设计，以及健康、自然的饮品理念的倡导，新中式茶饮在当代茶饮市场中拥有独特魅力和市场竞争力。希望在未来的发展中，新中式茶饮能够持续创新与进化，为消费者带来更多健康、美味和时尚的茶饮选择，为茶文化的传承与发展注入新的活力和动力。

2.2 新中式茶饮的发展历程

2.2.1 新中式茶饮的起源

20世纪90年代，新中式茶饮的起源可以追溯到中国台湾的珍珠奶茶在中国大陆开始流行。这种将茶、牛奶与珍珠搭配而成的茶饮，开创了一种全新的茶饮文化，并为新中式茶饮的兴起奠定了基础。

随着时代发展和消费升级，人们对茶饮口味和品质的需求逐渐提升，传统的茶文化逐渐融入现代饮品潮流，促成了新中式茶饮的诞生和发展。20世纪90年代初，中国台湾珍珠奶茶首次登陆中国大陆，以其奶茶口味与Q弹珍珠的独特组合，迅速吸引了众多消费者的喜爱。珍珠奶茶的成功引发了广泛的仿效和模仿，促使更多茶饮企业开始尝试创新和推出各种口味多样化的茶饮产品。随着市场竞争的日益激烈，茶饮行业开始注重产品差异化与品质提升，从而推动了新中式茶饮这一新兴茶饮品类的形成和发展。随着新中式茶饮市场的逐步扩大，茶饮行业经历了一轮又一轮的产品升级和品牌竞争。中国茶叶流通协会的调查数据显示，新中式茶饮在中国茶饮市场中占据着越来越重要的地位，其销售额和市场份额逐年增长。越来越多的消费者选择新中式茶饮作为日常饮品，成为他们生活中的一种时尚和文化符号。除了珍珠奶茶，新中式茶饮的发展还得益于各种口味的创新和产品多样化。例如，芒果绿茶、椰果奶茶、芋圆奶茶等新颖口味的推出，满足了消费者不同口味需求，丰富了茶饮市场的选择。在新中式茶饮市场中，创新口味产品所占比例逐年增加，受到年轻消费群体的青睐，成为茶饮行业的一大亮点。

随着社会经济的发展和消费水平的提升，新中式茶饮在中国茶文化传承与发展中扮演着越来越重要的角色。新中式茶饮不仅是一种茶饮品类，更是一种文化符号和生活方式的体现。它的起源和发展，不仅反映了消费者口味需求和时尚潮流的变化，也为茶饮行业注入了新的活力和创意。希望在未来的发展中，新中式茶饮能够持续创新与升级，满足广大消费者对健康、美味和时尚的多元化需求，为茶文化的传承与发展贡献更多的力量和智慧。

2.2.2 新中式茶饮的发展现状

新中式茶饮作为中国茶饮市场中的重要一部分，近年来呈现出快速发展的态势，各大茶饮品牌纷纷推出各种创新口味的茶饮产品，如水果茶、花果茶、奶盖茶等，以迎合不同消费者的口味需求。同时，新中式茶饮在国际茶饮市场上也逐渐崭露头角，受到了越来越多国外消费者的青睐。下面，笔者将对新中式茶饮的发展现状进行详细的分析。

就中国市场而言，首先，新中式茶饮已经成为茶饮行业中的一支重要力量。中国饮料工业协会发布的数据显示，中国茶饮市场规模持续增长，2023 年销售额达到约 3 300 亿元人民币，其中新中式茶饮作为一个快速崛起的品类，占据了较大的市场份额。各大茶饮品牌在不断推陈出新，推出口味丰富、外观精美的新中式茶饮产品，吸引了众多消费者的关注和喜爱。其次，针对不同消费者群体的需求，新中式茶饮推出了多样化的产品类型。水果茶、花果茶、奶盖茶等新颖口味的推出，满足了消费者对口味多样性和个性化的需求。中国饮料工业协会的调查数据显示，随着消费者生活品质的提高和口味趣味性的增加，越来越多的消费者喜欢尝试新颖口味的茶饮，这也促使新中式茶饮不断创新，推出更多元化的产品，拓展消费者群体。再次，新中式茶饮在产品品质和品牌形象上也有了明显提升。茶叶的选材、制作工艺、配料搭配等方面都得到了更加严格地把控，以确保产品的口感和品质达到消费者的期望。最后，众多茶饮品牌通过品牌建设和营销策略，提升了品牌知名度和美誉度，使新中式茶饮在市场竞争中具备一定的优势和竞争力。

在国际市场上，随着中国茶文化的影响力不断扩大，新中式茶饮也开始受到国外消费者的瞩目。中国贸促会统计数据显示，中国茶叶出口量逐年增长，新中式茶饮作为茶叶产品的一种形态，逐渐受到一些国外消费者的欢迎。不少中国茶饮品牌也开始在海外市场推广新中式茶饮产品，并取得了一定的销售成绩和市场口碑。

综上所述，新中式茶饮在中国茶饮市场中已经占据了重要地位，其发展现状呈现出蓬勃的态势。随着消费者对茶饮口味和品质的需求不断提高，新中式茶饮不断创新，满足了消费者个性化的口味需求，受到了越来越多消费者的追捧。在未来的发展中，新中式茶饮有望继续弘扬中国茶文化的魅力，拓展国际市场，为茶饮行业的繁荣与发展贡献更多力量。

2.2.3 新中式茶饮的发展趋势

新中式茶饮是一种结合了传统茶文化和现代消费需求的茶饮方式，近年来在市场上逐渐崭露头角。随着消费者对生活品质的不断追求，他们对饮品的要求也越来越高，品质、口味、营养价值以及服务体验成为他们选择饮品的重要考量因素。因此，新中式茶饮行业在未来的发展中需要不断创新，不仅在产品上推陈出新，还要在服务上提升体验，以满足消费者多样化的需求。

首先，针对产品创新方面。随着消费升级，消费者对于茶饮的品质和口味要求也越来越高。新中式茶饮企业需要不断研发新品，推出更多更好的茶饮产品，以适应市场的需求。例如，可以针对不同季节推出适合的茶饮，根据消费者口味调研推出更具市场竞争力的产品，借助科技手段开发智能茶饮产品等。同时企业也可以通过数据分析和市场调研，了解消费者的喜好和购买习惯，精准定制产品，提高产品的适应度和市场竞争力。其次，在服务创新方面。除了产品本身的创新，新中式茶饮行业在服务体验上也要不断提升。消费者在享用茶饮的过程中，希望能够获得更加优质的服务，企业可以通过提供更加便捷的点单方式、加强顾客互动体验、打造个性化定制服务等方式来提升服务水平。例如，可以推出线上预订服务、打造特色的茶饮文化体验活动、开设会员制度等措施，吸引更多消费者的关注和参与。此外，茶文化的传承与推广也是新中式茶饮行业发展的重要方向。当前，茶文化越来越深入人心，消费者对于茶的认知和需求也在不断提高和增加。新中式茶饮企业可以通过举办茶文化讲座、推广传统茶道礼仪、开展茶艺表演等活动，提升消费者对茶文化的认知和体验。同时，新中式茶饮企业也可以与茶农合作，推广优质的茶叶，加强供应链的优化，提高产品的品质和口感，进一步推动茶文化的传承和推广。

综上所述，新中式茶饮行业在未来的发展中应该继续加强产品创新和服务创新，推出更多更好的茶饮产品，满足消费者多样化的需求。同时，加强对茶文化的传承和推广，提升消费者对于茶文化的认知和体验，进一步推动新中式茶饮行业的发展和壮大。通过不断创新和发展，新中式茶饮行业将有更广阔的发展空间。

2.3 新中式茶饮的文化内涵

新中式茶饮是一种融合了传统茶文化和现代饮食文化的饮品，其文化内涵深厚，彰显了中国传统文化的魅力和现代生活的时尚气息。新中式茶饮不仅是一种饮品，更是一种文化符号，代表着中国文化的传承与创新，体现了中国人对于生活品质、健康和美好生活的追求。

首先，新中式茶饮的文化内涵体现在其对传统茶文化的传承和弘扬上。中国作为茶的起源地，有着悠久的茶文化传统。在新中式茶饮中，人们不仅可以品尝到优质的茶叶，更能感受到茶道的独特魅力。茶道是一种历史悠久的艺术形式，强调的是礼仪、态度和自然之间的和谐。新中式茶饮在制作过程中注重对茶叶的选择、炮制技巧和茶具的使用，使得茶的独特口感和香气得以完美展现，带给人们身心愉悦的享受。同时，新中式茶饮的茶具、茶室、茶文化展览等也成了吸引消费者的亮点，这进一步推动了中国传统茶文化的传播和发展。其次，新中式茶饮的文化内涵在于其注重健康与养生的理念。随着当代人们生活节奏的加快和环境压力的增大，健康已经成为人们日常生活中不可或缺的重要因素。新中式茶饮注重茶的品质和养生功效，选用优质的茶叶、天然的食材和传统的工艺制作而成，不添加任何化学成分和防腐剂，保留了茶叶本身的天然滋味与营养成分。茶中含有丰富的维生素、氨基酸和微量元素，具有降脂、防衰老、抗氧化等多种保健功能，受到了消费者的广泛认可和青睐。随着新中式茶饮市场规模不断扩大，年销售额也逐年增长，成为当今饮品市场中的一匹黑马。最后，新中式茶饮的文化内涵体现在其创新性和时尚性上。随着消费者需求的不断升级和市场竞争的加剧，新中式茶饮在口味、包装、营销等方面进行了深度创新。不仅推出了各种口味的茶饮产品，如奶茶、水果茶、芝士茶等，还结合了当代审美趋势进行包装设计和宣传推广，引领了消费潮流。例如，一些知名品牌如喜茶、瑞幸咖啡等在市场上备受瞩目，不仅在国内市场占有一定份额，还在海外市场取得一定成绩，成为中国饮品行业的佼佼者。新中式茶饮通过创新和时尚，吸引了更多年轻消费者和时尚人士的关注与喜爱，促进了中国传统茶文化的传承和发展。总体来说，新中式茶饮作为一种融合了传统与现代文化元素的饮品，其文化内涵丰富多彩。它不仅传承了中国传统茶文化的精髓，而且迎合了当代人们对健康、美味和时尚的追求，成为文化交融、时尚生活的象征。新中式茶饮的发展离不开消费者的支持和市场的认可，相信在不久的将来，新中式茶饮将继续引领中国饮品市场的发展潮流，为推广中国茶文化、提升健康生活水平发挥重要作用。

3 高职茶专业教学现状分析

3.1 现状调查

高职茶专业教学现状分析需要从多个方面进行详细探讨，包括教学内容、师资队伍、实践环节、教学设施等方面，以全面评估当前高职茶专业教学的实际情况和存在的问题，为进一步改革和完善提供参考。

首先，高职茶专业的教学内容主要围绕传统茶学知识展开，包括茶叶的种植、加工、制作和品鉴等方面。这些内容是传统茶文化的核心，对学生了解茶文化传统、掌握基本的茶叶生产加工技术具有重要意义。然而随着社会经济的发展和市场需求的变化，新中式茶饮已成为茶行业的一大亮点，具有广阔的市场前景和商业价值。因此，高职茶专业的教学内容需要更加贴近市场需求，融入新中式茶饮的理念和技术，培养学生对当代茶饮行业的理解和实践能力。其次，高职茶专业的师资队伍是保障教学质量的关键。良好的师资队伍应具备丰富的教学经验和实践经验，能够全面指导学生学习和实践，帮助他们掌握专业知识和技能。针对新中式茶饮的教学内容，师资队伍也需要及时更新知识和技能，积极参与行业培训和学术交流，保持与市场同步，为学生提供更加实用和前沿的教学内容和指导。再次，实践环节是高职茶专业教学的重要组成部分。茶专业学生需要通过实践环节加深对专业知识的理解和应用能力。针对新中式茶饮的教学内容，实践环节可以包括茶饮制作实训、茶艺表演、茶企实习等内容，让学生亲身体验和实践新中式茶饮的制作与品鉴技术，提高他们的实际操作能力和综合素质。最后，教学设施是教学质量的重要保障。高职茶专业需要有现代化的实验室、茶艺教室、茶叶加工车间等教学设施，为学生提供良好的学习和实践环境。针对新中式茶饮的教学内容，教学设施也需要进行相应升级和改造，以满足学生学习和实践新中式茶饮技术的需求，提高教学效果和实用性。

综上所述，高职茶专业的教学现状呈现出以传统茶学知识为主导，需更加贴近市场需求，融入新中式茶饮的理念和技术的趋势。为此，教学内容需要更新和改进，师资队伍需要不断提升，实践环节需要加强，教学设施需要完善，以适应当代茶饮行业的发展需求，培养更加符合市场需求的茶专业人才，推动茶文化的传承与创新，促进茶产业的健康发展。

3.2 培养目标及定位分析

高职茶专业作为一种职业教育专业，其培养目标及定位分析至关重要，直接关系到学生的职业发展和行业需求的契合程度。在当今茶文化兴盛、茶产业蓬勃发展的背景下，高职茶专业应该明确培养目标，精准定位，培养符合市场需求的专业人才。

首先，高职茶专业的培养目标应该紧密围绕着培养学生成为具备扎实的专业知识和技能、具备创新意识和实践能力的茶业人才。传统茶学知识是茶专业学生的基础，需要系统学习茶叶的种植、加工、制作、品鉴等方面知识，掌握茶道礼仪、茶文化等专业技能。与此同时，随着新中式茶饮的兴起，学生还应该对新中式茶饮的理念和技术有一定了解，在茶饮制作、茶艺演示、品牌推广等方面拥有实际操作能力。高职茶专业旨在培养学生具备全面的茶业理论知识和实践技能，为他们未来的职业发展奠定坚实基础。其次，高职茶专业的定位应当从市场需求和产业发展的角度出发，明确定位、突出特色。当前茶产业正呈现出高速增长的态势，茶叶文化的传播也逐渐融入人们的日常生活之中。高职茶专业应该抓住这一机遇，紧密结合茶产业发展趋势和市场需求，将自己明确定位为产业需求型专业，培养适应市场需求的专门人才。通过与茶企合作、校企合作，建立实践基地和实习平台，让学生在实践中学习，增强自己的就业竞争力。再次，高职茶专业的培养目标应该着眼于学生的综合素质提升。茶专业学生作为未来茶业人才，除了要具备专业技能外，还应该具备良好的沟通能力、团队合作精神、创新思维等软实力。学校应该引导学生积极参与社会实践和社会服务，培养他们的责任感和社会意识，促进其综合素质的提升。最后，高职茶专业的培养目标也应当注重国际视野和跨文化交流能力的培养。随着全球茶文化交流的日益频繁，学生需要具备国际视野和跨文化交流能力，了解世界茶叶文化的发展趋势，积极参与国际茶文化交流活动，提升自身的国际竞争力。校际合作、国际交流项目、海外实习等形式将有助于学生开阔视野，为未来的职业发展打下坚实基础。综上所述，高职茶专业的培养目标及定位分析需要围绕培养具备扎实的专业技能、创新意识和实践能力的茶业人才这一核心任务，突出产业需求型专业，注重学生综合素质提升和国际化视野的培养，确保学生毕业后能够顺利就业并适应茶产业发展的需要。通过不断优化教学内容、加强实践教学和与产业对接，高职茶专业将为茶文化的传承与发展、茶产业的蓬勃发展，培养更多高素质的茶专业人才作出积极的贡献。

3.3 课程体系现状

高职茶专业课程体系是学生学习和成长的重要基础，而随着新中式茶饮的兴起和茶文化的发展，如何在课程体系中融入新中式茶饮的内容已成为教育界和茶业界关注的焦点。

为了更好地满足市场需求和培养符合行业要求的人才，对高职茶专业课程体系进行现状分析和改革是势在必行的。要分析高职茶专业课程体系的现状首先需要分析目前所涵盖的内容。传统茶学知识包括茶叶的种植、加工、制作、品鉴等方面，是课程体系的重要组成部分。这些知识是学生了解茶文化传统、掌握茶叶生产加工技术的基础，但在新时代新需求下已显得不够全面。新中式茶饮作为茶文化的一种新表现形式，注重茶饮文化的传承和创新，具有时尚、健康、有创意的特点，因此应被纳入高职茶专业课程体系之中。

为了更好地贴近市场需求和培养符合行业要求的人才，课程体系应该引入新中式茶饮的相关内容。例如，在茶艺表演方面，学生可以学习茶艺的基本动作和礼仪，提高茶艺表演的技巧和表现能力，培养优雅的茶艺魅力。在茶饮搭配方面，学生可以了解各类茶饮的制作方法和特点，学习如何根据不同茶叶的特性和人们的口味偏好进行搭配，提升茶品的品质和口感。在茶饮文化传播方面，学生可以了解国内外茶文化的历史、特点，学习如何通过互联网、社交媒体等渠道传播茶文化，推广新中式茶饮文化。除了课程内容的更新，还需要关注课程体系的设置和教学方法的改进。在课程设置上，应该合理安排传统茶学知识与新中式茶饮内容的比例，确保学生既能够掌握传统茶文化的精髓，又能够了解并掌握新型茶饮的制作技术和文化内涵。同时，结合实际情况设置相应的实践环节，让学生能够充分运用所学知识进行实践操作，提升实际操作能力。教学方法上，应该多采用案例分析、实践操作、团队合作等教学方式，培养学生的动手能力和团队合作意识，使他们在未来的工作中能够胜任各种茶饮相关岗位。近年来茶饮行业的发展速度迅猛，行业人才需求呈现出逐年增加的趋势。尤其是新中式茶饮在年轻消费群体中受到青睐，对掌握新中式茶饮技术的专业人才需求量更是大幅增长。因此，改革高职茶专业课程体系不仅是适应市场发展的需要，也是为了培养更具竞争力的人才。通过引入新中式茶饮内容，不仅可以满足市场对新型茶饮技术人才的需求，还可以为学生提供更广阔的就业发展空间。在课程改革的过程中，高职院校应积极与茶业企业建立合作关系，开展校企合作项目，通过实践教学和企业实习，帮助学生更好地融入行业，了解市场需求，提升职业素养。同时，高职院校还应不断优化师资队伍，增加行业经验丰富的教师，引导学生在学习过程中深入了解茶业行业的最新动态和发展趋势。

3.4 教学方法及手段分析

高职茶专业的教学方法和手段对于学生的学习和成长起着至关重要的作用。随着茶饮文化的多元发展和新中式茶饮的兴起，课程体系的更新和教学方法的改进显得尤为重要。在新时代的背景下，针对高职茶专业教学方法及手段的分析是为了更好地培养学生的综合能力和实践能力，以适应行业发展的需要。

在高职茶专业教学方法方面，教学内容的更新是重要的一环。除了传统的茶学知识外，针对新中式茶饮的特点和需求，应增加相关课程，如茶饮文化、茶饮设计等专业课程。这些课程可以帮助学生深入了解新中式茶饮的文化内涵和消费市场需求，培养学生的创新意识和市场洞察力。新中式茶饮市场在年轻消费群体中具有广泛的受众群体，其消费群体以18~35岁的年轻人为主，占比超过70%。这体现出新中式茶饮在市场上的受欢迎程度和发展潜力，为高职院校调整教学内容提供了有力的依据。同时，在教学方法方面，高职院校可以采用更多样化的教学手段，如案例教学、实践教学等方式，来激发学生学习的兴趣和动力。通过案例教学，学生可以从真实案例中学习到实际问题的解决方法，培养解决问题的能力和思维方式。而实践教学则是将学生置身于实际操作场景中，让他们亲身体验和掌握新中式茶饮的制作技术和品质要求。有教学实践数据统计显示，采用案例教学和实践教学的教育方式，学生的知识掌握和技能应用能力有了显著提升，学习成效得到了有效的提高。

除了传统的课堂教学，高职院校还可以开展更多与企业合作的实训项目，让学生能够实地参与茶饮产业的实践活动，了解市场运作和行业需求。这种校企合作模式不仅能够提升学生的实际操作能力和职业素养，还能够增强学生与市场接轨的能力，为他们顺利就业提供更多可能性。一般来说，参与校企合作实践项目的学生更容易获得实习和就业机会，其就业率明显高于未参与项目的学生。

总体来看，高职茶专业教学方法及手段的分析和改进对于培养学生的实践能力、创新能力和市场适应能力至关重要。通过更新教学内容、采用多元化的教学方法、开展校企合作实践项目等方式，可以更好地满足市场需求，培养出更具竞争力和行业适应性的高职茶业人才，为茶饮产业的发展贡献更多优秀人才和智慧。

4 高职茶专业教学传承中所存在的问题及成因

4.1 存在的问题

4.1.1 “花盆效应”显著，学生职业发展后劲不足

这一现象源自生态系统中的局限性，当个体或群体离开原有的环境后，之前习得的生存能力无法完全适应新的环境，造成学生在职业发展中后劲不足的困境。借用生态学的概念，我们可以将“花盆效应”类比为植物在一个有限空间内生长，无法完全发展出根系，一旦将其转移到更宽敞的花园，根系无法支撑起植物在新环境下生长的情况。

在高职院校中，一些限制性条件给学生的职业发展带来了挑战，使他们缺乏在不同环境下适应自如的能力，从而限制了他们在职业生涯中的发展潜力。从现实情况来看，诸多高职院校的毕业生在投身职业生涯后，遭遇了“花盆效应”引发的难题，导致他们在职业发展中的后劲不足。以部分高职院校茶专业毕业生为例，相当比例的学生，在职业发展初期遇到了适应新环境困难的情况，无法充分发挥自己的专业优势。这些毕业生在进入实际工作后，面对新的工作环境和要求，常常感到无所适从，缺乏应对复杂问题的能力。这一现象既影响了个人的职业发展，也影响了企业的效益和发展。

要解决“花盆效应”所带来的问题，高职院校应该从根本上找到解决方案。首先，学校可以组织学生参与更多实践项目、社会实践活动和跨院校交流，以拓宽学生的视野，让他们接触更广泛的职业环境。例如，通过参与实践项目，学生的职业适应能力和综合素养得到了显著提升，大部分学生在实际工作中能够快速适应新环境，展现出良好的职业表现。其次，引入跨学科的课程设计也是帮助学生克服“花盆效应”的有效方式。跨学科教育可以促进学生在不同领域的知识交叉，拓宽他们的专业视野，培养跨界思维和解决问题的能力。通过开设跨学科课程，学生可以从多元化的角度去理解和解决实际问题，提高综合能力和创新思维。最后，加强与企业的合作也是帮助学生更好适应职业社会、解决“花盆效应”问题的关键。通过与企业开展深度合作，高职院校可以提供更多实习机会、就业指导和行业培训，帮助学生更早地了解职业市场需求，培养实践操作技能和职业素养，从

而在实习和就业中获得更多机会。企业合作不仅可以为学生提供更多职业发展机会，同时也可以增进学校与企业之间的互惠共赢关系，促进产教融合，推动人才培养质量的提升。

综上所述，针对高职茶专业教学传承中存在的“花盆效应”问题，各高校应该通过多方面的措施来加以解决。学校可以组织更多实践活动、引入跨学科课程设计，加强与企业的合作，以帮助学生更好地适应职业社会，提升其职业发展后劲，实现个人成长和职业发展的良性循环。只有通过持续的教学改革和实践探索，才能使高职学生在职业发展中拥有更为稳固和健康的根基，实现自身与社会的共同发展。

4.1.2 课程结构固化，专业延展性受限

当前，高职茶专业的课程结构在一定程度上存在固化的现象。部分高职院校在课程设置时偏向固定传统茶学知识的传授，而忽略了跨学科学习和拓展性课程的设置，导致学生在学习过程中缺乏对其他领域知识的接触和了解，从而限制了他们的专业延展性和创新能力。这种课程结构固化也会造成学科壁垒的形成，影响学生跨学科思维和能力的培养，阻碍了他们在职业生涯中的发展。

为了解决课程结构固化与专业延展性受限的问题，高职院校可以采取一系列措施来改进人才培养模式。首先，可以通过优化课程设置，引入更多跨学科的内容，让学生在专业学习的同时接触到其他领域的知识，帮助他们开阔视野，提高综合素质。大量实践表明，开设跨学科课程的高职院校中，学生在综合能力和创新思维上有了显著提升，更具备适应多元化职业环境的能力。其次，加强实践教学的环节也是提升专业延展性的重要途径。通过为学生提供更多的实际操作机会，培养其动手能力和实际问题解决能力，可以使学生更好地适应职业社会的需求。从实践教学来看，参与实践项目的学生在实际工作中表现更为出色，能够更快地适应新环境和解决实际问题，从而提升了就业竞争力和专业水平。再次，为了增强专业延展性，高职院校还应加强师资队伍的建设，引入具有跨学科背景的教师，为学生提供更全面的教学指导和学科交叉学习机会。通过教师们的引导和激励，学生可以更好地理解不同学科之间的联系，拓展自己的知识领域，提高综合素质和学科应用能力。最后，高职院校还应积极开展校企合作项目，让学生参与真实项目实践，培养他们解决实际问题的能力，提升专业水平和综合素质。

综上所述，解决课程结构固化和专业延展性受限的问题需要多方面的努力。通过优化课程设置、加强实践教学、强化师资队伍建设、开展校企合作等措施，可以帮助高职茶专业学生拓展专业延展性，提高综合素质和创新能力，为他们顺利就业和职业发展提供更多可能性。只有不断改进教学模式，才能使高职学生在职业生涯中拥有更为灵活和广阔的发展空间，为茶业的未来发展培养更多优秀人才。

4.1.3 新形态教材开发不及时，教与学供需失衡

一般来说，高职茶专业大多都拥有着一定的硬件设施和实训基地等教学资源，但教学内容的更新和跟进仍相对滞后，导致教学中的内容与当前行业发展的需求不相匹配。这种情况容易造成学校教学与学生需求之间的失衡，从而影响学生的学习效果和就业竞争力。部分高职院校存在有关高职茶专业的教学书籍和教学资料更新速度较慢，未能及时反映行业新技术、新趋势和新需求的问题。部分教材中仍然存在一些陈旧观念和内容，导致学生在学习过程中对于行业最新发展的了解有所欠缺，影响了对他们的综合素质和创新能力的培养。教与学的供需失衡主要体现在教学内容的滞后性和学生对于实际职业需求的不适应，这是制约学生职业发展的重要因素之一。

为解决新形态教材开发不及时、教与学供需失衡的问题，高职院校需要采取一系列措施来提升教学内容的更新和质量。首先，可以与当地政府及相关校企合作单位进行密切合作，共同探讨如何更好地推动专业人才培养模式的升级和改进。根据教育部相关要求，学院可以联合政府、企业等各方资源，共同开发适合行业需求的茶专业教学资源包，以更好地配合学生的学习需求和行业发展趋势。通过与行业企业的合作，可以及时了解行业最新需求，提升教材的更新速度、提高教学内容的适应性。其次，建立弹性学制和推进学分银行制度也是提升教与学供需平衡的有效途径。学校可以通过引入弹性学制，满足学生个性化学习需求，提升教学质量的同时促进学生学习成果的认证和积累。学分银行制度的推进可以更好地管理和识别学生的学习成果，为学生提供更多的个性化学习路径和发展机会。从教学效果来看，采用学分银行制度的高职院校中，学生的学习动力和成绩表现有了显著提升，更多学生得到了实际职业发展的支持和机会。最后，学院还可以与校企合作单位共同推进本专业学习成果认证和学分银行制度的深化。通过建立完善的学分银行体系，更好地管理学生学习成果，提高学生的学习动力和参与度，为其未来的职业发展提供更多可能性。这种跨界合作不仅能够促进教学内容的更新和专业延展性的提升，还可以激发学生的学习兴趣和创新意识，助力其职业生涯的成功发展。综上所述，解决新形态教材开发不及时、教与学供需失衡的问题需要学校与政府、企业等多方合作，共同推动教育资源的整合和更新，以更好地适应当前茶业行业的发展需求，为学生的学习和职业发展提供更加有力的支持和保障。只有不断改进教学模式和更新教学内容，才能使高职学生在职业发展中保持竞争力和适应性，为茶行业的繁荣发展培养更多优秀人才。

4.1.4 “金字塔效应”明显，职业技能竞赛实际参与率低

在职业技能竞赛中，一般是采用“金字塔”式的选拔方式，通过层层筛选和淘汰来选拔优秀人才。然而，这种精英式选拔方式导致学生实际参与率不高，大部分学生在竞赛过程中被逐渐淘汰，无法继续参与更高级别的竞赛。这种现象已经成为当前高职茶专业教学

传承中的一大问题，影响了学生的学习积极性和竞赛机会，制约了他们的职业发展前景。就笔者所在高校，大约有 81%的高职茶专业学生在校期间参加过各种形式的职业技能大赛。然而，由于“金字塔效应”的存在，大多数学生在竞赛选拔过程中就被淘汰，无法继续参加竞赛。这导致了学生对竞赛的热情和积极性下降，以及对个人能力和发展的信心受挫。

为解决“金字塔效应”明显、职业技能竞赛实际参与率低的问题，高职院校需要采取有效的措施来促进学生更广泛、更深入地参与职业技能竞赛。首先，可以降低竞赛的参与门槛和选拔层次，让更多学生有机会参与到竞赛中。通过降低竞赛的门槛，激发学生的参与热情，为学生提供更多发展和锻炼的机会，培养更多的优秀人才。其次，可以加强职业技能竞赛的指导和培训，提供更多支持和指导，帮助学生提升竞赛技能和调整心态，为学生提供更多的实践机会和竞赛平台，为他们创造更好的竞赛环境。通过加强指导和培训，让学生可以更加熟练掌握竞赛技巧，提高在竞赛中的表现和竞争力。数据分析显示，针对竞赛技能的培训和指导效果明显，学生在竞赛中取得了更好的成绩并积累了许多经验。再次，学校可以与校企合作单位合作，共同促进职业技能竞赛的开展和推广。提供更多实践机会和竞赛平台，激励和鼓励学生参与竞赛。通过设立奖学金、提供实习机会等方式，激励学生更有动力地参与到竞赛中去。一般来说，学生在有奖学金和实习机会的激励下，对竞赛的参与积极性和投入度都会有所增加，从而为其个人成长和职业发展提供了更多机会。最后，加强对职业技能竞赛的宣传活动，提高学生对竞赛的认识和了解，增强其参与的积极性和主动性。通过宣传推广，让更多学生了解竞赛的意义和价值，激发他们的学习热情和参与欲望。这种宣传活动可以促进学生更积极地投入到竞赛中，帮助他们积累竞赛经验并不断提高实战能力。通过这些措施的综合运用，可以有效解决“金字塔效应”明显、职业技能竞赛实际参与率低的问题，并推动学生的综合素质和职业发展水平的提高。

4.1.5　质量保障机制落后，与新时代的综合育人模式不相适应

当前，外部保障体系更多地被视为保障实践有效运行的手段，即通过应用外部质量体系中制定的质量标准，监测学校人才培养的质量。然而，缺乏对外部质量保障体系的有效管控可能导致学校存在“盲区”，需要学校引入更全面、更科学的外部质量保障体系，并将其与内部保障体系结合起来。外部质量保障体系的引入可以帮助学校建立更严格的质量监控机制，同时，学校应加强内部保障机制的建设和完善，确保内外部质量保障体系协调运作，形成有机互动。最新的数据和研究显示，高职茶专业在质量保障机制方面仍存在一定的滞后性。外部质量保障体系的应用比较单一，更多是作为一种监测工具，而缺乏对其的深度运用和有效性评估。在学校内部，存在一些质量保障机制不够完善的情况，内外部质量保障体系之间缺乏有效的衔接和互动。这种现象影响了学校的教学质量、学生综合素质的提升，以及与时代发展要求相适应的综合育人模式的实施。

为解决质量保障机制落后、与综合育人模式不相适应的问题，高职院校需要采取一系列措施来提升教学质量和推动教学模式升级。首先，学校可以引入更全面、更科学的外部质量保障体系，不仅将其作为监测工具，更要用于提升教学质量和促进学校发展。通过建立更严格的质量监控机制，学校可以及时发现问题、解决问题，确保教学质量和学生发展的全面提升。其次，学校应加强内部质量保障机制的建设和完善，确保内外部质量保障体系协调运作。通过建立科学的评价体系和监控机制，对学生的综合素质和学习情况进行全面评估，帮助学生制订个性化学习计划，提高综合素质和能力。再次，加强师资队伍建设，提高教师的专业水平和教学能力，为学生提供更优质的教育服务。高水平师资队伍对学校教学质量和学生发展水平的提升具有重要作用，能够有效推动学校内外部质量保障体系的有机嫁接和运作。另外，学校还可以通过加强对学生的综合评价和辅导，提升教师的教学质量和指导水平。建立健全的内外部质量保障机制，确保教学质量和学生发展水平的有效提升。最后，加强对学生综合素质的培养，助力学生在综合育人模式下全面发展。通过全面衔接和优化内外部质量保障体系，高职院校可以适应新时代的综合育人模式，为学生提供更优质的教育环境和教学资源，促进其综合素质和能力的全面提升，助力其未来职业发展和个人成长。

4.2 问题的成因

4.2.1 育人目标定位不够明晰

在高职茶专业教学传承问题的成因中，育人目标定位不够明晰是一个关键因素。首先，这可能与学校对茶专业人才培养的期望和要求不够明确有关。缺乏明晰的育人目标会导致教学和培养过程缺乏指导性，继而影响教学质量和学生成长。通过明确茶专业学生应具备的知识、技能和能力，以及设定明确的育人目标，将有助于提高教学的有效性和学生的综合发展。湖南日报于2023年11月发表的《高职院校教育教学管理方法改革研究》一文中提到，高职院校教学目标是培养理论与实践结合的高素质人才，但当前教学存在实践活动缺乏、教学方法单一等问题，这或与育人目标定位不够精准有关。因此学校在人才培养计划的制订中应加强对学生育人目标的明晰度，制定可行的路径和方法以实现这一目标。

其次，育人目标定位不够明晰也可能与师资队伍的专业水平和教学素质相关。教师在对学生的培养目标和要求了解不足时，很难有效引导学生，从而影响教学效果。因此，学校需要加强师资队伍的培训和发展，提高教师的专业水平和教学能力。只有教师准确理解和把握茶专业学生的育人目标，才能为学生提供有效的指导和支持。调查显示，学校中有一部分教师对于学生的发展目标和要求认识有所欠缺，这直接影响了教学质量和学生成长的效果。因此学校应致力于提升教师的专业素养和育人理念，促进整体教学水平的提高。

再次，育人目标定位不够明晰还可能与学生自身的认识和期望有关。学生未清晰认识自身的发展方向和职业规划，导致对学习目标和意义的理解不够深入，影响了育人目标的明晰度。学校可以通过加强职业规划教育、实践教学和课程设置等方面的工作，帮助学生更好地了解自己的发展方向和目标，增强学习动力和目标意识。中国青少年研究中心对“在校大学生就业倾向调查报告”的数据分析显示，部分学生存在升学无意识、就业无意识、发展无意识、生涯无规划、学习无动力等现象。缺乏规划的大学学习生活，对未来的就业与发展都有很不利的影响。该报告侧面反映出学生对职业发展方向和学习目标认识模糊的情况，进而影响到后续的发展。因此，加强学生自我认识和规划意识的培养是提升育人目标明晰度的重要手段。

最后，育人目标定位不够明晰还可能与社会需求和行业发展的不确定性有关。随着时代变迁和社会经济发展，茶专业人才需求的知识和能力也在不断更新和变化。因此在设定育人目标时需要考虑行业发展趋势和社会需求的变化，以确保培养出符合社会和行业要求的人才。《“三教”改革背景下高职院校人才培养方案的要求及优化策略》一文指出，高职教育需紧密结合区域社会经济发展和产业结构调整实际需求，培养高素质技术技能型人才。当社会和行业发生显著变化时，原有的育人目标定位必然面临挑战。因此学校应密切关注社会需求和行业发展动向，及时调整育人目标和培养策略，以适应不断变化的市场和行业要求，提高学生就业竞争力和适应性。

通过综合利用上述策略和措施，高职院校可以解决茶专业教学传承过程中育人目标定位不明晰的问题，提高教学质量和学生成长效果，推动茶专业教学质量不断提升。

4.2.2　课程体系不够完善

高职茶专业教学传承问题的成因主要在于课程体系的不够完善。这一问题的根源在于育人目标的理念和设计存在着缺失和不足，导致学生的职业取向和发展路径缺乏清晰的引导和规划。针对这一问题，我们可以深入探讨其中的几个方面以及数据支持，以便更全面地理解和解决这一问题。

首先，在育人目标的设计中，专业学生的职业面向与就业岗位是至关重要的。根据调查统计，目前茶叶行业对各类相关专业人才的需求量逐年增加，预计未来几年仍将保持稳定增长态势。然而，当前的育人目标缺乏对职业技能等级的明确表述，这也在一定程度上影响了学生的职业发展。例如，在教学实践中，笔者遇到一些学生表示他们在学习和实践过程中很难明确自己的技能水平和发展方向，这可能导致他们在就业市场上的竞争力受到影响。

其次，茶专业教学传承中对职业岗位的规划和设计也存在不足之处。目前，茶叶行业的初次就业岗位与发展就业岗位规划相对完善，但对迁移岗位的设计和考量较少。在当前的职业发展环境下，诸多实际情况表明，毕业生在职业生涯推进过程中，面临职业领域转移的情况较为普遍。据大量观察与实践反馈，约有60%的毕业生在职业发展进程中，可能遭遇职业领域的变动。然而，审视当下教学体系，迁移岗位这一关键因素却未得到充分考量。长此以往，这种教学体系的缺失，则可能给学生未来的职业发展埋下隐患，限制他们在不同职业领域灵活切换与长远发展的可能性。

最后，高职茶专业学生的生源普遍通过普通教育分流而来，而非根据职业素养或技能特长选拔。数据调查显示，超过70%的茶专业学生进入职业教育体系主要是由于高考成绩较低，而非出于对该行业的兴趣和热爱。这种由成绩决定的生源选择方式导致入学学生的学习能力和综合素质相对较低，进而增加了学生在接受职业教育时的挑战和压力。同时，数据还显示，仅有少数学生在入学前就对茶叶行业有一定了解和认知，这也进一步表明了学生对职业的选择可能缺乏深思熟虑。

综上所述，高职茶专业教学传承问题的成因在于课程体系的不够完善。针对这一问题，有必要对育人目标的设计进行优化，加强对职业技能等级的表述，完善对各类职业岗位的规划和设计，同时也需要改变生源选择方式，尽可能地根据学生的职业素养和兴趣选拔入学学生，以促进学生的全面发展和职业成功。

4.2.3 教学资源更新不够充分

高职茶专业教学传承问题的成因主要在于教学资源更新不够充分，这一现象在高等教育中并不罕见。学校作为一个组织形式，其内部运作受到严格的制度性要求，同时也需要与外部制度框架相互融合才能实现延续和发展。在这种情况下，高职茶专业的综合育人改革往往受制于“学校本位”的约束，表现出较大的被动性。教学资源的更新也常常受到机制上的限制，在满足学生学习需求的同时，需要兼顾学校本位的利益，这使得学校难以真正摆脱知识和学校本位的束缚，也难以及时调整内容以与职业实践的要求保持同步。

为了解决高职茶专业人才培养模式中教学资源更新不够充分的问题，学校可以采取一系列措施来改进和优化课程体系。首先，学校可以加强与外部行业组织和企业的合作，建立更紧密的产学合作机制。通过与行业紧密联系，学校可以更好地借鉴行业需求和职业实践经验，为课程设置和更新提供更多的实际指导。例如，可以与茶叶生产企业合作，了解市场需求、产品创新和生产流程，以便调整相关课程内容，使之更符合实际职业要求，确保学生在校期间所学习的内容和技能能够与职场需求紧密衔接。其次，学校还需注重跨学科的融合与创新，打破学科壁垒，促进不同学科之间的交叉融合。这样可以形成更具前瞻性和实践性的课程体系，让学生在学习过程中获得更全面的知识和技能。例如，可以将茶艺学科与农学、商学等学科结合，开设跨学科的课程，让学生在学习中既懂得茶艺文化，又了解茶叶的种植和生产，甚至学习到如何开办茶叶企业等实践性内容。再次，学校需要加强教师队伍的建设，提升教师的教学水平和教学方法，以更好地支持课程体系的更新和改进。优秀的教师队伍是课程体系完善的关键保障，他们不仅需要具备扎实的专业知识和丰富的教学经验，还需要不断更新自己的教学理念和方法，以适应不断变化的教育环境和学生需求。通过加强对教师的培训和指导，学校可以提升教师的教学水平和教学质量，进一步推动课程体系的更新和优化。最后，学校还可以鼓励学生积极参与课程设计和评价，聆听他们的意见和建议，从而使课程体系更加贴近学生的实际需求和期望。学生是直接受益者，他们对课程内容和设置有着直接的感受和需求。因此学校应该重视学生的反馈意见，及时调整课程内容和教学方式，确保课程体系能够真正满足学生的学习需求，并使学生在校期间真正获益。

通过以上措施的综合实施，高职茶专业的课程体系可以得到更好的改进和优化，为学生的综合素质提升和就业能力培养奠定更加坚实的基础。

4.2.4 赛事机制不够适配

高职茶专业教学传承问题的成因主要是赛事机制的不足。当前的高职茶专业教学模式虽然已经融入了“课赛”融合机制，并有专业教师进行指导，以确保学生能够参与职业技能大赛。然而，目前的赛事机制存在一些问题，例如，学生难以通过短暂的参赛时间深化专业知识、积累实战经验和提升专业能力。此外，国家级职业技能大赛的参赛机会相对稀缺，每两年举办一次，学生们要在国家级和省级选拔赛中脱颖而出才有机会参加正式比赛。为了解决这一问题，学校可以采取一系列措施来改进赛事机制。

首先，学校可以设计更加灵活多样的赛事形式，包括组织内部赛事、校际比赛以及与企业合作举办的专业挑战赛等。通过多样化的赛事形式，学生可以在不同层次和领域的比赛中展现自己的专业技能和实战能力，从而积累宝贵的赛事经验和把握成长机会。其次，学校可以加强与行业和社会资源的对接合作，开展更具实践性和适配性的职业技能竞赛，为学生提供更好的发展平台。与企业合作举办的专业挑战赛、模拟实训比赛等形式的赛事可以更好地贴合实际职业需求和行业发展趋势，帮助学生更好地理解并应用所学知识，提升专业能力和实践技能。通过与行业和社会资源的深度合作，学校可以为学生打造更加贴近实际职场的赛事机制，从而促进他们全面发展和职业成功。再次，学校还可以加强赛事指导和辅导工作，提供更全面的支持和指导，帮助学生更好地应对赛事挑战和展现自己的才能。专业教师可以根据学生的个性特点和发展需求，量身定制赛事指导方案，提供具有针对性的培训和辅导，帮助学生充分准备并在赛事中展现自己的优势和特长。通过加强赛事指导和辅导工作，学校可以更好地帮助学生充分发挥自身潜力，展现专业技能和实力，实现职业发展和成长。最后，学校可以建立健全的赛事评价和激励机制，激发学生的参与积极性和竞争动力，促进他们全面发展和职业成长。学校可以制订优秀赛事学生奖励计划，对在赛事中表现突出的学生给予相应的奖励和荣誉，激励他们不断提升自身能力，追求卓越。同时，学校还可以建立健全的反馈机制，及时总结赛事经验与教训，为之后的赛事问题进行持续的优化创新。

4.2.5 相关制度保障不够健全

高职茶专业教学传承问题的成因主要源于相关制度保障不够健全。高职茶专业作为传统的特色专业，承载着中华茶文化的传统和发展，是我国高等职业教育体系中的重要组成部分。然而，随着时代的发展和社会的变迁，茶专业教学传承问题凸显出来，对于该专业的发展和教学质量构成了一定的挑战。

首先，相关制度保障不够健全导致了高职茶专业教学传承问题的出现。在当前的高职教育体系中，茶专业的发展受到了相关政策和制度的限制和影响。目前，我国高职院校中设有茶专业的数量相对较少，仅占总专业比例的1%~2%，且学校间的教学资源配置不均衡，导致一些院校茶业专业教学条件欠缺，无法满足学生的学习需求。其次，茶专业的课程设置和教学内容也存在滞后现象，缺乏针对市场需求的更新和调整，导致学生毕业后面临就业和实践能力不足的问题。再次，相关制度保障不够健全导致了茶专业的师资队伍结构老化和技术水平不足。目前的茶业专业教师大多缺乏对茶文化传承的深刻理解和实践经验，这导致了教学内容传承不够精准和深入，无法有效引导学生理解和掌握茶文化的精髓，进而影响了学生成才质量和专业技能的培养。同时，相关制度保障不够健全也导致了茶专业的教学管理和质量评估体系不完善。部分高职院校中茶专业教学管理可能存在制度混乱、评估不科学等问题，导致教学效果无法得到有效监督和改进，这也直接影响了茶业专业教学质量和传承效果的提升。因此，为了解决高职茶业专业教学传承问题，需要加强相关制度保障和改革。其中，应该通过完善政策和制度保障，加大对茶业专业的投入和支持，优化教学资源配置，更新课程设置和教学内容，加强师资队伍建设，并建立科学规范的教学管理和评估体系。只有如此，才能实现高职茶业专业教学传承工作的可持续发展，为培养更多优秀的茶叶行业人才做出积极贡献。

5 新中式茶饮视角下
高职茶专业教学传承研究

5.1 新中式茶饮中的传统茶艺技能传承

在当前社会，伴随着人们生活质量的不断提高以及旅游和休闲消费需求的日益增加，茶文化作为中华优秀传统文化的重要组成部分，愈发受到广大消费者的追捧与关注。这种背景下，新中式茶饮应运而生，成为将传统茶艺与现代审美相结合的一种新兴饮品形式，逐渐在市场中崭露头角。

新中式茶饮不仅是一杯饮品，更是一种文化体验、一种生活方式的体现。它以独特的氛围营造、精致的茶具搭配和独具匠心的茶饮创意，吸引了众多茶饮爱好者和年轻消费者，成为人们放松身心、感受文化的主要方式。对于从事茶叶产业、茶馆经营、茶艺表演等相关行业的专业人才而言，掌握传统茶艺技能并结合新中式茶饮的特色，已成为提升个人市场竞争力的重要途径。在这个过程中，高等职业教育的茶专业教学面临着新的挑战与机遇。高职茶专业的教学不仅要传承悠久的茶文化传统，更应融入现代化的教学理念与实践方法，以培养具备全面素质与创新意识的专业人才。

在新中式茶饮的视角下，传统茶艺技能的传承显得尤为重要。传统茶艺技能包括泡茶、点茶、斟茶等动作，这些技能不仅体现了茶文化的独特魅力，更是中国古老文明的珍贵遗产。因此，高职茶专业的教学应当注重对这些传统茶艺技艺的系统传授，使学生深入掌握每一种技能的技法和特点，理解其背后的文化底蕴和精神内涵。首先，关于泡茶这一核心技能，教学中应重点强调茶叶的选择、泡茶水温、泡茶时间等对茶味的影响。泡茶不仅是制作饮品的过程，更是茶艺师与茶叶之间的对话，体现了茶艺师对原材料的尊重与理解。通过实际操作与品鉴的结合，学生可以在对比中更好地理解不同茶叶在不同条件下释放出的风味特色，从而在今后的职业生涯中做出更具创造性的茶饮开发。此外，在“点茶”技能的教学中，可以引导学生理解这一技能在茶文化中的象征意义，激发他们对茶道风雅的追求。其次，传承传统茶艺技能时，学生应学会将其与现代审美观念相结合，创新茶艺演绎的形式和方式，使其更贴近当代人的生活习惯与审美需求。例如，学生可以尝试使用现代器具或结合艺术设计理念来呈现茶艺，创造出既遵循传统又富于新意的茶艺表演。这种创新不仅能提升学生的实际操作能力，也能培养他们的审美意识和创新思维。再次，教学传承不仅是单纯的知识和技能传授，更是茶道文化精神与情感的传递。因此，高职茶专业的教学应当注重师生之间的情感互动与融合，通过多种形式的活动和比赛，促进师生之间的情感交流与合作。例如，可以组织茶文化活动、茶艺表演比赛，鼓励学生展示自己的学习成果。在这样的互动中，学生不仅能够加深对茶文化的理解，还能增强对传统文化的认同感与归属感。同时，师生共同参与的过程能够激发学生的创造潜力，鼓励他们在实践中不断探索与创新。此外，建立一个开放、包容的学习环境对传统茶艺技能的传承也至关重要。在这样一个环境中，学生可以自由表达自己的想法与创意，教师则应当尊重并引导学生的探索。例如，可以通过设置茶文化沙龙、研讨会等，鼓励学生分享自己的见解与体会，促进知识的碰撞与交流。在这样的氛围中，学生的学习不仅限于课本知识，还能够激发他们对茶文化的深层次思考，让他们从内心真正感受到茶道的魅力。最后，在新中式茶饮兴起的背景下，传统茶艺不仅需要保护与传承，还需与时俱进，融入现代生活。高职茶专业在教学中应当引导学生关注茶饮市场的变化，分析消费者的需求，将传统茶艺技与当代饮食文化、生活方式相结合。例如，可以探讨如何利用社交媒体宣传自己的茶艺表演，或者如何在茶馆中结合现代元素吸引年轻消费者。这种商业意识的培养有助于学生在未来的职业生涯中，更加灵活地应对市场变化，提升自身的竞争力。

5.2 新中式茶饮中的茶文化知识传承

茶文化是中华优秀传统文化的重要组成部分，承载着悠久的历史和丰富的内涵。随着新中式茶饮在当代社会的兴起和普及，茶文化知识传承成为高职茶专业教学中不可或缺的一环。新中式茶饮作为传统茶文化与现代时尚元素的完美融合，不仅展现了传统文化的魅力，更将茶文化注入了现代生活，成为人们放松身心、感受文化的重要方式。

在新中式茶饮中，茶文化知识涵盖了茶叶的种类、制作的工艺、泡茶的技巧等方面。了解不同类型的茶叶，熟悉茶叶的加工过程和制作方法，掌握正确的泡茶技巧，是茶文化知识传承的重要内容。此外，茶文化还包括茶道礼仪、茶叶的历史文化、茶具的文化背景等方面，这些知识不仅代表着中华优秀传统文化的独特魅力，更是提升个人修养和品位的重要途径。在高职茶专业的教学中，应当注重新中式茶饮中的茶文化知识传承，引导学生深入了解茶文化的内涵和意义，培养他们对传统文化的热爱和探索精神。茶文化知识传承不仅是教师向学生传授知识，更是传承精神和生活态度的过程。教师作为茶文化知识传承的关键人物，应当以身作则，注重茶文化知识的传授和引导，可通过举办茶会、展示茶艺表演、举办茶文化讲座等形式，让师生共同参与茶文化活动，增进师生之间的情感交流，营造浓厚的学习氛围。同时，教师应当激发学生的学习兴趣，引导他们积极参与茶文化活动，从而加深其对茶文化知识的理解，并不断积累经验，以激发学生对茶文化的热情与探索欲望。可见，师生之间的互动与交流在茶文化知识传承中显得尤为重要。通过师生共同参与茶文化活动，不仅可以增进师生之间的情感交流，还可以提升学生学习的积极性和主动性。在这样的互动交流中，学生能够更好地领会茶文化知识的深层意义和内涵，从而加深他们对茶文化的热爱和探索精神。教师应当成为学生的榜样和引导者，通过丰富多彩的教学活动，激发学生对茶文化的浓厚兴趣，引导他们走进茶文化的世界，体验其中的美好和奇妙。

5.3　新中式茶饮视角下高职茶专业实践教学传承

在高等职业教育领域，高职茶专业的实践教学传承也应当与时俱进，以新中式茶饮的视角，注重实践教学的重要性，培养出具备实际操作技能和创新能力的专业人才。新中式茶饮作为传统茶文化与现代时尚元素的融合，不仅体现了传统文化的魅力，更将茶文化注入了现代生活。在这一背景下，高职茶专业的实践教学传承显得尤为重要。

5.3.1　实践教学的目标

实践教学是学生们将理论知识应用于实际操作，提升自身技能与能力的关键环节。通过实践教学，学生将能够更深入地理解茶文化知识的精髓、掌握茶艺技能的要领、培养创新意识和实践能力，为将来从事茶文化相关行业做好充分准备。实践教学传承不仅是向学生传授技能和知识，更是一种传承茶道文化的精神和情感。

在新中式茶饮的视角下，实践教学的目标应当将传统茶艺技能与现代审美观念相结合，培养学生的创新能力和实践能力，使其能够在茶文化领域中做出独特贡献。

5.3.2　实践教学的做法

高职茶专业应该注重实践教学与理论教学的结合，通过模拟实验、实地考察、实践操作等形式让学生深入实践，感受茶文化的魅力，掌握茶艺技能，培养自己的审美品位和创新意识。茶文化实践教学传承还需要重视师生之间的互动与交流。教师作为实践教学的重要组成部分，应当引导学生从生活中汲取灵感，结合实际情况，探索茶文化知识的更深层含义。通过师生互动、团队合作等形式，营造浓厚的学习氛围，激发学生的学习兴趣和创新潜力。此外，教师应成为学生的引路人和榜样，通过实践教学的过程，引导学生不断探索、实践、总结，提升自身的实际操作技能和创新能力。由此可见，师生之间的互动与交流在实践教学中尤为关键。通过师生共同参与实践项目、开展实践活动，师生之间的关系更加紧密，学生将更容易接受老师的指导，更能深入理解茶文化知识，培养自己的实践技能。

6 新中式茶饮视角下
高职茶专业课程开发策略

6.1 基于新中式茶饮的高职茶专业课程观

6.1.1 高职茶专业课程观的理论基础

高职茶专业课程观的理论基础涉及课程设计和教学实践两方面的理论基础。

对此，各国学者提出了自己的观点。美国学者泰勒提出的课程观强调了课程设计应该关注学生、社会和学科三个方面，以确保课程内容能够贴近实际需求、符合学科规律。这一理论基础为教育工作者提供了重要的指导，同时也促使人们更深入地思考课程设计与社会、学生和学科知识之间的关系。另一位美国学者塞勒进一步强调了课程的基础应该建立在社会、学生和知识三个方面。他指出课程设计应该从社会、学生和知识三个方面展开，确保课程内容与社会发展保持一致，符合学生水平和需求，同时满足学科规律。这一观点使得教育工作者更加关注课程设计与社会发展、学生发展和学科规律的内在联系，并以此为根基进行具体的课程设计。澳大利亚学者史密斯在课程观的基础上指出，课程的基础学科应该包括心理学、社会学和哲学，这三个学科为课程设计提供了重要的理论支持。心理学的理论能够帮助教师深入了解学生的认知和行为特点，社会学的知识能帮助教育工作者更好地理解社会对教育的需求和期望，而哲学则为课程设计提供了宏观的、哲学性的支撑。这一理论基础为课程设计提供了多元的学科支持和引导。我国学者黄炳煌进一步拓展了课程观的理论基础，认为课程的理论基础应该包括心理学、社会学、哲学和知识结构。这一观点强调了课程设计的综合性和多样性，旨在使教学更加符合学生的认知和发展特点，同时也满足社会和学科的需求，使课程内容更加有深度和广度。

在高职茶专业的课程设计中，这些理论基础为教育工作者提供了丰富的指导，鼓励他们关注课程设计与学生个体发展需求、社会需求和学科知识体系之间的内在关联，同时反思课程如何更好地服务于学生的发展、促进社会的进步以及促进学科的繁荣。而对这些理论基础的拓展则为高职茶专业的教育提供了丰富的思想资源，各高校应鼓励教育工作者在课程设计和实践中积极运用这些理论，不断完善课程设计，创新教学方法，提高教学质量，培养更符合社会需求的高素质专业人才。

（1）哲学基础。

高职茶专业课程观的理论基础，特别是其哲学基础，对于教育工作者的教学设计和实践具有重要的启示和指导意义。哲学基础的理论体系旨在帮助我们更深入地理解知识的本质和作用，并引导我们思考知识与实践、认识与改造的关系。

在高职茶专业课程设计中，哲学基础提供了一个基本框架，帮助教育工作者更好地规划和组织教学内容，促进学生全面发展。哲学基础认为，人类的实践活动可以分为认识世界和改造世界两种不同类型的活动，而知识则可以分为关于认识世界和改造世界的两类知识，即陈述性知识和程序性知识。陈述性知识，也称为命题性知识，主要用于描述“是什么”或解释“为什么”的问题，是理论知识或学科知识的重要组成部分。这类知识揭示事物的存在形态、本质特征和相互关系，为人们提供认识和理解世界的理论依据。在高职茶专业的课程中，陈述性知识涉及学科的基础概念、原理和规律，帮助学生深入了解茶文化、茶史、茶艺等相关知识领域，促进学生对茶文化的认知和理解。程序性知识，也称为技术知识，更注重回答“怎么办”或“如何做”的问题，是经验知识的重要组成部分。在高职茶专业的课程设计中，程序性知识主要涉及茶叶的加工制作、茶艺技法、茶道礼仪等实践操作技能，帮助学生掌握制茶技艺和茶艺表演技巧，培养学生的实际操作能力和创新意识。

在哲学基础的引导下，高职茶专业的课程设计不仅注重学科知识的传授和技能的培养，更强调理论与实践的结合，促使学生在学习过程中不仅能够掌握理论知识，还能够运用知识解决实际问题，培养学生的综合素养和创新能力。同时，哲学基础还强调了学生主体性和实践性的重要性，倡导教育过程中应注重学生的自主学习和实践探究，使学生能够主动参与、独立思考、持续学习。在高职茶专业的课程设计中，哲学基础的理论支持将有助于构建更加科学、系统和全面的课程体系，为教育工作者提供了指导和方向，帮助他们更好地实施个性化教学，激发学生的学习主动性和创造力，促进学生的全面发展。通过在教学实践中深入贯彻哲学基础的理念，高职茶专业的教育工作者可以更好地培养学生的综合素养和创新意识，培养社会需要的高素质专业人才。因此哲学基础作为高职茶专业课程观的重要理论基础，将持续引领和推动高职茶专业的教学改革和发展。

（2）心理学基础。

高职茶专业课程观的理论基础中，心理学基础的重要性不容忽视。心理学作为一门关注人类心理活动和行为规律的学科，在高职茶专业教育领域具有深刻的意义和作用。心理学的理论和方法不仅可以帮助教育工作者更好地理解学生的心理特点和认知过程，还可以为课程设计和教学实践提供科学依据和方法支持，促进学生的全面发展。

首先，心理学可以为学生在职业选择过程中提供必要的个人资料和指导。通过心理学的研究和理论，学生可以逐步了解自己的适应性、兴趣、能力、价值观以及身体特征等方面的信息，从而更好地确定适合自己的职业方向和发展路径。个体差异理论和职业认知理论在这一过程中发挥着重要作用，能够帮助学生深入了解自己的特点和优势，从而有针对性地选择适合自己的职业方向，提高自己职业满意度并挖掘自身的职业发展潜力。通过理解个人的心理特征和职业偏好，学生能够更好地规划自己的职业生涯，提高就业的成功率。其次，心理学在人们就业后探求职业满意度相关因素方面发挥着关键作用。通过心理学的研究和应用，可以帮助从业人员识别和解决工作中可能出现的职业满意度问题，探究满足感的来源和影响因素，提供各种方案和策略，促使从业人员更好地适应职业环境，增强对工作的投入和满足感，提升工作绩效和职业成就感。心理学的正向心理学理论、职业动机理论等方面的研究成果，为从业人员提供了积极的工作心态和有效的职业发展策略，帮助他们更好地克服工作中遇到的困难和挑战，积极应对工作压力，提高工作表现和满意度。在高职茶专业的课程设计中，充分整合心理学基础理论和方法，将有助于教育工作者更好地了解学生的心理需求和发展特点，个性化地指导学生的学习和职业规划，促进学生全面发展和职业成功。通过教育工作者的关注和引导，学生将更好地认识自己、发展自己，提高学习动力和成就感，建立积极的心态和职业态度，为未来的职业生涯奠定良好的基础。因此，心理学基础作为高职茶专业课程观的重要理论基础，将不断引领和推动高职茶专业的教学改革和发展，为学生提供更加系统和科学的教育环境，培养更符合社会需求的高素质专业人才。

（3）社会学基础。

社会学作为一门研究社会现象和社会关系的学科，在高职茶专业教育领域的重要性不言而喻。其理论与方法可以为课程设计者提供宝贵的指导和启示，帮助他们更好地理解课程与社会的关系，从而构建符合实际需求和价值取向的高质量茶专业课程。

在高职茶专业课程研制的过程中，需要综合运用科学认识和价值认识两种方式，以确保课程内容的科学性、系统性和社会性。科学认识方式要求课程设计者依据茶专业知识的内在逻辑和经验，遵循学科规律和教育原则，合理研制和安排课程内容，确保课程的科学性和逻辑性。通过科学认识方式，课程设计者能够确保课程体系的完整性和连贯性，帮助学生系统学习和掌握茶文化、茶艺、茶史等专业知识和技能，培养学生的专业素养和实践能力。同时，科学认识方式还能够促进课程内容与社会需求和产业发展相契合，使教育教学更贴合现实情况，为学生提供实用性强的专业知识和技能。价值认识方式则要求课程设计者考虑茶专业知识经验的选择和重组过程中所体现的价值取向和意图。在课程研制中，课程设计者需要思考自身的价值观和教育理念，将个人的价值承诺和社会责任融入课程设计的各个环节。通过价值认识方式，可以确保课程内容贴近社会需求和教育目标，符合学生的发展需求和职业要求，促进学生全面发展和社会责任感的培养。价值取向不仅关注知识传授和实践技能培养，更强调培养学生的社会责任感、创新能力和团队合作精神，使学生在专业发展的同时，具备良好的职业道德和社会意识，成为社会所需要的高素质专业人才。社会学基础的理论指导和方法支持可以帮助教育工作者更好地了解学生的社会需求和发展特点，整合社会资源和产业需求，促进教育扶贫和人才培养，实现茶专业教育的可持续发展。通过将社会学基础融入高职茶专业课程设计中，能使课程内容更加符合社会发展的实际需求和价值取向，为学生提供更全面、丰富的教育资源和发展平台，培养更具有社会责任感和关怀精神的高素质茶业专业人才。

（4）技术学基础。

技术学作为研究技术和技能发展规律的学科，在高职茶专业教育领域的重要性不可低估。技术学的理论和方法对于课程设计和教学实践具有深远的指导作用，可以帮助教育工作者更好地理解技术的本质和作用，为高职茶专业课程的开发和实施提供科学依据和指导。

在教育领域中，技术不仅仅是工具或手段，更是一种系统性的知识体系和实践活动，技术学的理论和方法能够有力支持教育工作者在教学过程中注重技术发展的规律性和动态性。关于技术的界定，学术界存在多种不同的观点和理论。其中，方法技能说强调技术的实际操作和技能应用，认为技术是通过特定方法和技能的应用来达成特定目标的活动。这一观点强调技术的实践性和操作性，对于高职茶专业课程中涉及技术操作和实践技能的教学起到重要的指导作用。劳动手段说强调技术是人类通过劳动创造出的工具和手段，是人类劳动的产物和延伸，技术的发展与劳动实践和社会生产密切相关。这一观点强调技术与社会实践和劳动生产的紧密联系，对于帮助学生理解技术与社会的互动关系具有重要意义。知识技能手段综合说强调技术是知识、技能和手段的综合体现，技术的发展不仅涉及实践技能的提升，还包括知识的积累和手段的创新。这一观点强调了技术的综合性和复杂性，对于高职茶专业课程中培养学生全面技能和知识应用能力至关重要。动态结构说则强调了技术的动态性和内在整体性，认为技术是一个不断发展和变化的系统，具有内在的联系和整体性。这一观点指出技术不是静止不变的，而是随着社会、科技和需求的变化而不断演进和完善的过程，需要教育工作者关注技术发展的动态特征，不断更新教学内容和方法，以适应不断变化的实际需求和发展趋势。在高职茶专业的课程设计中，技术学基础的理论与方法能够为教育工作者提供重要的指导，帮助他们更好地理解技术的特点和发展规律，设计和实施符合实际需求和产业趋势的课程内容。综合运用不同的技术学观点和理论，可以帮助教育工作者更好地把握技术的本质和作用，促进学生全面掌握茶文化、茶艺、茶史等专业知识和技能。

（5）教育学基础。

教育学作为研究教育过程和教育规律的学科，在高职茶专业教育领域中发挥着至关重要的作用，其理论和方法可以为教育工作者提供深刻的认识和指导，帮助他们更好地设计和实施符合学生需求和社会发展需求的高质量课程。教育学基础的理论指导对于高职茶专业教育的发展和提升具有重要作用。通过运用教育学的理论与方法，高职茶专业教育可以更好地贯彻终身学习的理念，促进学生成长和发展，助力学生在不断变化的职业环境中取得成功。教育学作为一门关于教育实践和教育改革的科学，为高职茶专业教育提供了深刻的思考和指导。终身学习的理念意味着教育不仅仅发生在学生接受正规教育的阶段，更是贯穿整个人生的一种持续性学习过程。在当今快速变化的社会环境中，终身学习已经成为应对挑战、适应变化、不断提升的必然选择。高职茶专业教育应当秉持终身学习的理念，为学生提供持续的学习机会和个人发展空间，使其在职业发展中能够不断适应新的挑战和变化，实现个人和职业的全面发展。

通过运用教育学的基础理论和方法，教育工作者可以更好地规划和设计课程，激发学生的学习动机和潜能，引导他们形成终身学习的习惯和态度，为未来的职业生涯做好充分的准备。终身学习的理念与职业教育的目标密切相关。联合国教科文组织在关于职业技术教育的建议中提到，职业技术教育应该为就业做好准备，为工作提供基础。这表明职业教育不仅仅要为学生传授知识和技能，更要着重于学生的全面发展和为其未来就业做好准备。结合终身学习理念，高职茶专业教育应当注重培养学生的综合素质和职业能力，使其在不断变化的职业环境中能够持续学习、不断进步，并为职业发展提供稳固的基础。教育学基础的理论和方法有助于教育工作者更好地理解职业教育的本质和使命，引导他们开展有针对性的教学活动，促进学生全面发展，实现职业发展的愿景。教育学的理论基础还强调了教育的社会化作用和人的全面发展。同时，教育也是培养学生的思维能力、创新精神和社会责任感的主要途径。高职茶专业教育应当将教育学基础融入课程设计和教学实践中，注重培养学生的批判性思维、问题解决能力和团队合作精神，使其在茶业领域具备竞争力和适应能力。

6.1.2 多元整合

在当今高职茶专业的教育领域，课程观的不同取向为教育工作者提供和带来了多样化的选择和思考。从“学科本位”到“能力本位”再到“人格本位”，每种课程观都有其独特的理念和价值，旨在为学生提供更全面、多元的教育体验。然而每种取向都有其局限性，无法单一满足当代教育的复杂需求。因此倡导多元整合的课程观成为当代高职茶专业教育的重要课题，旨在将各种优点融合在一起，打造更具前瞻性和实践性的课程体系，以更好地适应现代教育的需求和挑战。

首先，从“学科本位”的角度来看，这一课程观侧重于传授学科知识和技能，强调学科内涵和体系的完整性和连贯性。在高职茶专业中，学科知识的掌握和应用是学生学习的核心目标，学科本位的课程观可以帮助学生系统地学习茶文化、茶史、茶艺等专业知识，培养他们的专业素养和实践能力。然而单一的学科本位课程观可能导致知识的碎片化和脱离实际应用的问题，从而限制学生综合能力的培养和发展。其次，“能力本位”课程观强调培养学生的综合能力和实践技能，注重学生的能力发展和创新意识。在茶专业教育中，能力本位课程观可以帮助学生培养解决问题、沟通协作、创新思维等实践能力，使他们具备适应未来职业发展的综合能力。然而，过度追求能力本位教育可能导致知识和理论的忽视，使学生缺乏扎实的学科基础和专业知识，影响其在实际工作中的表现和发展。最后，“人格本位”课程观强调培养学生的人格魅力和社会责任感，注重学生的道德品质和社会意识。在茶专业教育中，人格本位课程观可以帮助学生树立正确的职业道德观和价值取向，培养他们具有社会责任感和团队精神的人格特征。然而过度追求人格本位教育可能忽视专业知识和实践技能的培养，使学生在实际工作中缺乏专业竞争力和实践能力。因此倡导多元整合的课程观成为当代高职茶专业教育的重要发展方向。

多元整合的课程观不是简单地各取所长，而是在尊重各种取向的基础上，将学科本位、能力本位和人格本位等优点有机结合，构建更加全面、多元的课程体系。多元整合的课程观将注重知识与能力的融合，理论与实践的结合，学科素养与人格修养的全面发展，从而实现教育目标的多方面促进和实现。倡导多元整合的课程观旨在培养具有扎实专业基础、综合能力和人格魅力的高素质茶业专业人才，使他们能够胜任复杂多变的职业要求，为茶文化的传承和发展做出更积极的贡献。

（1）以综合职业能力培养为本。

为了确保学生在高职茶专业的课程学习中全面发展并为未来的职业成功奠定基础，倡导以综合职业能力培养为本的课程观成为当代教育领域的重要议题。综合职业能力的内涵涉及职业技术能力和职业关键能力两个方面，这两者的综合发展是培养学生成为具备综合素质的职业人才的关键。

首先，职业技术能力在综合职业能力的构建中扮演着重要角色。它涵盖了学生在特定领域或专业方向上所需掌握的专业知识和技能。对于高职茶专业而言，学生需要具备茶文化、茶史、茶艺等方面的专业知识，同时还需要掌握茶叶加工、茶产业管理等实际操作技能，以适应日益复杂多变的茶业市场需求。通过系统的专业学习和实践训练，学生可以不断提升自身的专业技能水平，为未来的职业发展奠定坚实的基础。其次，职业关键能力是综合职业能力中不可或缺的一部分，是指学生在实际职场中所需具备的综合能力和素质，超越了单一的专业技能。这种能力包括但不限于沟通能力、团队合作能力、问题解决能力、创新能力、领导能力等。在茶业职业中，除了具备扎实的茶业专业知识和技能外，学生还需要具备良好的团队协作精神，善于与他人沟通交流，具备解决问题的能力以及注重创新和创意思维。这些职业关键能力不仅能够使学生在职业生涯中更具竞争力，也有助于他们适应不断变化的职业需求，实现个人职业发展，并为社会作出贡献。在以综合职业能力培养为本的课程观下，高职茶专业的课程设计和实施将着重于整合专业知识和实践技能教育，并注重培养学生的综合能力和职业素养。通过构建多元化、综合性的课程体系，学生将有机会全面发展自身的技能和素质，增强自信心和适应能力，为未来的职业发展打下坚实的基础。综合职业能力培养的课程观强调对学生的主动参与和实践能力的培养，引导他们在学习过程中不断实践、反思和提升，培养自主学习和自我发展的能力。综合职业能力培养不仅是课程设计和教学实践的理念，更是教育教学目标的一种重要体现。通过以综合职业能力培养为本的课程观，高职茶专业的教育将更加贴近实际职业需求，培养出更加全面、复合型的职业人才。这样的教育模式不仅有利于学生未来职业的发展，也有助于提升高职茶专业教育的质量和水平，推动茶业行业的发展和进步。综合职业能力培养的理念注重学生个体差异和综合素质的培养，强调学生的综合能力和潜力发展。高职茶专业教育应当秉持这一理念，立足于培养具备综合职业能力的高素质人才，为茶业行业的繁荣和发展作出更大的贡献。倡导以综合职业能力培养为本的课程观将成为高职茶专业教育的重要发展方向，指引教育工作者更加深入地探讨和实践教育改革，助力学生实现自身职业梦想和社会责任。

（2）以人的全面发展为目标。

在当前高职茶专业的课程观中，倡导以人的全面发展为目标的理念成为引领教育改革和发展的核心。这一理念源自爱因斯坦的警示："如果没有早年的音乐教育，无论在哪一方面我都将一事无成。"这句经典警示强调了教育需要超越专业知识的传授，更需要注重培养学生的全面素养和人文精神。爱因斯坦指出，单纯通过专业知识的教育可以使人成为有用的机器，但无法使其成为一个和谐发展的人。

在当今社会对高等职业教育的认可度和文化背景的影响下，现行高职茶专业教育普遍存在人文精神缺乏的问题。部分院校仍存在过分注重技能传授，忽视了提高学生的人文素养，这导致学生的发展呈现出"部分性"和"零碎性"，无法成为一个全面和谐发展的个体的问题。为实现以人的全面发展为目标的高职茶专业课程观，必须克服现实问题，充分发挥隐性课程在人的全面发展过程中的作用。隐性课程指在学校教育过程中，无法直接看到的培养学生信念、情感、意志、行为以及社会能力的过程和内容。隐性课程在高职茶专业教育中的应用可以促进学生全面发展的过程，引导他们在专业学习的同时培养品德修养、人格塑造和社会责任感，实现个体的全面成长。

在高职茶专业的课程设计中，应当注重整合学科知识和人文素养教育，使教育过程更加有利于学生的全面发展。通过引入音乐、文学、艺术等人文科目，学生将有机会培养审美情感、文化素养和综合能力，拓宽视野、丰富情感、培养创新思维，从而成为更具有人文情怀和社会责任感的专业人才。通过开展课程项目和实践活动，学生可以在实践中感受人文精神的熏陶，培养团队合作意识和社会交往能力，为未来的职业生涯做好全面准备。此外，高职茶专业教育应当注重教师队伍的建设和培训，引导教师关注学生的个体差异和全面发展需求，激发学生的学习兴趣和潜能。教师在课堂教学中不仅要传授专业知识和技能，更要关注学生的情感培养和人格塑造，引导他们树立正确的人生观和价值观。通过师生互动、情感沟通和角色塑造，教师可以在教学过程中潜移默化地影响学生的思想与行为，促进其全面发展和成长。

倡导以人的全面发展为目标的高职茶专业课程观，将有助于培养更具有社会责任感和创新能力的专业人才，为茶业行业的发展注入新的活力和动力。通过充分发挥隐性课程的作用，整合学科知识与人文素养教育，高职茶专业教育可以更好地满足社会需求，培养具备综合素养和全面发展的专业人才，推动茶文化的传承和发展。

（3）以市场需求为导向。

当前社会迅速发展，市场需求也日益多样化和复杂化，面对这一挑战，高职茶专业的课程观必须以市场需求为导向，紧密结合市场的实际情况，培养出更多符合企业和社会要求的高素质人才。只有紧密结合市场需求，高职茶专业的课程设计才能更加贴近实际需求，帮助学生更好地适应社会发展的步伐。

以市场需求为导向的课程观要求高职茶专业课程在设计和实施中遵循市场化原则和适度化原则，同时具备动态化特点，以适应快速变化的市场环境和科技发展趋势。在市场导向性的课程设计中，各院校教师必须深入了解和分析市场需求，把握行业发展趋势，及时调整课程设置和内容，确保教育培养的高素质人才符合市场的实际需要。一方面，市场需求导向的课程观要求高职茶专业的课程设置与企业需求和社会发展趋势保持一致。通过与企业合作、开展产教融合项目等方式，了解行业用人需求和市场变化，及时调整课程设置，增加实践环节和职业技能培训，使学生学到的知识与实际工作需求更加契合，从而提高毕业生的就业竞争力。通过市场需求导向的课程设计，高职茶专业可以更好地培养出胜任市场工作的专业人才，为行业发展和社会进步作出贡献。另一方面，市场需求导向的课程观要求高职茶专业课程设计具备动态调整的特点。随着科技的快速发展和市场环境的不断变化，课程内容和教学方法需要不断更新和调整，以适应新的挑战和机遇。通过不断搜集市场信息，了解行业发展趋势和技术更新，及时更新课程内容，引入最新的科技成果和实践经验，使学生能够跟上时代步伐，具备应对快速变化的市场需求的能力。

在高职茶专业的课程观中，以市场需求为导向是实现教育目标和帮助学生实现职业成功的关键因素。通过紧密结合市场需求，高职茶专业可以培养出更具竞争力和适应性的专业人才，从而满足市场和社会的需求，推动茶文化产业的不断发展和创新。市场需求导向的课程观可以帮助高职茶专业实现教育资源优化配置和高效利用，提升教育质量和教学效果，为学生的终身发展和职业成功提供有力支撑。因此高职茶专业应当积极拥抱市场需求，加强与企业、行业的合作，深入了解市场动态和行业趋势，不断优化课程设置和内容，培养出更加符合市场需求的高素质人才。倡导以市场需求为导向的课程观将成为当代高职茶专业教育的重要发展方向，推动茶业行业的繁荣和发展，助力学生实现职业梦想，为社会做出更大的贡献。通过市场需求导向的课程设计，高职茶专业可以更好地服务于社会经济发展的大局，培养适应市场的高素质人才，为茶文化事业的传承与创新注入新的活力和动力。

6.1.3 课程开发的目标、原则与思路

（1）课程开发目标。

在新中式茶饮视角下，高职茶专业的课程开发目标变得更加具体和实践导向。新中式茶饮作为一种融合传统茶文化和现代饮食文化的新兴茶饮品类，对茶文化传承与创新提出了新的要求。

在这一背景下，高职茶专业的课程开发目标应当紧密围绕新中式茶饮文化，培养学生的核心能力和实践技能，以提高其适应能力和竞争力。在课程开发过程中，各高职院校应该注重课程标准的融通，通过对比不同学校、不同地区的课程标准，找出共同点和差异性，并以此为基础进行课程内容的整合和优化，确保课程的专业性和实用性。新中式茶饮作为一种融合传统文化与现代潮流的产物，其所涉及的知识和技能较为复杂多样，需要结合不同学校和地区的经验和特色，将茶文化传统与现代需求相结合，形成具有高度适应性和实践性的课程体系。通过对不同课程标准的融通，可以更好地满足学生的学习需求，激发其学习兴趣和创新能力。此外，课程内容重构也是课程开发的关键。通过梳理现有课程内容，剔除过时、冗余的内容，注重培养学生的核心能力和实践技能，以提高学生的适应能力和竞争力。

在新中式茶饮视角下，高职茶专业的课程内容应当贴近实际工作需求，注重培养学生的实践能力和创新思维。针对新中式茶饮行业的发展趋势和市场需求，课程内容应当涵盖茶叶品质评价、茶饮制作技术、茶文化传播等方面的内容，培养学生的专业素养和创业能力。通过课程内容的重构，高职茶专业可以更好地适应新中式茶饮行业的发展需求，培养出具备行业核心竞争力的专业人才。

在新中式茶饮视角下，高职茶专业的课程开发目标还应当注重跨学科融合和实践教学。新中式茶饮作为融合多元文化和创新理念的产物，需要学生具备跨学科的综合能力和实践技能。因此，在课程开发过程中，应该加强不同学科领域之间的融合，打破学科壁垒，促进知识的交叉传递和应用。同时，通过实践教学和行业实习等方式，让学生置身于真实工作环境中，提升他们的实践能力和职业素养。通过跨学科融合和实践教学，高职茶专业可以为新中式茶饮行业培养出适应市场需求、具备综合素质的专业人才，推动茶文化的传承和创新。

综上所述，新中式茶饮视角下的高职茶专业课程开发目标应该紧密围绕新中式茶饮文化，注重课程标准的融通、课程内容的重构、跨学科融合和实践教学。通过这些努力，高职茶专业可以更好地培养出适应市场需求和社会发展的高素质专业人才，为新中式茶饮行业的繁荣和发展作出积极贡献。新中式茶饮作为茶文化与现代饮食文化的交融，需要具备综合素质和创新精神的专业人才来推动其不断发展和创新，高职茶专业的课程开发目标将为学生未来的职业发展奠定坚实基础，为行业的长足进步注入新的活力和动力。

（2）课程开发原则。

课程开发的原则主要有职业性原则、科学性原则、可行性原则和创新性原则。

一是职业性原则。在新中式茶饮视角下，高职茶专业的课程开发原则应当以职业性原则为核心。这一原则要求课程具有强烈的职业导向和实践性，旨在通过模拟真实工作场景和一体化教学方法，使学生在实践中学习、在学习中实践，实现学以致用，掌握实际操作的技能和经验，为未来的职业生涯做好充分准备。

首先，职业性原则要求课程内容具有强烈的职业导向。在课程设计过程中，应该着重考虑培养学生适应市场需求和实际工作需求的能力。通过一系列与实际工作相关的课程设置，如茶叶品质评价、茶饮制作技术、茶文化传播等，学生可以深入了解行业要求，掌握核心专业技能，增强就业竞争力。其次，职业性原则还要求课程内容紧密结合行业标准和实践需求，确保学生毕业后能够快速融入工作岗位，展现出色的职业素质和实践能力。再次，职业性原则要求实践性教学方法的运用。在高职茶专业的课程开发中，应该采用一体化教学的方法，让学生学以致用。通过模拟真实工作环境、实地考察和实习实践等方式，学生可以接触到真实的行业场景，熟悉工作流程，培养解决问题、团队合作等职业技能。通过实际操作的训练和实践的锻炼，学生可以不断提高自己的职业能力和实际操作技能，为未来的职业生涯做好充分准备。最后，职业性原则还要求注重培养学生的职业素养和职业道德。除了专业知识和技能的传授，课程应该融入社会主义核心价值观和工匠精神等思政元素，引导学生树立正确的职业理念和职业态度，培养学生具备良好的综合职业素养。通过学习职业道德和行业规范，学生可以树立正确的职业操守，注重品德修养和职业操守，成为具有责任感、创新精神和团队合作能力的优秀职业人才。

综上所述，职业性原则是新中式茶饮视角下高职茶专业课程开发的重要原则，旨在确保课程具有强烈的职业导向和实践性，培养学生适应市场需求和实际工作需求的能力，引领学生培养综合职业素质和实践技能。通过贯彻职业性原则，高职茶专业可以为学生提供更加贴近实际工作需求的教育培训，有效提升学生的职业竞争力和就业能力，推动学生真正做到学以致用，成为行业内具备综合素质和创新精神的优秀专业人才。在新中式茶饮行业的发展浪潮中，职业性原则将成为高职茶专业课程开发的核心理念，为行业的繁荣发展和学生的职业成功助力。通过职业性原则的贯彻落实，高职茶专业将为培养适应市场需求，具备实践技能和职业素养的专业人才树立典范，为行业的长期发展作出积极贡献。

二是科学性原则。新中式茶饮视角下高职茶专业的课程开发原则之一是科学性原则，它要求课程开发遵循一系列科学原理和方法，如人本主义教育思想、实用主义教育思想、建构主义学习理论、多元智能理论等。这些理论和方法提供了课程开发的科学指导，有助于确立清晰的课程目标和发展方向，提高课程的针对性和实用性，以使学生更好地适应未来的职业发展需求。

首先，科学性原则要求各高职院校结合职业教育的发展方向和学生的认知规律特点，制定科学、符合实际需求的课程目标。通过充分了解行业发展趋势和学生的学习特点，可以确立清晰的课程目标和发展方向。这有助于课程开发者更好地把握行业前沿和趋势，使得课程内容在紧跟行业发展的同时，也能顺应学生的认知规律，提高学习的有效性。科学性的课程目标制定有助于学生更好地适应未来职业发展的需求，为其提供更加科学、系统的学习路径和发展规划。其次，科学性原则要求严谨的科学态度，能充分认识到课程设计的重要性和影响力。正确认识课程设计的重要性有助于推动课程内容的优化和完善。在课程内容的选择和设置上，应该注重整合相关学科知识和实践技能，保证课程的全面性和综合性。通过合理的组织和设计，确保课程内容贴近实际工作需求，使学生能够真正掌握所学知识和技能。科学性的课程设计有助于确保课程具有较高的可操作性和实践性，使学生能够通过课程学习获得更具有市场竞争力的实际技能和知识储备。最后，科学性原则的贯彻还要求关注课程的动态调整和更新。随着时代变迁和行业发展，课程内容和教学方法需要不断更新和调整，以适应新的挑战和机遇。高职茶专业的课程开发应该保持与行业发展趋势和技术创新的同步，优化课程设置和内容，引入最新的科技成果和实践经验，促进教学内容的不断进步和完善。只有不断更新和优化课程内容，才能确保课程始终具有科学性和实用性，为学生提供一流的教育资源和学习环境。

综上所述，科学性原则是高职茶专业课程开发的重要原则，其贯彻旨在确保课程内容科学、系统、实用。通过遵循一系列科学原理和方法，遵循人本主义教育思想、实用主义教育思想、建构主义学习理论、多元智能理论等，高职茶专业可以优化课程目标的制定，以严谨的科学态度，关注课程的动态调整和更新，不断提高课程的针对性和实用性。

三是可行性原则。在新中式茶饮视角下，高职茶专业的课程开发原则之一是可行性原则，这一原则的贯彻旨在确保所优化的课程具有实际的可操作性，能够在学校的教学环境中有效实施，而不是单纯追求新颖、独特或难度较大，或者为了追求先进的授课形式而忽视学校现有的师资、设施设备等实际情况。可行性原则要求在课程设计和实施过程中，充分考虑学校的实际条件和资源限制，确保课程内容和教学方式符合学校的教学环境和教学水平，具有可操作性和可持续性。

首先，可行性原则要求各高职院校充分考虑自身的实际条件和资源限制。在进行课程设计和优化时，相关教师需要对学校的师资、设施设备、教学资源等情况进行全面评估，确保课程设计能够在学校的现有条件下得以有效实施。这些评估包括对教师的教学水平和专业素养、教学设备的实际情况、实验室和实训场地的可利用程度等方面的考量。通过全面了解学校的资源状况，课程设计者能够更好地根据学校的实际条件进行优化和调整，确保课程内容和教学方式符合学校的教学环境和教学水平，具有实际的可操作性。其次，可行性原则要求确保课程内容和教学方式具有可操作性和可持续性。在课程设计和实施过程中，应该避免过于理论化和脱离实际的内容设置，要注重将理论知识与实际操作相结合，培养学生的实际操作技能。同时，教学方式也要符合学校的教学环境和教学水平，不仅要充分利用现有的教学资源，而且要确保教学方式能够持续地为学生提供有效的教学支持。这有助于提高教学的实效性和学生的学习效果，为学生的职业发展打下坚实的基础。最后，可行性原则还要求充分考虑学生的学习特点和需求。在课程设计和教学方式选择上，相关教师要充分考虑学生的认知特点、学习能力和兴趣爱好，确保课程内容和教学方式能够为不同类型的学生提供有效的教学支持。这有助于提高教学的针对性和灵活性，使得教学过程更加贴近学生的实际需求，有助于激发学生的学习兴趣和潜力。

综上所述，可行性原则是高职茶专业课程开发的重要原则，其贯彻旨在保证学校课程具有实际的可操作性和可持续性。通过充分考虑学校的实际条件和资源限制，确保课程内容和教学方式符合学校的教学环境和教学水平，具有实际的可操作性和可持续性，可以更好地满足学生的学习需求，提高教学的实效性和学生的学习效果。通过贯彻可行性原则，高职茶专业可以为学生提供更加贴近实际需求和学习特点的课程，有助于培养更具有市场竞争力的高素质专业人才。

四是创新性原则。在新中式茶饮的背景下，高职茶专业课程的开发需要遵循创新性原则，以适应时代的发展和市场的需求。新中式茶饮作为一种融合传统与现代元素的茶饮文化，不仅仅是对茶文化的传承，更是在继承的基础上进行的创新和发展。这一趋势要求高职茶专业的课程内容、教学方法、课程设计和实践环节都应着重创新，从而培养适应新中式茶饮市场的复合型人才。

首先，课程内容的创新是课程开发的核心。在传统茶专业课程中，通常集中于茶叶的种植、加工、品鉴等内容，而新中式茶饮的兴起则拓宽了这一视野。高职茶专业应增设与新中式茶饮相关的课程，如“新中式茶饮的创新与应用”“茶饮产品设计与开发”等，这些课程不仅覆盖新中式茶饮的制作技巧，还应包括市场调研、消费者行为分析等内容，以帮助学生更好地理解当下茶饮市场的动态。此外，课程内容还应融入关于健康饮食、营养学和配搭学的知识，以符合现代消费者对健康和品质的追求，使学生能够全面掌握新中式茶饮的多维度知识。其次，教学方法的创新同样重要。高职院校传统的讲授式教学常常难以激发学生的学习积极性，而新中式茶饮的特点则要求灵活多变的教学方式。为了提升教学效果，可以采用案例教学法、项目驱动学习等更具互动性的教学方式。例如，通过引入真实的茶饮市场案例，让学生进行分析与讨论，培养他们的批判性思维和实际操作能力。同时，可以利用现代科技手段，例如虚拟现实（VR）和增强现实（AR）技术，为学生提供沉浸式的学习体验。这种新颖的教学方式不仅能够提升学生的参与感和兴趣，也能够帮助他们更好地理解复杂的理论知识。在课程设计方面，应当注重跨学科的融合，以适应新中式茶饮多样化的发展需求。新中式茶饮的设计涉及茶叶知识、营养学、市场营销、产品设计等多个领域。因此，课程设计可以引入跨学科的综合课程，如“茶饮与营养”“茶饮的市场营销与品牌策划”，通过这样的授课安排，学生能够在不同领域的交叉中拓宽视野，提升综合素质。这种跨学科的课程设置，不仅能增强学生的适应能力，还能培养他们的创新意识和解决问题的能力，为未来的职业生涯打下坚实的基础。再次，实践环节的创新不可或缺。实践是检验真理的唯一标准，也是培养学生实际动手能力的重要途径。在高职茶专业课程开发中，实践环节应与行业需求紧密结合。可以通过与茶饮企业的合作，开展真实的项目实践，让学生直接参与到茶饮的研发、市场推广及销售等实际工作中。这种真实的实习机会不仅能增强学生的动手能力，还能提高他们的职业素养和就业竞争力。此外，可通过组织茶饮创意大赛、茶艺表演等活动，将学生的创意与实际应用结合起来，激发他们的创新潜能和团队合作精神。为了更好地实施创新性原则，高职院校应建立产学研结合机制，与茶饮行业的企业紧密合作。通过与企业的合作，及时掌握行业动态与市场需求，从而适时调整课程内容和教学方式。企业的参与能够为学生提供实际的实习机会，并为教师提供行业经验的分享机会。此外，鼓励教师进行教学研究与创新是提升课程质量的关键。可以通过组织教师培训、学术交流等方式，激励教师不断探索新的教学理念和方法。此外，邀请行业专家参与课程开发与教学，能够为课程注入新的活力和视角，进一步完善高职茶专业的课程体系。最后，构建开放的学习环境也是实施创新性原则的重要策略。创新的教学需要一个鼓励探索与创新的氛围，学校应支持学生进行自主学习与研究。设立茶文化与茶饮创新工作坊、创客空间等，为学生提供自由开放的环境进行实践与探索。这样的环境不仅能激发学生的创造力，还能鼓励他们自信地表达自己的想法和作品，从而促进个体的全面发展。

总体来说，在新中式茶饮的视角下，高职茶专业的课程开发应坚守创新性原则，通过课程内容的更新、教学方法的多样化、课程设计的跨学科融合以及实践环节的真实体验，培养出既具传统茶文化底蕴又适应现代市场需求的复合型人才。这样的教育模式不仅能推动茶文化的传承与发展，也将为新中式茶饮行业的未来注入新的生机与活力。在这个快速变化的时代，唯有积极创新，才能在激烈的市场竞争中立于不败之地，从而为学生的职业发展和社会的茶文化繁荣作出贡献。

（3）课程开发思路。

新中式茶饮视角下高职茶专业的课程开发思路旨在通过深入企业实践调研、访谈等形式，确定适合高职学生的岗位类型及典型工作任务，从而为学生提供更贴近实际工作需求的课程内容和课程结构。这一思路强调了与企业实践和市场需求的紧密对接，旨在培养学生的实际操作技能和职业素养，为他们顺利就业和未来职业发展做好充分准备。

首先，通过企业实践调研和访谈等形式确定适合高职学生的岗位类型及典型工作任务是课程开发的第一步。这一过程旨在深入了解各行各业的实际工作要求，把握学生未来就业的趋势和前景，为课程内容和结构的设计提供基础依据。通过与企业开展合作、走访实习基地、与从业人员交流等途径，可以获取最新的行业动态和岗位需求信息，有助于确定学生所需掌握的核心知识和实践技能，为课程开发提供有力支撑。其次，在教学实施阶段，需要结合学生的学情特征、职业能力发展规律以及课程内容融通特点，设计具体的学习任务，引导学生在实践中学习、在学习中实践。这意味着课程设置要贴合学生的专业特长和个体差异，注重培养学生成长壮大所需的核心能力和素质。通过设计具有挑战性和实践性的学习任务，如模拟工作场景、实地实习、项目实践等，可以激发学生的学习热情和动力，提高他们的实际操作能力和解决问题的能力。最后，探索引入竞赛组织形式、利用证书模拟演练等方式，将“赛证”作为课程的“第二课堂”，用以检验学生的学习效果，激发学生学习的热情和动力。竞赛组织形式可以激发学生的竞争意识和团队合作精神，促使他们在实践中不断提升自己；同时利用证书模拟演练可以提高学生的实际操作技能和应变能力，培养他们具备职业素质和创新精神。总之，新中式茶饮视角下高职茶专业的课程开发思路强调了与企业实践和市场需求的紧密对接，旨在为学生提供更具实际操作性和职业可持续性的教育培训。通过深入的实践调研、学生学情分析和灵活的教学方式设计，可以为高职茶专业的学生打造一个更加贴近实际工作需求的学习环境，提升他们的综合素质和职业竞争力。同时，通过引入竞赛组织形式和证书模拟演练等活动，可以为学生提供更广阔的发展平台和学习动力，促进其全面成长和职业发展。

6.1.4 课程标准制定

在新中式茶饮领域视角下探讨高职茶专业的课程标准制定，是一个与时俱进、紧跟行业发展步伐的关键议题。2019 年颁布的《职业教育改革发展行动计划（2019—2022 年）》（以下简称“职教 20 条”）明确指出，应充分利用标准的作用，以职业标准提升职业教育的质量。在高职茶专业课程标准的制定过程中，必须综合考虑行业发展趋势和就业需求，借鉴国家职业教育标准和行业标准，同时结合该专业的特点和学生的实际情况，制定出符合实际需求和发展趋势的课程标准。从“职教 20 条”的内容来看，它强调了标准在职业教育中的重要性，尤其是通过规范化的课程标准和教学内容，以提升职业教育的质量和水平。标准作为评估教学质量的重要指标，有助于学校和教师确定明确的方向和目标，有利于规范课程设置和教学实践，推动教育教学的持续改进和发展。

在新中式茶饮这一兴起的茶饮产业中，高职茶专业的课程标准制定也应当与行业发展相适应。随着人们对健康、文化和生活品质的追求，茶文化逐渐融入现代生活中，茶饮市场呈现出蓬勃发展的态势。因此，高职茶专业课程标准的制定需要贴近市场需求，注重培养学生的实际操作技能、创新能力和行业适应能力。在制定课程标准时，可以借鉴国内外茶饮行业的发展趋势和最佳实践，结合实际情况不断优化课程设置。例如，课程内容可以包括茶叶知识、茶艺表演、茶文化传承、茶叶加工技术等方面，通过理论和实践相结合的方式，培养学生全面的茶饮专业知识和技能。同时，还应注重培养学生的创新意识，引导他们思考如何将传统茶文化与现代社会需求相结合，推动茶饮文化的创新和发展。此外高职茶专业课程标准的制定还应考虑到行业的不断变化和发展。随着新技术的应用和消费需求的改变，茶饮行业也不断创新和升级。因此，课程设置需要灵活调整，及时反映行业的最新动态，保持与市场需求同步。通过与企业合作、邀请行业专家参与课程设计等方式，确保高职茶专业课程标准的前瞻性和实用性，为学生未来的就业和发展奠定良好基础。总之新中式茶饮视角下的高职茶专业课程标准制定，不仅关乎学生的学习体验和成长，更关乎整个茶饮行业的发展和壮大。只有根据行业发展趋势和市场需求，灵活调整课程设置，注重实践能力培养和创新意识培养，才能培养出符合时代需要的优秀茶饮专业人才，推动茶饮文化的传承和发展。

6.2 高职茶专业课程开发的方法与案例分析

6.2.1 课程开发的方法

（1）课程分析。

一是社会需求分析。高职茶专业课程分析是为了更好地满足社会需求、培养与市场紧密结合的人才而展开的重要工作。在进行课程设计和开发前，深入的社会需求分析是至关重要的。这项工作涉及对地方经济发展和对茶专业人才数量的需求、现有从业人员的学历与职称结构，以及高职茶专业学校数量与招生规模等方面的调查和研究。

首先，我们要全面了解地方经济发展对茶专业人才的需求情况。随着茶饮产业的蓬勃发展，茶饮文化在中国各地已经成为一种时尚和生活方式。地方经济的发展方向和产业结构对茶饮行业的需求量有着直接影响。通过深入研究当地经济结构、产业发展状况和人才需求趋势，可以更加清晰地了解各行业对茶专业人才的需求量及所需岗位上的具体人才素质要求。这样的需求分析有助于确立高职茶专业课程的方向和内容，使其更加贴近市场需求，培养出适应性强、实践能力强的专业人才。其次，对现有从业人员的学历与职称结构进行分析也是非常重要的。了解当前茶饮行业从业人员的教育背景和职称状况，可以帮助我们评估行业内人才的结构和素质，为高职茶专业的课程设置提供参考。通过对从业人员的教育状况和职称水平的深入了解，可以及时发现行业内存在的人才短缺或培养不足的问题，进而调整课程设置，强化相关岗位所需的实际技能培养，以满足行业发展的需求。最后，需要调查该地区已有高职茶专业学校的数量和招生规模。分析当前高职院校茶专业的师资力量、设施设备、课程设置和学生实际就业情况等方面的问题，可以了解该领域教育的现状和问题，并为课程的改进和完善提供有益建议。通过与当地高职学校的合作与交流，可以促进教育资源的共享和互补，推动茶专业课程的提升与发展。综上所述，通过深入的社会需求分析，可以更加科学地制定高职茶专业课程，使之符合实际需求和行业发展趋势。高职茶专业的课程设置应当与实际需求和市场变化相结合，注重实践能力的培养和职业素养的提升，以培养出适应社会发展需求、具备创新精神和实践能力的高素质茶饮专业人才。

二是职业分析。高职茶专业课程的职业分析是一个至关重要的步骤，它涉及对不同工作领域的需求和特点进行深入了解，以便为课程设置和教学内容的确定提供指导和依据。

在职业分析中，首先需要考察茶饮行业各个领域对人才的需求情况，包括但不限于茶艺表演、茶叶加工、茶叶营销、茶文化传承等方面。通过对各个领域的岗位特点和技能要求进行详细分析，可以有针对性地确定高职茶专业课程设置和教学内容，使之更贴合实际职业需求。其次工作分析是职业分析的一个关键环节。在确定了工作领域和岗位之后，需要对这些职业岗位的具体职责进行详细的分解，将职责分解为具体的任务和要求。通过工作分析，可以深入了解每个工作岗位所需的专业知识、职业技能和素质要求，为确定高职茶专业课程的培养目标和培养方向提供了重要依据。在茶饮行业中，茶艺表演技能是一个重要的职业方向。茶艺表演涉及茶道、茶礼、茶席布置、茶具使用等方面的技能和技巧，对于专业人才的要求十分严格。因此，在职业分析中，需要充分了解茶艺表演领域的职业需求和发展趋势，从而为高职茶专业的课程设置提供有针对性的指导。高职茶专业的课程内容可以包括茶道基础、茶艺表演技巧、茶具使用与保养等方面，结合实践操作，培养学生扎实的茶艺表演技能和综合素质。同时，茶叶加工和茶叶营销也是茶饮行业中的重要岗位。通过工作分析，可以深入了解茶叶加工工艺和茶叶市场需求等方面的具体要求，根据不同的职业需求设计相应的课程内容。例如，在茶叶加工方面，课程内容可以包括茶叶加工工艺、茶叶品质评鉴、茶叶保鲜储存等；在茶叶营销方面，可以涵盖市场营销策略、品牌推广、电商运营等方面的内容，全面培养学生的营销能力和市场洞察力。另外，茶文化传承和推广也是茶饮行业中备受关注的领域。通过对茶文化的职业分析，可以了解传统茶文化的内涵和当代传承推广的需求，为课程设置提供指导。课程内容可以涵盖茶文化传统、茶艺礼仪、茶文化推广策略等方面的内容，培养学生对传统文化的理解和传承意识，为茶文化的传承和发展注入新的活力。

总之，在高职茶专业课程的职业分析中，我们要充分了解茶饮行业各个领域的职业特点和技能需求，根据不同的职业方向设计相应的课程内容，注重培养学生的实际操作能力和创新意识，使其能够更好地适应社会需求和行业发展的要求。

三是教学分析。教学分析是高职茶专业课程设计中至关重要的一环，其目的在于将行业分析提供的职业需求资料转化为具体的课程设置纲要，并对课程设置进行可行性审议，以确保教学内容与市场需求和实际情况相匹配，从而培养出符合行业标准和就业要求的高素质茶专业人才。

首先，教学分析需要将行业分析中得到的关于不同工作领域的需求和特点转化为具体的课程设置纲要。这需要我们根据行业需求和职业特点，对课程的设置、教学大纲、实验教学、实习实训等内容进行详细规划。例如，在茶艺表演方面，课程设置可以包括茶道基础、茶艺表演技巧、茶具使用与保养等内容；在茶叶加工方面，可以安排的课程涵盖茶叶加工工艺、茶叶品质评鉴、茶叶保鲜储存等方面的内容；在茶文化传承方面，可以设计课程包括茶文化传统、茶艺礼仪、茶文化推广策略等内容。通过将行业需求转化为具体课程设置，确保学生所学内容能够与实际职业需求相契合，为他们的职业发展奠定坚实的基础。其次，教学分析需要进行对课程设置的可行性审议。这项审议工作涉及对课程设置的科学性、实用性和适应性进行全面评估。在审议过程中，需要考虑教学资源的保障情况、师资队伍的实力、实验设备的配备等方面的问题，确保课程设置的可行性和实施的可操作性。最后，要考虑教学计划的合理性和灵活性，以便根据行业发展的变化和学生的实际需求进行及时调整和优化。教学分析将行业需求转化为具体的课程设置，并对课程设置进行可行性审议，有助于确保教学内容与市场需求和实际情况相匹配，为培养出符合行业标准和就业要求的高素质茶专业人才提供了坚实的保障。通过教学分析，高职茶专业的课程能够更加紧密地与市场需求相结合，为学生提供更加全面、实用的专业知识和实践技能，为茶饮行业的发展注入新的活力和动力。

四是行业发展现状分析。在当今社会，新中式茶饮作为一种新兴的饮品文化，不仅受到年轻消费者的热爱，更成为各大茶饮品牌争相追逐的市场热点。因此，在高职茶专业的课程开发中，必须紧密结合行业发展现状进行有效分析，以便更好地培养符合时代需求的专业人才。

首先，要分析行业发展现状就应考虑新中式茶饮的市场需求和消费趋势。近年来，随着人们生活水平的提高和健康意识的增强，消费者对饮品的选择不再局限于传统的茶饮，而是愈加倾向于追求多样化和个性化的饮品体验。这种变化不仅促使茶饮行业不断创新，推出各种风味与形式的茶饮产品，而且要求高职茶专业的课程设计能够紧跟市场潮流，关注新中式茶饮的制作方法、配方研发以及品鉴技能等内容。因此，课程应设置“新中式茶饮研发与创新”这一模块，让学生深刻理解行业发展背景，掌握市场需求，提升产品开发能力。此外，消费者对于健康饮食的关注也日益增强，这一趋势促使茶饮品牌逐渐将健康理念融入产品设计中，如推出低糖、无添加剂的茶饮，以及添加营养成分的茶饮等，这为高职茶专业课程的开发提供了新的方向。因此，应在课程中引入有关营养学和健康饮食的知识，使学生在具备传统茶艺技能的基础上，更能够理解如何在新中式茶饮中实现营养与美味的平衡，为他们未来的职业生涯打下坚实的基础。其次，行业内的竞争格局和科技的迅猛发展也对高职茶专业课程的开发提出了更高的要求。在新中式茶饮市场中，品牌之间的竞争日趋激烈，如何在众多品牌中脱颖而出成为企业面临的重要挑战。因此，课程设计不仅需要关注茶饮的制作技艺，还应涵盖市场营销、品牌建设和消费者心理等多个方面。可通过引入“市场营销与品牌管理”课程，让学生了解如何通过品牌定位、传播策略和市场分析来提升品牌的竞争力。此外，随着社交媒体和数字化营销的迅猛发展，新中式茶饮品牌也越来越多地利用这些现代工具进行产品推广和消费者互动。因此，课程中应加入有关数字营销和社交媒体运营的内容，以帮助学生掌握当今市场营销的新趋势和新手段，使其在未来的职业生涯中，能够灵活运用这些技能为企业发展服务。再次，在进行行业发展现状分析时，还需关注行业政策与法规带来的影响。近年来，随着对食品安全标准和环境保护要求的提高，茶饮行业也在不断适应这些变化。因此，高职茶专业的课程开发必须纳入相关的法律法规知识，特别是关于食品安全、卫生标准和环境保护方面的内容，以确保学生在未来的工作中能够正确理解和遵守行业规范。设立“食品安全与法律法规”课程，可以帮助学生全面了解在新中式茶饮制作与销售过程中需要遵循的相关法律法规，培养他们的合规意识和社会责任感。同时，了解环境保护知识对于新时代的茶饮行业同样重要。越来越多的茶饮品牌开始注重环保材料的使用和可持续发展的理念，高职茶专业的课程应引导学生关注环保与可持续发展的重要性，从而提升他们的社会责任感和创新意识。在分析行业发展现状时，不可忽视技术创新对于茶饮行业的影响。如今，科技的进步为茶饮的制作、配送和销售提供了新的解决方案，例如，智能设备、在线订购平台、数据分析等。因此，高职茶专业的课程开发应与时俱进，融入现代科技知识，包括机械设备的使用、信息技术在茶饮行业中的应用等。通过设置“智能茶饮制作与服务”课程，使学生在掌握基本茶艺技能的同时，能够掌握现代科技手段，提高工作效率和服务质量，促进他们的全面发展。最后，要关注消费者的文化需求和审美趋势。新中式茶饮不仅仅是饮品，它更是文化的载体，承载着饮茶者的生活方式与审美追求。因此，高职茶专业的课程设计应更加注重对文化素养和审美能力的培养。可以通过开设“茶文化与美学”课程，让学生深入了解中国茶文化的历史渊源、文化内涵以及在现代社会中的表现。同时，鼓励学生进行茶艺表演、茶道体验等实践活动，通过亲身参与，加深对茶文化的理解与体验。这不仅能够丰富他们的专业知识，还能提升他们在未来职业生涯中的综合素养，使学生在新中式茶饮的发展中能够更好地传承和弘扬茶文化。

综上所述，新中式茶饮视角下高职茶专业课程的开发，必须以行业发展现状分析为基础，从市场需求、消费趋势、竞争格局、政策法规、技术创新以及文化需求等多个维度进行综合考虑。在课程内容上，既要关注新中式茶饮的制作技艺与研发能力的培养，又要兼顾市场营销、品牌建设和法律法规知识的传授。同时，通过引入现代科技与数字营销、提升学生的文化和审美素养，使高职茶专业真正培养出适应新中式茶饮市场需求的复合型人才。这不仅有助于提升学生的职业竞争力，更将为推动茶文化的传承与创新、茶饮行业的可持续发展贡献重要力量。

（2）课程目标。

在高职茶专业课程的开发过程中，基于新中式茶饮的课程目标是至关重要的，它直接影响着整个课程的设计和实施。课程目标在教育领域中被视为学校课程努力达到的标准，反映了设计者对于学生学习效果的期望。在中国的教育体系中，“课程目标”是一项关键的规划工作，它不仅为教学活动的开展提供了指导和依据，而且能帮助教师和学生明确学习方向和目标。

首先，课程目标是课程设计的核心，它直接影响着课程内容、教学方法和评价标准。

在高职茶专业的课程开发中，基于新中式茶饮的课程目标应该明确反映学生在学习过程中需要达到的知识、技能、态度和价值观等方面的期望。一个清晰而具体的课程目标能够为教师和学生提供明确的指导，帮助他们更好地理解课程内容和学习目标，从而系统地完成学习任务。其次，课程目标的设定应具备特定的特点和原则。课程目标应该具体、明确且可衡量，这意味着目标描述应清晰明了，能够量化并通过实际的评估方法进行验证。例如，一个关于新中式茶饮的课程目标可以是“学生能够熟练掌握新中式茶饮的基本制作工艺和技巧”，这就是一个具体明确且可衡量的目标。最后，课程目标应该是可达成和实现的。这意味着设计者需要充分考虑学生的实际情况和能力水平，确保设定的目标是符合学生实际学习水平和发展潜力的。为了更好地制定和实现课程目标，设计者还应该考虑以下三点原则：一是课程目标应当与行业需求和发展趋势相匹配，确保学生毕业后能够胜任相关岗位的工作；二是课程目标应该注重学生的综合素质培养，包括专业知识、实践能力、创新意识和团队合作等方面的培养；三是课程目标应该体现可持续发展的理念，鼓励学生在学习过程中注重环境保护、社会责任和文化传承等方面的培养。基于新中式茶饮的高职茶专业课程目标的制定需要综合考虑行业需求、学生实际水平和发展方向等多方面因素，确保目标具体明确、可衡量，并与课程内容和教学方法相契合。通过明确的课程目标，可以更好地引导教学实践，促进学生的全面发展和就业能力的提升，为茶饮行业的发展培养更多优秀的专业人才。课程宗旨、目的及目标之间的关系如图 6-1 所示。

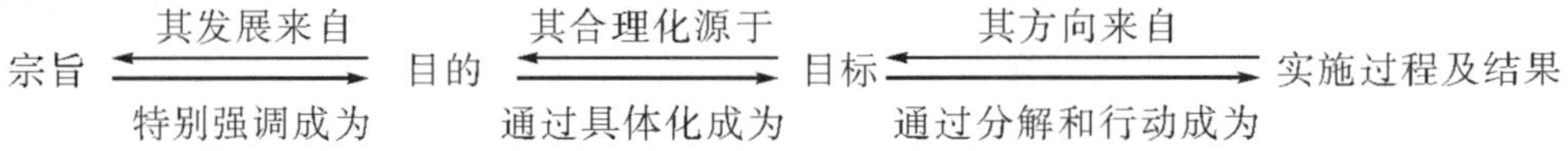

图 6-1　课程宗旨、目的及目标之间的关系

①课程目标的分类。在高职茶专业课程的开发过程中，基于新中式茶饮的课程目标不仅需要明确具体，还需要根据不同层次进行分类和设定，以便更好地指导教学实践，并使课程目标更具针对性和可操作性。课程目标的分类涵盖了总体目标、学科或领域的课程目标以及具体的课程目标，每个层次都具有其独特的意义和作用。

首先，总体目标在教育领域中被翻译为教育目的或教育宗旨，具有高度的概括性和抽象性，体现了整个教育体系的宗旨和目标。总体目标为各级各类学校教育的总体规定和要求，为具体学科和领域的课程目标提供了重要的指导。在基于新中式茶饮的高职茶专业课程开发中，总体目标可以体现为对学生全面素质培养的要求，包括专业素养、实践能力、创新思维等方面，旨在培养具备行业适应能力和综合素质的专业人才。其次，学科或领域的课程目标（goals），适用于一定阶段的具体课程，比总体目标更为具体。学科或领域的课程目标是在总体目标的基础上更加具体地描述了该学科或领域的学习目标和要求。在高职茶专业中，学科或领域的课程目标可以包括学生对于新中式茶饮文化、茶艺技巧、茶叶加工工艺等方面的理解和掌握程度，以及对茶文化传统的继承和发展能力等方面的要求。最后，具体的课程目标（objectives）则是在实际教学过程中具体化的指导准则，是课程设置的直接目标。课程目标的明确设定对整个课程的设计和教学具有关键性作用。只有明确了课程目标，才能有效地确定课程方案和教学目标。课程目标通常是具体且可衡量的，它们描述了学生在课程学习过程中应该达到的知识、技能、态度和价值观等方面的目标。在新中式茶饮的高职茶专业课程中，具体的课程目标可以体现为学生熟练掌握茶艺技巧、了解新中式茶饮文化内涵、具备茶叶加工和营销能力等方面的能力和素质。因此，基于新中式茶饮的高职茶专业课程的目标需要在不同的层次进行分类和设定，确保课程目标更为具体和更具有可操作性。总体目标为课程开发提供了宏观指导，学科或领域的课程目标为具体学科领域的教学提供了指导，而具体的课程目标则是教学过程中具体实施的指导准则，有助于指导教师和学生更有效地完成教学任务，促进学生的全面发展和就业能力的提升。

②确定课程目标的来源。在高职茶专业课程的开发中，确定课程目标的来源是至关重要的，因为这关系到课程的质量和有效性。根据泰勒的观点，确定课程目标的来源主要包括对学习者的研究、对当代生活的研究以及相关学科专家的意见。这三个来源在制定基于新中式茶饮的高职茶专业课程目标中都具有重要意义和作用，下面笔者将对它们进行深入探讨。

首先，对学习者的研究是确定课程目标的重要来源之一。了解学习者的特点、需求和背景是制定有效课程目标的基础。在高职茶专业课程开发的过程中，相关人员需要考虑学生的年龄、学习背景、兴趣爱好、学习能力等方面的特点，以及他们对新中式茶饮行业的认知和期望。通过对学习者的研究，可以更好地把握学生的学习需求和学习动机，有针对性地设置课程目标，使之符合学生的学习特点和发展需求，从而提高课程的实效性和教学质量。其次，对当代生活的研究也是确定课程目标的重要来源之一。当代生活的变化和发展直接影响课程目标的设置和调整。在当前社会快速发展的背景下，新中式茶饮作为一种兼具传统文化底蕴和现代时尚气息的饮品，受到越来越多人的关注和喜爱。因此，在制定基于新中式茶饮的高职茶专业课程目标时，需要考虑社会对茶饮行业的需求和期望，密切关注当代生活中茶文化的流行趋势和发展动向，以确保课程目标紧跟时代潮流，符合社会发展的需要。最后，学科专家的意见也是确定课程目标的重要来源之一。学科专家在相关领域拥有丰富的理论知识和实践经验，他们能够提供权威的专业意见和建议，为课程目标的设定提供重要参考。在高职茶专业课程开发中，学科专家可以对新中式茶饮的发展趋势、行业标准和就业需求进行深入分析，为课程目标的确定提供专业的指导和支持，确保课程目标与行业要求和学科特点相契合。

综上所述，确定课程目标的来源包括对学习者的研究、对当代生活的研究以及学科专家的意见，这三个来源在基于新中式茶饮的高职茶专业课程开发中都具有重要作用。通过深入研究学生需求、关注社会发展趋势和倾听学科专家的建议，可以有效地确定符合实际需求和发展趋势的课程目标，为学生的学习提供有力支撑，促进他们的全面发展和成长。

（3）课程内容。

基于新中式茶饮的高职茶专业课程的内容设计是课程开发中至关重要的一环。在教育领域中，课程内容的选择取向一直是备受关注的话题，这一点在高职茶专业的课程设计中体现得犹如明显。

在选择课程内容时，如果以学科知识作为取向，就需要我们对其进行深入的分析与思考。在学科知识的课程内容选择取向上，人们普遍认同，学科自身蕴含的探究过程以及方法论具备极高的教育价值，它们为学生打开思维的大门，助力知识的深度理解与能力的进阶培养。而学科知识作为课程内容的核心构成部分，承载着知识传承、智慧启迪的重任，是搭建学生知识体系大厦的基石。

这意味着在课程设计中，教育者应该重视学生对学科知识的学习和掌握，注重培养学生的学科思维和解决问题的能力。在高职茶专业课程开发中，基于新中式茶饮的课程内容设计应当兼顾传统文化内涵与现代实践技能，使学生在学习过程中不仅能够深入了解茶文化的历史渊源和精髓，同时也能够掌握和应用茶艺制作技巧，并对茶叶的加工、品鉴和营销进行系统学习。因此，在设计课程内容时，相关教师应该将传统茶文化、茶艺技巧、茶叶产业知识等学科知识融入其中，以确保学生在获得系统全面的学科知识的同时，能培养和提升其对茶文化的继承与创新能力。

同时，课程内容的选择也应该重视其与行业实际需求的对接。基于新中式茶饮的高职茶专业课程的内容设计需要充分考虑当前茶饮行业的发展趋势和就业需求，将行业前沿的知识和技能融入课程内容中，使学生在学习过程中不仅能够掌握传统茶艺技巧，还能够了解新型茶饮的研发、营销策略和品牌运营等现代企业管理知识。这样的内容设计将有助于提高学生的就业竞争力，为他们未来的职业发展打下坚实的基础。

此外，课程内容的设计还应该注重培养学生的实践能力和创新意识。通过设计丰富多样的实践活动和项目，使学生在课程学习中能够开展茶艺表演、茶叶加工与品鉴实践、茶文化活动策划等实践性活动，培养学生的动手能力和创造力，增强他们在实际工作中的适应能力和应变能力。

另外，课程内容的选择也应该注重跨学科融合。在高职茶专业的课程设计中，除了茶叶种植和加工技术，还涉及茶文化、营养与健康、管理学、营销学等方面的内容。因此跨学科融合的课程设计可以帮助学生全面理解茶饮产业的各方面知识，提高学科之间的联系性和实际应用能力。在综合考虑各方面的因素之后，基于新中式茶饮的高职茶专业课程内容设计应当是以培养具备综合素质和实践能力的专业人才为目标，它应当具有前瞻性和实践性，既注重学科知识的系统性和完整性，又兼顾当代茶饮行业的发展趋势和实际需求。

（4）课程组织。

基于新中式茶饮的高职茶专业课程组织是制订课程设计方案的重要组成部分。目前课程组织的模式主要包括学科取向的课程组织、学生兴趣和发展取向的课程组织，以及社会问题取向的课程组织等。

学科取向的课程组织是以学科知识体系为核心，强调学生对学科知识的系统学习和掌握。在高职茶专业中，学科取向的课程组织可以使学生系统地学习茶叶加工工艺、茶文化传统、茶艺表演技巧等学科知识，帮助学生建立扎实的学科基础，为日后的专业发展打下坚实的基础。通过这种模式，学生能够深入了解茶文化的历史渊源、传统技艺以及现代发展，掌握茶叶的加工工艺和茶艺表演的技巧，从而为日后的职业发展奠定牢固的理论基础。学生兴趣和发展取向的课程组织是以学生的兴趣特点和发展需求为出发点，根据学生的兴趣爱好和个性特点来组织课程内容，以激发学生的学习动力和兴趣。在高职茶专业课程的设计中，基于学生兴趣和发展取向的课程组织可以将茶文化艺术、茶道礼仪等内容融入其中，激发学生对茶文化的热爱和独特理解，从而培养学生的专业兴趣和发展潜力。通过这种模式，学生能够在愉悦的学习氛围中获得满足感，提高学习积极性和主动性，从而促进学生的成长和发展。社会问题取向的课程组织强调将课程内容与社会实际问题联系起来，引导学生关注社会问题、发展创新思维，并培养学生解决问题的能力。在高职茶专业课程的设计中，社会问题取向的课程组织可以将茶产业发展、茶文化传承与创新、茶叶艺术品牌营销等实际问题融入课程内容，激发学生的社会责任感和创新意识，帮助他们将所学的专业知识与实际问题相结合，培养他们的综合素质和实践能力。通过这种模式，学生能够关注行业发展的现实问题，从而培养自身的创新精神和解决问题的能力，为将来的职业发展做好准备。在高职茶专业的课程组织中，上述几种模式并非孤立存在，而是可以相互融合和交叉运用。学科取向的课程组织可以帮助学生建立学科基础，学生兴趣和发展取向的课程组织可以促进学生的内在动力和个性发展，社会问题取向的课程组织则能够培养学生的社会责任感和实践创新能力。综合运用这些模式，有助于构建全面发展的高职茶专业课程体系，为学生的综合素质和职业发展打下坚实基础。在课程组织的设计中，应当充分尊重学生的个性发展和学习需求，注重激发学生的学习动力和兴趣，培养他们的创新能力和实践能力。

（5）课程实施。

高职茶专业的课程实施是基于新中式茶饮文化的传承与创新，旨在将学生培养成具备丰富专业知识和卓越实践能力的茶文化产业人才。在这一课程的实施中，我们强调采用多元化的教学取向，包括“忠实取向”“相互适应取向”和“课程创生取向”，促进学生的全面发展和专业素养的提升。

首先，在“忠实取向”下，教师将严格按照课程大纲和教学计划进行课程实施，注重传授和学生的接受与消化知识。例如，在茶学课程中，教师会通过讲解茶叶种类、制作工艺、茶道礼仪等内容，使学生深入了解和掌握茶文化的基本知识；会利用茶艺表演和品茶比赛等形式来巩固学生的知识，并在教学过程中引导学生进行实地考察和体验，深化学生对茶文化的理解。其次，在“相互适应取向”下的茶文化专业课程实施中，教师将注重对学生个性差异和学习需求的关注，设计多样化的教学方案。例如，针对对茶文化有浓厚兴趣的学生，教师可以引导他们参与茶文化传统活动的组织和策划，提升他们的实际操作技能。而对于对茶文化产业充满好奇的学生，教师可以安排企业实习，让他们深入了解产业现状，并通过实践活动培养实际操作能力。最后，在“课程创生取向”下的高职茶专业课程实施中，我们既要鼓励教师进行教学内容和方法的创新，也要引导学生积极参与课程学习和实践活动。例如，教师可以鼓励学生根据所学知识，设计并开展茶文化传播活动，如茶艺表演或茶文化讲座，从而培养学生的创新精神和实践能力。通过综合运用这三种基本取向，并且在课程中注重运用多种教学手段和技术，如多媒体教学、实验教学等，结合校企合作、实习实训等教学活动，可以促进理论与实践的结合，提升学生的专业实际操作能力和解决问题的能力。又如，学生可以参与茶企业组织的茶园实地考察和茶叶生产流程学习，这样的实践活动不仅能够增进学生对理论知识的理解，同时也能提高他们对茶叶生产全过程的掌握能力。这种基于新中式茶饮的高职茶专业课程实施将为学生提供一个融合传统文化与现代商业实践的学习环境，为培养具备综合素养和创新能力的专业人才提供有力支撑。

（6）课程评价。

课程评价是教育教学活动中的重要环节，它不仅有助于相关人员全面了解课程的设计与实施情况，还能够帮助教师和学校发现问题并及时进行调整和改进。在高职茶专业课程中，课程评价更是至关重要，因为茶文化作为一门特色专业，需要保持持续的行业敏感性和与时俱进的专业性。

首先，课程评价应当从对课程本身的评价开始。静态评价是课程评价的重要组成部分，它主要关注课程的设计、目标、内容和教材。在高职茶专业课程评价中，需要评估课程目标是否与行业需求和学生能力培养相契合，教学内容是否符合茶文化产业的发展趋势和实际需求，教材的选用是否贴合专业特点和学生的学习水平等。通过对课程的静态评价，不仅能够确保课程设置的合理性和适应性，而且能够为后续的教学实施提供有力依据。其次，课程评价还需要对课程实施过程进行评价，这属于动态评价的范畴。动态评价主要关注课程实施过程中的教学效果、学生学习情况和教学方法等方面。在高职茶专业课程实施过程的评价中，相关人员可以对教师的授课方式和教学效果、学生的学习情况和教学反馈、实践活动的实施效果等方面进行评估。通过动态评价，可以及时发现课程实施中存在的问题和挑战，为课程的调整和改进提供依据，从而不断提高教学质量。再次，对课程效果的评价也至关重要。课程效果评价主要关注学生在课程学习后所取得的成果和相关表现，以及对学生综合素质的培养情况。在高职茶专业课程效果评价中，可以考量学生的专业知识掌握情况、实际操作能力、创新能力和综合素质等。此外，还可以考查学生的实习和就业情况，评估课程对学生职业发展的影响和帮助，以及课程对行业发展的贡献。除了上述评价角度，课程评价还应结合其他评价方法，如学生问卷调查、专家评审、校企反馈等。这些多元化的评价方法能够为课程评价提供更加全面的数据支持，有助于深入分析课程的优势和不足，为进一步提升课程质量和满足行业需求提供参考和支持。最后，实际案例也是课程评价中的重要依据。例如，可以根据学生毕业设计作品的质量、实习实训成果的表现等，评估课程在学生综合能力培养方面的效果。同时，还可以邀请相关行业专家参与课程评价，以确保课程内容与行业需求紧密结合，为学生未来职业发展提供有力支持。

①高职茶专业课程评价的特征。高职茶专业课程评价的特征是课程开发中不可忽视的重要因素。这些特征包括社会性、系统性和多主体性，它们在高职茶专业课程的评价中具有重要意义，对于确保课程质量和实现教育目标都至关重要。

首先，高职茶专业课程评价具有显著的社会性特征。茶文化作为传统文化的重要组成部分，与社会发展和文化传承密切相关。因此高职茶专业课程评价需要考虑到社会对茶文化产业人才需求的反馈和期望。评价应该紧密结合行业发展趋势和需求，确保课程的目标和内容符合行业标准和社会期望，使学生毕业后能够顺利地适应和贡献于茶文化产业的发展。此外，社会性特征还要求评价结果能够为社会提供有参考价值的信息，促进高职茶专业课程与社会需求的对接，推动教育教学工作与社会实际需求的有效衔接。其次，高职茶专业课程评价具有系统性特征。茶文化专业课程的评价需要立足于整体课程体系，全面评估课程的设计、实施和效果，而不是片面考虑某个环节或单一指标。系统性特征要求评价过程应全面、连贯、有机，并且要考虑到课程的内在联系和整体效果。这意味着评价过程需要包括静态评价和动态评价两个方面，对课程的设计、教学内容、教学资源、教学方法、教学效果等进行全方位的评估。只有通过系统性的评价，才能充分发现课程存在的问题和遇到的瓶颈，从而为课程改进和提升提供有力支持。最后，高职茶专业课程评价具有多主体性特征。多主体性特征强调课程评价不是单一主体的行为，而是需要多方共同参与和合作的过程。在茶专业课程的评价中，除了教师和学生，还需要考虑到行业企业、社会机构、专业协会等多方利益相关者的参与和反馈。这些不同主体的参与可以帮助课程评价更好地贴近行业需求和社会实际情况，确保评价结果的客观性和全面性。此外，多主体性特征还意味着课程评价应该注重促进教师和学生之间、学校和社会之间的互动和对话，形成共建共享的评价体系，实现教育教学的有机融合。

②建立多元化课程评价模型。高职茶专业课程评价在考虑社会性、系统性和多主体性的特点时，建立多元化的课程评价模型显得尤为重要。这种多元化的评价模型可以更全面、客观地评估课程的质量和效果，有助于提高教育教学的质量和教育教学的有效性。多元化课程评价模型涉及评价主体、评价过程、评价方法以及对教学效果的多方面评价。

首先，多元化的课程评价模型需要考虑评价主体的多样性。评价主体包括教师、学生、行业企业、社会机构、专业协会等多方面利益相关者。他们都对课程的质量和效果有着不同的关注点和需求，因此他们的参与和反馈是评价过程中不可或缺的一部分。教师可以提供课程的教学设计和实施情况，学生可以提供学习体验和反馈，行业企业可以提供行业需求和就业反馈，社会机构和专业协会可以提供行业趋势和发展方向。多元化的评价主体参与，确保了评价结果的客观性和全面性。其次，多元化的课程评价模型需要设计完善的评价过程。评价过程应该包括对课程的静态评价和动态评价。静态评价主要关注课程设计、教学内容和教学资源等方面，而动态评价主要关注课程实施效果和学生学习情况。通过静态和动态评价的结合，可以全面了解课程的优势和不足，为课程的不断改进提供有效依据。此外，多元化的评价模型需要采用多种评价方法，这些评价方法包括定性评价、定量评价、问卷调查、访谈、教学观察等。通过多种评价方法的综合运用，可以获取更加全面和准确的评价数据，避免单一评价方法可能存在的主观性和片面性。同时，多元化的评价方法也能够满足不同评价主体的需求，更好地促进评价过程的全面性和客观性。最后，多元化的课程评价模型还需要对教学效果进行多方面评价。教学效果评价可以包括学生的学习成绩、综合素质的培养情况、实践能力的提升以及毕业生的就业情况等方面。通过多方面评价教学效果，可以更全面地了解课程对学生的影响和作用，为进一步的课程优化和发展提供有力支持。在建立多元化的课程评价模型时，还需要注意评价结果的及时性和有效性。评价结果应该及时反馈给相关主体，为进一步的课程改进和教学提升提供及时的指导和支持。通过多元化的课程评价模型，可以更好地促进高职茶专业课程的发展和提升，为培养更多优秀的茶文化产业人才奠定坚实基础。

③多元化课程评价的指标体系。高职茶专业课程评价是课程开发中的重要环节，而多元化的课程评价指标体系则是实现全面、系统地评估课程质量和教学效果的关键。课程评价过程通常包括前期评价、中期评价和后期评价，每个阶段都拥有独特的内容和重点，以确保对课程的全面评估和持续改进。

在课程设计过程中，前期评价是至关重要的。前期评价旨在对课程设计的合理性、可行性以及与行业需求的契合程度进行评估。在高职茶专业课程中，前期评价的指标体系应包括课程目标的明确性和有效性、教学内容的全面性和前沿性、教学资源的充足性和实用性、教学方法的多样性和灵活性等方面。在茶专业课程中，还需要考虑茶文化的传统和现代发展需求，评价体系可以包括对传统茶艺、茶文化、茶史等方面的涵盖程度，以及对当下新中式茶饮等现代茶文化的关注程度。此外，前期评价还应该考虑到学生的学习特点和需求，确保课程设计符合学生的实际情况，有利于培养学生的综合素质和实践能力。中期评价是对课程实施过程的评估，其指标体系应注重教学过程的有效性和学生的学习情况。在高职茶专业课程的中期评价中，指标体系可以包括教学活动的实施情况、学生的学习表现和反馈、教师的教学效果等方面。特别是在茶文化专业课程中，需要考虑到实践操作的重要性，指标体系应该包括实践课程的实施效果、学生实际操作能力的培养情况、实习实训的成果等方面。另外，中期评价还应该结合学生的综合素质培养，关注学生的创新能力、团队合作能力、沟通表达能力等方面。后期评价是对课程效果和学生毕业后的发展情况进行评估，其指标体系涉及课程的实际成果和学生的职业发展情况。在高职茶专业课程的后期评价中，指标体系应考虑到学生的就业情况、职业发展情况、继续深造的意愿等方面。特别是考虑到茶文化产业的特点，后期评价还应关注学生对茶文化行业的贡献和影响，以及毕业生在茶文化领域的实际运用能力和成就。另外，后期评价还应考虑到毕业生的综合素质和职业能力，如专业技能、创新能力、团队合作能力等方面。除了前期、中期和后期评价外，多元化课程评价指标体系还应该考虑到教学资源的利用情况、教学管理的效果、教学成本的控制等方面。通过对课程评价指标体系的全面设计和实施，可以更好地了解课程的优势和不足，为课程的不断改进提供有力支持，有利于高职茶专业课程的发展和优化。

6.2.2 案例分析

浙江经贸职业技术学院是一所经浙江省人民政府批准设立的全日制公办高等院校。该校的茶专业历史可追溯至 1996 年，其一直以就业为导向、以服务为宗旨、以技能为核心，致力于深化教育教学改革，贴近市场需求、企业需求和提升岗位职业能力。

在制订人才培养计划时，该校以市场需求为依据，培养学生具备扎实的专业基础和较强的实践动手能力，取得了许多卓有成效的成绩。近年来，该校的学生在省级茶文化大赛中取得了优异成绩，连续多年荣获团体第一的殊荣。具体而言，2021 年在省第二届茶文化大赛中，该校学生斩获了省内 12 个一等奖中的 6 个一等奖；2022 年在省第三届茶文化大赛中，获得了省内 12 个一等奖中的 4 个一等奖；2023 年在省第四届茶文化大赛中，再次取得了省内 11 个一等奖中的 5 个一等奖，成为全省同行关注的焦点。这些优异的成绩充分展现了该校茶文化在高质量教育和实践能力培养方面的卓越水平，展现了学生在职业能力和实践技能上的突出表现。这些优异的成绩是该校高职茶专业课程开发的成功案例，体现了该校在课程设置、教学方法和学生培养方面的卓越水平。

在课程设置方面，学校注重贴近市场需求和社会实际，针对茶文化产业对专业人才的需求，合理设计了全面的课程体系，包括茶文化基础知识、茶叶加工技术、茶艺表演等内容，确保了学生能够全面掌握茶文化产业所需的理论知识和实践技能。此外，学校还注重引进先进的教学理念和技术手段，开设了多种形式的实践课程，如茶艺表演、茶叶加工实验等，使学生能够在实际操作中进行深入学习和练习，提升学生的实际动手能力。除了课程设置和教学方法外，学校还注重学生的综合素质培养，如沟通能力、团队合作能力、创新能力等。通过开展各类茶文化比赛和实践活动，学校引导学生参与团队合作，激发学生的创新意识，培养学生的综合素质和竞争能力。这些努力为学生成为茶文化领域的优秀人才奠定了坚实的基础。

（1）高度重视专业调研。

专业调研在高校课程开发中扮演着至关重要的角色，它有助于教育机构更好地了解行业需求和市场变化，指导课程设置和教学内容的更新和调整。

浙江经贸职业技术学院茶专业在办学过程中非常重视专业调研，这一做法为课程的持续改进和优化提供了重要的支撑。自2020年起，学院就开始每年指派优秀教师深入企业进行专业调研，以确保课程设置和教学内容与市场需求紧密契合。这一举措不仅有助于学校更好地开展教学工作，也提高了教师和学生对行业发展的认识和理解。

专业调研的形式多样，包括走访、寄调查函、电话采访、研讨等。首先，专业调研有助于深入了解行业需求。随着社会经济的发展和行业技术的变革，企业对人才的需求也在不断调整和更新。通过专业调研，学校能够及时了解企业对人才的新需求，包括专业技能、知识结构、综合素质等方面的变化，从而更好地调整课程设置和教学内容，使之与实际需求相匹配。此外，专业调研还有助于了解行业发展的趋势和方向，为学校未来的教学规划和课程改革提供重要参考。其次，专业调研有助于深化教师和学生对行业的认识和理解。教师作为课程设计和教学实施的主体，对行业的了解至关重要。通过深入企业进行专业调研，教师能够更直观地感受到行业的需求和变化，更全面地了解行业的发展现状和趋势，从而更好地指导课程的设计和教学的实施。同时，专业调研还能够让学生更好地了解行业岗位的实际需求和工作环境，有助于学生更好地规划自己的职业发展和学习方向，提高就业竞争力。此外，专业调研还能够促进校企合作和产教融合。通过深入企业进行调研，学校和企业之间的联系得以加强，为进一步的校企合作打下了良好的基础。同时，学校能够更好地了解企业的实际需求和发展方向，为校企之间的深入合作提供更加明确的指导。最后，专业调研也有助于产教融合，即将企业真实的技术需求和学校的教学内容有机结合，更好地培养适应企业发展需要的技术人才。总体来说，专业调研在高职茶专业课程开发中具有重要意义。通过深入了解行业需求，深化教师和学生对行业的认识和理解，促进校企合作和产教融合，专业调研为课程的持续优化和发展提供了有力支持。浙江经贸职业技术学院茶专业在专业调研方面的成功经验，不仅为其他高职院校提供了宝贵的借鉴和参考，也为高职茶专业课程的发展和优化作出了积极的贡献。在此基础上，该校还制定了茶专业领域的职业能力素质结构表（见表6-1）。

表6-1　茶专业领域的职业能力素质结构

能力结构	分项能力
思想政治素质	理想信念坚定，德、智、体、美、劳全面发展，具有良好的职业道德，敬业爱岗、踏实勤奋，正确运用法律知识、经济知识能力

表6-1(续)

能力结构	分项能力
身体及心理素质和能力	具有健全的人格、良好的心理素质和行为习惯；身体健康，能正常从事工作，具有常见运动技能
基础文化素质	具备较好的各类应用文的写作能力和较好的语言表达能力；具备专业应用与发展所必需的数学知识；具有一定的文化修养，懂得待人接物礼仪；具备一定的创新意识、协作精神、适应能力
英语能力	具备普通英文书刊的阅读理解能力；具备英语听、说能力；具有英语会话的初步能力
计算机应用能力	具备计算机硬件结构操作系统的使用能力；具备文字处理能力和常用字表软件的应用能力；具备简单程序设计能力，以及运用网络、多媒体等的计算机应用能力
茶专业能力	对新中式茶饮的概念现状有足够的认知；对我国茶文化的渊源有深刻的了解；有充足的茶叶知识储备；对于各类制茶手法技艺有充分了解

（2）专业课程目标具体定位明确。

专业课程有具体的目标对于高校课程开发至关重要。定位明确的课程目标可以帮助学校更好地规划课程设置、教学内容和教学方法，有效指导学生的学习方向和职业发展规划。浙江经贸职业技术学院茶专业在课程开发中，将“具有德、智、体、美、劳等全面发展的高技能人才”作为课程总体目标，这一目标体现了高职茶专业的培养理念和目标要求。

首先，明确课程目标有助于规划课程设置。明确定位的课程目标能够为课程设置提供指导，使课程设置更加系统和完整。在茶专业课程中，明确的课程目标可以帮助学校明确培养学生所需的专业知识、技能和素质，从而有利于设计出符合实际需求的课程体系和内容结构。例如，课程目标明确的茶专业课程可以在茶叶种植、加工工艺、茶艺表演等方面进行系统设置，确保学生在学习过程中全面掌握所需的专业知识和技能，为未来的就业和职业发展打下坚实的基础。其次，明确的课程目标有助于指导教学内容和教学方法的选择。教学内容和教学方法应当紧密围绕课程目标展开，以达成培养目标为导向。对于茶专业课程来说，课程目标明确可以帮助学校选择更加实用和前沿的教学内容，如新型茶饮的制作方法、茶文化的传承和创新等，并针对这些内容选择更具针对性和有效性的教学方法，如实践操作、场景模拟、案例分析等，使学生能够在实践中真正掌握所学知识和技能。最后，明确的课程目标也有助于指导学生的学习方向和规划职业发展。学生在明确了课程目标后，可以更加清晰地了解自己所学专业的发展方向和自身的发展定位，从而更好地制订个人学习计划和职业规划。茶专业课程目标的明确性可以帮助学生更好地了解茶文化产业的发展趋势和市场需求，为将来的就业和职业发展做出有针对性的规划，提高自身的就业竞争力。在实践中，课程目标的明确性需要学校和教师充分沟通，使之与实际需求相匹配。在茶专业课程开发中，学校可以组织相关专家和企业代表进行研讨和座谈，听取他们对人才需求和培养目标的意见建议，从而不断完善课程目标，确保其能够真正服务于市场需求和产业发展的要求。综上所述，高职茶专业课程目标的明确性对于课程开发和学生培养具有重要作用。浙江经贸职业技术学院茶专业在课程目标的设定上具有明确性和准确性，这有助于学院更加有效地规划课程设置、教学内容和教学方法，指导学生的学习方向和职业发展规划。

（3）课程内容的选择以实践为导向。

在浙江经贸职业技术学院茶专业的课程设计中，课程的选择以茶专业工作过程为导向，以学习者的经验为基础，适当借鉴学科知识体系，这突出了工作实践在课程中的主体地位。这种以实践为导向的课程设计方法，旨在使学生在课程学习中能够更好地掌握和运用实际工作所需的知识和技能，为顺利就业和职业发展做好准备。

在具体课程内容的组织和结构性改革中，该校在课程设计中突破了传统学科体系的束缚，更加注重将实践工作任务纳入课程中，让学生在实践中学习，将理论知识与实际操作相结合。课程内容的选择以实践为导向，这体现了学校对学生职业能力培养的重视。在茶专业课程设计中，学校注重将学科理论与实际工作紧密结合，将茶专业工作过程作为课程内容的核心，使学生在学习过程中不仅能够掌握专业知识，更能够在实践操作中培养实际工作所需的技能。例如，茶专业中的制茶一课，学校会通过布置实际的制茶工作任务，让学生亲身体验制茶过程，从原料的选择、加工工艺到成品的制作，让学生在实践中深入了解茶叶加工的各个环节，培养学生的实际操作能力和解决问题的能力。同时，课程内容的选择以实践为导向也有助于加强与企业的合作。学校在课程设计中注重引入企业实际工作场景，结合企业需求设计相应的实践项目，使学生能够在学习过程中更好地了解企业实际工作要求，提前适应企业工作环境，增强学生的就业竞争力。通过与企业合作，学校能够更好地了解企业对人才的需求，从而确定自身的人才培养目标，将这些信息融入课程内容设计，使课程内容更贴合实际工作需求。另外，课程内容的选择以实践为导向也有助于激发学生的学习兴趣。通过将实际工作任务纳入课程中，学生不仅可以在实践中学习，更能够在动手操作中增强对专业的兴趣和热情。实践操作使得抽象的理论知识变得具体可感，学生更容易理解和掌握，从而增强了学习的实效性和可操作性，提高了学生对专业的学习积极性和投入度。综上所述，以实践为导向的课程内容选择是高职茶专业课程开发中的重要方法之一。浙江经贸职业技术学院在茶专业课程设计中，注重将实践工作任务纳入课程中，让学生在实践中学习并运用所学知识和技能，为将来的就业和职业发展打下坚实的基础。这种课程设计方法有助于提高学生的实际操作能力，加强与企业的合作，激发学生的学习兴趣，为高职茶专业课程的不断完善和发展作出了积极的贡献。

（4）建立“混合取向”的课程模式。

浙江经贸职业技术学院茶专业的课程设计中，打破了以学术体系为中心的传统课程组织方式，建立了一种混合取向的课程模式。混合取向的课程模式是指将学术理论知识与实际工作技能相结合，使课程内容更加贴近实际工作需求，让学生在学习过程中不仅获得理论知识，还能够通过实践操作加深理解。这种新颖的课程模式旨在更好地适应市场需求和行业要求，培养出符合实际职业发展需要的高素质人才，它在高职茶专业的课程开发中具有重要意义。

首先，它有助于将学术理论与实际工作技能紧密结合起来。在茶专业课程设计中，学校注重将学术知识与实际茶叶加工操作相结合，通过开展实际的茶叶加工任务，让学生亲身体验并参与茶叶加工的各个环节，从而深入理解和掌握茶叶加工的技术要点和实际操作技能。这种混合取向的课程模式有助于学生在学习过程中更加全面地掌握专业知识和技能，为将来的就业和职业发展提供了更加丰富的素养和经验。其次，混合取向的课程模式有助于提高学生的实际操作能力。将学术理论知识与实际工作技能相结合的课程模式，使得学生在学习过程中通过实践操作加深理解，从而提高他们的实际操作能力和问题解决能力。例如，在茶叶加工的课程设计中，学校可以设计相关的实践操作任务，让学生亲自动手参与茶叶的加工工艺，从而培养他们的实践操作技能和团队协作能力，为将来顺利投入工作生活做好准备。最后，混合取向的课程模式还有助于提高学生就业竞争力。在实际工作中，企业更加看重学生的实际操作技能和工作经验。采用混合取向的课程模式可以使学生在学习过程中更好地接触和掌握实际工作技能，增加他们顺利就业的机会。实践操作不仅可以提高学生的专业能力，还可以增加学生的自信心和就业竞争力，使其更容易融入职场并展现出优秀的工作表现。总体来说，混合取向的课程模式在高职茶专业课程开发中具有重要意义。它以学术理论知识与实际工作技能相结合的方式，使课程内容更加贴近实际工作需求，深化了学生对专业知识和技能的理解和掌握，提高了其实际操作能力和就业竞争力。

（5）相互融通，铸造职业主体。

在高职茶专业课程开发中，相互融通的方法被视为关键，旨在铸造职业主体，构建完整的高职茶专业“课、岗、证、赛”相融通的人才培养机制。为实现这一目标，高职茶专业相关负责人应整合和优化课程结构，注重各课程之间知识内容的结合点与重合点，使各种不同课程之间有机衔接，呈现出一定的知识理论层次性，同时避免课程间的重叠或重复，以确保教学效果和教学质量的提升。

相互融通的方法在高职茶专业课程开发中扮演着至关重要的角色。通过课程间的相互融通，可以实现知识的整合和交叉学习，帮助学生更好地理解和掌握专业知识，提高他们的综合素质和能力。在茶专业课程开发中，需要注重不同课程之间知识内容的结合点和重合点，既要确保课程之间的衔接和延伸，又要避免内容重复和信息碎片化，确保知识的系统性和完整性。整合和优化课程结构是实现相互融通的关键步骤之一。通过整合课程结构，可以将各课程有机地衔接在一起，形成一个完整的学习体系，使学生在学习过程中能够全面掌握相关知识和技能，为未来的职业发展打下坚实的基础。在茶专业课程中，学校可以通过整合茶叶种植、生产加工、营销管理等相关课程，设计出贯穿全专业的课程体系，让学生能够在学习过程中全面了解茶叶产业链的各个环节，从而形成全面发展的专业能力。另外，相互融通的方法还要求课程间的知识内容具有一定的层次性和连贯性。在高职茶专业课程开发中，需要根据学生的学习特点和职业的发展需求，合理设置不同层次的课程内容，使之呈现出一定的知识理论层次性，让学生能够逐步深入学习和掌握专业知识，形成渐进式的学习路径。这样的设计可以帮助学生建立系统的学习框架，提高学习效果和学习成效，为他们的职业发展打下坚实的基础。要实现课程间的相互融通，还需要注重课程间的衔接。课程间的衔接不仅指各课程知识内容的连接，还包括师生之间、学生之间，以及学校和企业之间的联系和合作。通过建立良好的师生互动机制、学生之间的学习共享机制，以及学校和企业之间的实践合作机制，可以促进课程间的信息交流和资源共享，实现课程的相互融通，为学生提供更丰富的学习资源和学习机会，提升他们的综合素质和竞争力。综上所述，相互融通的方法在高职茶专业课程开发中具有重要意义。通过整合和优化课程结构，注重知识内容的结合点与重合点，以及课程间的层次性和衔接，可以构建完整的高职茶专业“课、岗、证、赛”相融通的人才培养机制，帮助学生更好地理解和掌握专业知识和技能，提高其综合素质和竞争力。

（6）课程实施。

在高职茶专业课程的实施过程中，教师、学生、教材和实习基地都是不可或缺的要素。它们在课程实施中发挥着重要作用，通过教师层面的努力、学生层面的激励、教材层面的优化和实习基地的建设，可以推动课程的有效实施，为学生提供更好的学习体验和职业技能培养。

第一，教师作为课程实施的重要主体，对于高职茶专业课程的教学质量和效果起着决定性的作用。教师需要具备扎实的专业知识和丰富的教学经验，并能根据学生的学习特点和实际需求，设计和组织相关教学活动，引导学生主动参与学习。同时，教师还需不断提升自身的教学水平和教学能力，积极参与相关培训和学术交流，不断更新教学理念和方法，为学生提供更加优质的教学服务。第二，学生是课程实施的主体，他们的学习态度和学习动力对于课程实施的成效至关重要。学校需要通过激励机制和奖励机制，调动学生学习的积极性和主动性，鼓励他们积极参与课堂互动、课外实践和社会实习等活动，培养他们的创新意识和实践能力。同时，学校还可以通过心理辅导和就业指导等方式，关注学生的成长和发展，帮助他们解决学习和就业中的困难和问题，提升他们的综合素质和竞争力。第三，教材是课程实施的重要支撑，对于学生的学习效果和教学质量有着重要的影响。学校需要根据课程的实际需求，优化和更新课程教材，确保内容的新颖性和实用性，让学生能够更好地掌握和运用专业知识和技能。教材的优化还需要结合实际教学情况，考虑学生的学习特点和实际需求，设计多样化的教学内容和形式，丰富教学资源和工具，提高教学的针对性和实效性。第四，实习基地是高职茶专业课程实施的重要环节，是学生将理论知识应用到实际工作中的重要平台。学校需要与相关企业和机构合作，建设完善的实习基地，为学生提供良好的实践学习条件和环境。实习基地的建设需要考虑相关专业的实际工作需求，配备先进的设备和工具，提供丰富的实践操作机会，为学生提供更加真实和有意义的实习体验，帮助他们更好地了解和适应未来的工作生活。综上所述，教师、学生、教材和实习基地是高职茶专业课程实施中不可或缺的要素。通过这些要素的有机结合和协同作用，可以有效地推动课程的有效实施，为学生提供更好的学习体验和职业技能培养。浙江经贸职业技术学院茶专业课程实施的成功经验值得其他高职院校借鉴和学习，也为高职茶专业课程的发展和优化作出了积极的贡献。

在高职茶专业的实践教学传承中，学校应该建立完善的实践教学基地，提供专业的教学设备和实践场地，为学生的实践活动提供良好的环境和支持。学生应该充分利用实践教学资源，通过实践操作、实验研究等形式，不断提升自己的实践技能和创新能力。只有通过实践教学的深度学习和不断磨炼，学生才能更好地掌握茶文化知识，胸怀自信，为将来从事茶文化相关行业做好充分准备。

总体来说，在新中式茶饮视角下的高职茶专业实践教学传承是一个综合性的课题，需要从实践内容与理论知识的结合、师生互动与交流、实践教学资源的建设等多个方面进行全面研究和探讨。只有不断完善教学内容和方法，培养出更多具备实际操作技能和创新能力的高素质专业人才，才能为茶文化的传承和发展贡献力量，为新中式茶饮行业的繁荣发展提供有力支持。

7 培养高职茶专业学生的创新创业胜任力

7.1 胜任力的相关研究

胜任力是一个广泛而复杂的概念，从泰勒的“科学管理”理论开始，胜任力的讨论就已经引起了人们的关注。1973年，David Mcclelland在他的论文《测试胜任力而不是“智力”》中提出了“competency”即胜任力的概念，指出优异的工作绩效不仅与传统的智力、阅读、写作及计算能力相关，还与一系列个性变量有关，如习惯、价值观、领导能力、人际关系技能等。这些综合素质构成了胜任力的核心。David Mcclelland的研究显示，智力测试虽然可以很好地预测学业成功，却无法预测工作绩效或更广泛的工作成果。

近年来，随着社会对创新创业人才的需求不断增加，大学生的创新能力与胜任素质成为教育界和企业界关注的焦点。在这一背景下，创新创业教育作为一种重要的教育形式备受重视。通过参与创新创业教育课程，大学生可以学习和培养与卓越工作绩效相关的知识、动机、特质与技能，从而提升其胜任力水平。一般来说，参与创新创业教育的大学生在创新意识、创新能力、团队合作能力等方面都能得到一定程度的提升。这表明创新创业教育对于培养大学生的创新创业胜任力具有积极的影响。在教育实践中，大学生通过创业模拟实践、创新创业比赛等活动，可以锻炼其解决问题的能力、团队协作能力以及创新思维。这些实践活动不仅可以提高学生的实际操作能力，还可以增强他们的自信心和沟通能力。除了课堂教学，学校还可以通过组织行业实习、企业实训等活动来促进学生的创新创业胜任力的培养。实践是检验理论的有效途径，通过与真实的企业合作，学生可以接触到实际的商业运作模式和市场需求，从而更好地理解创新创业的本质。与此同时，学校还可以邀请企业家和行业专家来举办讲座或开展培训，向学生传授创新创业的经验和技巧，激发他们的创业激情和企业家精神。

在培养高职茶专业学生的创新创业胜任力过程中，学校需要重视对学生创新思维和实践能力的培养。通过灵活的教学方法和丰富多彩的教学内容，激发学生的创新潜能，培养他们的创业意识和创新能力。此外学校还可以建立创新创业实验室和创意工作室，为学生提供创业项目孵化和实践的平台，促进学生在实践中不断磨砺自己的能力。总体来说，培养茶专业学生的创新创业胜任力是一个综合性的过程，需要学校、企业和社会各方共同努力。通过创新创业教育的有效开展，可以不仅提升学生的就业竞争力，还可以促进社会创新创业环境的良性发展，为我国经济社会的可持续发展作出积极贡献。

7.2 创新创业素质模型研究

在创新创业领域，素质模型的研究和应用对于揭示个体潜在能力、培养创新创业能力具有重要意义。在当前的素质模型中，主要有三种基础类型，即冰山模型、洋葱模型以及一般胜任力模型，它们在帮助理解和培养学生的创新创业能力方面发挥着重要作用。其中，冰山模型作为一种经典的创新创业素质模型，为我们提供了一个新的视角来理解和培养创新创业胜任力。

冰山模型（见图 7-1）的核心思想在于将个体在创新创业过程中所表现出的能力和素质比喻为冰山。冰山在水面下潜藏着更多的冰块，与之类似，创新创业领域中的关键素质和能力也常常隐藏在表面之下。通常人们能够直接看到的是表层的外在表现，比如创新思维、决策力和沟通能力等。然而更为重要的是那些隐秘在内心深处的素质，比如创造力、胆识、团队合作精神等素质在某种程度上决定了个体在创新创业中的成功。冰山模型的一个重要特征是将创新创业胜任力分为显性和隐性两个部分。显性部分指的是那些直接呈现在表面的技能和素质，比如专业知识、沟通技巧和表达能力等。而隐性部分则是指那些隐藏在内心深处的潜能和品质，比如创新潜力、领导潜质和团队协作精神等。冰山模型通过将创新创业能力分解为这两个层面，强调了培养创新创业胜任力的全面性和深度性，同时也提醒人们不要忽视那些隐性但极其重要的素质。

在培养茶专业学生的创新创业胜任力过程中，冰山模型的应用具有重要的指导意义。通过注重培养学生的内在潜力和潜在素质，学校和教育机构可以帮助学生全面发展自身的创新创业能力。为此，教育者可以设计多样化的教学活动，激发学生的创造力和创新思维，提升其决策能力和领导能力。此外，鼓励学生参与团队合作项目，锻炼其人际交往能力和团队协作能力也是非常重要的。冰山模型提醒我们在培养茶专业学生的创新创业胜任力时要始终保持警觉，不仅要看到表面现象，更要挖掘和培养内在潜力。一个拥有坚实基础、潜藏深厚潜力的创新创业者，才能在竞争激烈的环境中脱颖而出，实现自身的成功和价值。通过深入理解和应用冰山模型，我们可以更好地引导学生发展其创新创业胜任力，为个人成长和社会发展贡献力量。

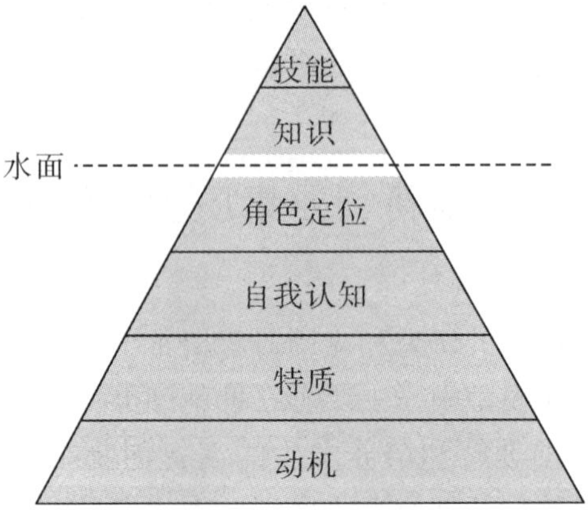

图 7-1　冰山模型

洋葱模型（见图 7-2）作为一种具有层层递进结构的模型，为我们展现了创新创业胜任力的多维特性，为培养学生全面的创新创业能力提供了有益的指导和启示。

洋葱模型的核心思想是将创新创业胜任力比喻为一颗洋葱，外围的皮层代表着显性的技能和表现，而内部的每一层都代表着更为深层次和隐性的素质和能力。类似于剥开洋葱的层层外壳，了解和培养创新创业胜任力也需要由外而内逐步深入，才能真正看清其全貌。在这个模型中，每层都代表一个关键素质或技能，比如创业激情、市场洞察力、团队合作等。通过逐层深入地了解和培养这些素质，学生能够逐渐建立起完整的创新创业能力体系，从而更好地应对未来的挑战和机遇。第一层，即外围的皮层，代表着显性的技能和表现，如专业知识、沟通能力、领导能力等。这些能力是学生创新创业过程中最为显著的外在表现，也是评价其创新创业能力的表面指标。在培养这一层次的素质时，学校可以通过提供专业课程和沟通培训，激发学生的学习兴趣和社交技能，为其奠定坚实的基础。第二层，则代表了学生的创新潜力和创业激情。这一层的素质是创新创业能力的内在动力，能够驱使学生勇于尝试新事物、勇往直前。通过培养创新激情和创业潜力，学校可以组织创业沙龙、创新比赛等活动，激励学生投身创新创业领域，释放其潜在能量。第三层，则涵盖了市场洞察力和商业敏锐度。在竞争激烈的市场环境中，学生需要具备敏锐的市场洞察力，能够及时捕捉市场变化和需求，为创新创业提供重要的信息支持。学校可以通过邀请行业专家举办讲座、组织市场调研实践等方式，帮助学生培养这一层次的素质。第四层，则体现了团队合作和领导能力。在创新创业过程中，团队合作和领导能力是至关重要的素质。学校可以通过项目团队建设、领导力训练等方式，锻炼学生的团队协作精神和领导潜力，使其能够在团队合作中发挥最佳表现。

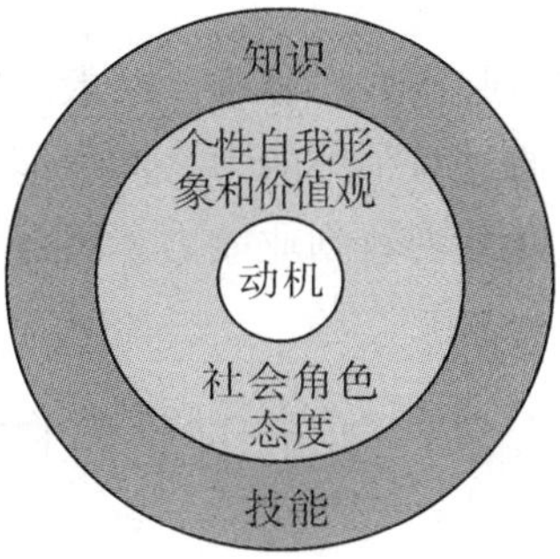

图 7-2　洋葱模型

综合而言，洋葱模型为培养茶专业学生的创新创业胜任力提供了一个全面系统的框架。通过深入理解和应用这一模型，学校可以有针对性地设计创新创业教育课程和实践活动，帮助学生全面提升其创新创业能力。每一层素质和能力都相互联系、相互支撑，只有全面培养、全面发展，学生才能真正具备应对未来挑战的能力和信心。

一般胜任力模型作为创新创业素质模型中的重要类型，凸显了在各种创新创业情境中普遍适用的基本胜任力的重要性。这种模型聚焦于广泛的胜任力，包括领导能力、沟通能力、问题解决能力等多个方面，这些素质在不同的创新创业环境中都具有关键作用。通过培养这些一般胜任力，学生能够在各种场景下都表现出色，具备更高的适应性和应对能力。

一般胜任力模型的特点在于其普适性和全面性。在创新创业领域中，不同的情境和挑战需要学生具备一系列基本的胜任力，这些能力不仅可以帮助他们在日常工作中取得成功，还能够在不同的创新创业环境中发挥关键作用。领导能力是一般胜任力中一项至关重要的能力，一个好的领导者是能够有效地激励团队成员、带领团队实现目标的。通过培养领导能力，学生可以学会自我激励、团队建设和有效决策，为未来的创新创业活动打下坚实基础。沟通能力也是创新创业中一项不可或缺的技能。良好的沟通能力可以帮助学生与团队成员、合作伙伴和客户建立良好的关系，促进信息的传递和理解，减少沟通误解和冲突。通过培养沟通能力，学生能够更有效地表达自己的想法和观点，提升团队合作的效率和质量，有助于创新创业项目的顺利进行。另外，问题解决能力也是创新创业中至关重要的素质之一。在复杂多变的创新创业环境中，学生经常会面临各种问题和挑战，需要具备快速分析问题、找出解决方案的能力。通过培养问题解决能力，学生可以培养逻辑思维、创造性思维和决策能力，帮助他们更好地应对各种困难和挑战，确保创新创业项目的成功进行。一般胜任力模型的优势在于其全面性和适应性。这种模型强调的不仅是个别领域的技能，更注重学生在多方面的发展和提升。通过培养广泛的胜任力，学生能够在各种创新创业情境中灵活应对，不受限于特定场景或特定技能，为他们在未来的职业生涯中赢得更广阔的发展空间。

在培养茶专业学生的创新创业胜任力过程中，一般胜任力模型为学校和教育机构提供了重要的理论指导和实践方向。通过对领导能力、沟通能力和问题解决能力等一系列基本胜任力的培养，学生能够全面提升其创新创业能力，更好地适应未来的工作和社会环境。

7.3 创新创业意向

创新创业意向被普遍认为是创业者迈出成功创业的第一步。创新创业意向指的是创业者将他们的注意力、经验和行动导向某一商业概念的精神状态。早期博德（Bird）提出并定义了创业意向，指的是在组织创立之初就确定了组织的形式和方向，而后续的组织结果，如生存、发展、成长和变化等则都基于这些初始意向。从克鲁格（Krueger）的观点来看，创业意向是个体对创办企业的承诺，代表个体对创业行为的决心和坚定信念。而汤普森（Thompson）则认为创业意向是指个体打算创建新企业，并且会有计划地在未来展开创业行为的自我承诺。这些定义都强调了创业意向对于创业行为的决定性作用。

在培养茶专业学生的创新创业胜任力过程中，创新创业意向具有重要意义。创新创业意向不仅代表着学生对创新创业的兴趣和意愿，更体现了他们对未来创业道路的责任感和决心。培养学生积极的创新创业意向，有助于激发他们的创业激情、培养创业精神，为将来的创新创业活动奠定坚实基础。在实践中，如何培养茶专业学生的创新创业意向成为一个重要课题。首先，学校和教育机构可以通过创新创业教育课程和讲座，向学生传递创业的魅力和机遇，激发他们对创新创业的兴趣和热情。教育机构可以邀请成功创业者分享创业经验和故事，让学生身临其境感受到创业的挑战和乐趣，从而增强他们的创业意向和信心。其次，学校还可以组织创新创业项目和比赛，让学生亲身参与创业实践，从而培养其创新创业的实际能力和经验。通过参与创业项目，学生可以深入了解创业的过程和挑战，锻炼自身解决问题的能力和团队合作精神，进而增强其对创业的意向和决心。最后，学校还可以提供创业指导和辅导服务，帮助学生规划个人职业发展目标和创业计划，解决创业过程中遇到的问题和困难，为他们的创新创业之路提供有力支持。通过个性化的辅导和指导，学生能够更好地了解自己的创业意向和定位，发挥自身优势，制定切实可行的创业策略，提高创业成功的可能性。总体来说，创新创业意向是培养茶专业学生创新创业胜任力的重要环节。通过激发学生对创新创业的兴趣和热情、实践培养学生的创业能力和经验，以及提供全方位的创业支持和指导，学校能够帮助学生树立坚定的创业信念，增强创业意向，为他们的创新创业之路铺平道路。

7.4 创新创业行为

创新行为的源头可以追溯到对问题的认知观念。这一理念得到了学者斯科特（Scott）和布鲁斯（Bruce）的支持，他们认为创新并非偶然事件，而是建立在对问题的深刻认知和对现有观念的挑战之上。

在当今的商业环境中，企业所面临的问题和挑战层出不穷，包括市场竞争激烈、技术变革快速等，因此对问题的深入认知成为企业进行创新创业的前提条件。只有深刻理解问题的本质，才能找到更好的解决方案，从而产生创新的想法。同时，创新实践需要团队成员的协助和支持。在当今的企业环境中，创新已经演变为一种团队行为，不同领域、不同背景的团队成员聚集在一起，共同探讨问题，碰撞思想，从而激发出更多的创新想法。这种协同创新模式已经成为许多行业创新的常态，团队成员之间的合作、共享和协同能力也成为企业创新创业的核心竞争力。

在茶专业学生的创新创业胜任力培养中，创新行为是一个至关重要的方面。首先，学生需要具备发现问题、分析问题的能力。只有深刻认知行业现状和挑战，才能找到创新的切入点和解决方案。茶叶产业面临市场需求变化、生产技术更新等问题，学生需要具备敏锐的问题意识和分析能力，从中找到创新的契机。其次，学生需要具备团队合作与协同创新的能力。茶叶产业的创新往往需要跨领域的团队协作，学生应当能够有效地与不同背景的团队成员合作，共同探讨问题，凝聚共识，实现创新创业的目标。在教育实践中，学校和教育机构可以通过创新创业课程、项目实践和实习等方式培养茶专业学生的创新创业意识和行为。通过引入真实的案例和具有挑战性的项目，学生可以从实践中学习解决问题的方法和技巧，培养创新思维和创业能力。再次，学校还可以组织多元化的团队合作项目，让学生在团队中扮演不同的角色，锻炼团队沟通、协作和决策能力，培养其协同创新的能力。最后，学校还可以鼓励学生参与创新创业竞赛和活动，激发他们的创新激情和竞争意识。通过与其他学生的比拼和交流，学生可以不断提升自己的创新创业能力，拓宽视野、积累经验，为未来的创新创业之路做好准备。总体来说，培养茶专业学生的创新创业胜任力涉及多方面因素，其中创新创业行为至关重要。只有通过深入理解问题、探索解决方案，并具备团队合作与协同创新的能力，学生才能在茶叶产业中展现出色，实现创新创业的梦想。

7.5 茶专业学生创新创业胜任素质模型预研

7.5.1 访谈对象选择

在进行茶专业学生创新创业胜任素质模型预研时，选择合适的访谈对象是至关重要的。针对该研究，为了获取更为准确、深入的信息和见解，特定条件下的访谈对象选择显得尤为重要。具体而言，选择在校创业或联合创业的大学生以及在校创新创业大赛中表现优秀的大学生是非常合适的。下面，笔者将从两个方面详细探讨这两类访谈对象的选择条件及优势。

首先，选择在校创业或联合创业的大学生作为访谈对象的条件是这些大学生已经注册了企业，拥有较成熟的产品和实际业务。这类访谈对象具有丰富的创业经验和实践经验，能够提供关于创新创业的实际案例和经验，从而帮助研究者深入了解大学生创新创业的特点和要求。这些创业大学生可能面临过各种挑战和困难，在实际的创业过程中积累了宝贵的经验和教训，通过他们的经验分享和见解，可以为茶专业学生创新创业胜任素质模型的研究提供重要线索和指导。其次，选择在校创新创业大赛中表现优秀的大学生作为访谈对象的条件是他们曾获得过创新创业大赛的校级一等奖及以上奖项。这类访谈对象展现了出色的创新能力和创业潜力，具备一定的创新创业经验和成功案例。他们的成功经验和实践成果可以为其他学生提供启示和借鉴，也有助于其他学生深入了解创新创业的关键要素和成功因素。通过对这些优秀大学生进行访谈，研究者可以更好地了解他们的创新思维、创业经历、团队合作经验等方面的内容，为茶专业学生创新创业胜任素质模型的构建提供丰富的素材和案例。选择这两类特定条件下的访谈对象对于茶专业学生创新创业胜任素质模型的预研具有重要意义。通过与这些成功的创业者和创新者进行深入交流和探讨，研究者可以更好地了解创业者在创新创业过程中面对的挑战和机遇，学习他们的成功经验和教训，为培养茶专业学生的创新创业胜任力提供有力的实践指导。同时，与这些优秀大学生的访谈也有助于激发更多学生的创新创业兴趣和潜力，促进创新创业教育的深入发展。因此在茶专业学生创新创业胜任素质模型预研过程中，选择在校创业或联合创业的大学生以及在校创新创业大赛中表现优秀的大学生作为访谈对象是明智而重要的选择。他们的经验和见解将为研究提供宝贵的信息和启示，有助于构建更为完善和贴近实际的创新创业胜任素质模型，为茶专业学生的创新创业之路提供更为有力的支持和指导。本次研究选取的 8 位访谈对象的基本情况见表 7-1。

表 7-1 访谈对象的基本情况

标号	访谈对象	类型	行业	年限	在校状态
1	A	创业者	制茶行业	4	已毕业（2020 年 4 月）
2	B	创业者	新中式茶饮品行业	4	在校生
3	C	创业者	互联网销售行业	3	已毕业（2020 年 4 月）
4	D	创业者	新中式茶饮品行业	4	在校生
5	E	创业者	茶原料生产	5	在校生
6	F	创业者	制茶行业	2	在校生
7	G	创业者	新中式茶饮品行业	1	在校生
8	H	全国大学生职业规划大赛全国总决赛就业赛道职教组银奖			在校生

7.5.2 访谈设计与实施

在进行茶专业学生创新创业胜任素质模型的预研过程中，访谈设计与实施是至关重要的环节。借助参考文献和专家意见，研究者制定了两份访谈提纲，旨在深入了解茶专业学生创业者和在创新创业大赛中表现优秀的学生的创新创业经历、心路历程以及相关素质、能力和知识。以下笔者将对访谈提纲的设计以及实施过程进行详细探讨。

首先，针对茶专业学生创业者，研究者设计了一份名为“茶专业学生创新创业胜任力访谈提纲 1”的提纲。这份提纲主要包括了研究对象的个人创业经历、创业心路历程以及创业过程中遇到的挑战和失败事件等内容。通过深入了解创业者的个人经历和心路历程，研究者可以探讨他们在创新创业过程中所面临的困难、挑战和应对策略，为构建茶专业学生创新创业胜任素质模型提供实际案例和见解。此外提纲还涉及对创新创业过程中需要具备的素养、能力和知识等方面的探讨，有助于揭示茶专业学生创新创业所需的关键素质和技能。其次，针对在创新创业大赛中表现优秀的学生，研究者设计了另一份名为“茶专业学生创新创业胜任力访谈提纲 2”的提纲。这份提纲主要包括了各种创新创业大赛的参赛经验、在比赛过程中取得的成果或遇到的失败经历，以及对于各种经验知识的分享和总结。通过对这些在创新创业大赛中脱颖而出的学生进行深入访谈，研究者可以了解他们在比赛中的创新思维、团队合作能力、决策能力等方面的表现，为创新创业胜任素质模型的构建提供有力支持和实证。在实施访谈过程中，研究者需要从访谈对象中获取详细、深入的信息和见解，这就需要研究者做一些准备工作。在访谈前，研究者应当充分了解访谈对象的背景和经历，调整访谈提纲以确保问题的针对性和全面性。在访谈过程中，研究者要保持开放性和灵活性，引导访谈对象畅所欲言，充分表达他们的观点、经验和见解。同时，研究者也需要倾听和记录访谈对象的每一个细节和感受，确保获取准确、全面的信息。

通过精心设计的访谈提纲和实施过程，研究者能够深入了解茶专业学生创新创业的实际情况和要求，挖掘出成功创业者和优秀创新者的关键经验和素质。这些信息将为茶专业学生创新创业胜任素质模型的构建提供重要参考和支持，有助于为学生的创新创业之路指明方向和路径。

7.5.3 编码与模型构建

（1）编码字典。

本书的编码字典是结合麦克利兰教授给出的 6 个基本特征族以及 21 项胜任特征来作为其编码的基础，并且融合了若干创新创业胜任力的相关文献资料，对本次的编码字典（见表 7-2）进行了精炼与优化，最后筛选出了和创新创业密切相关的 13 项要素，同时也给出了其基础的定义，以此来作为后续访谈编码的基础。

表 7-2 胜任特征编码字典

序号	要素	定义
1	成就动机	追求挑战目标、提高成果，对成功、成就有强烈的渴望，开放心态，对未来有积极乐观的预期
2	意志力	可以自觉地确定目标，并按照目标进行支配和调节自己的行动；可以克服困难，不顾障碍与阻力去获得进步，以此来达成自己的目标
3	适应能力	一个人无论在何种环境下，和不同的人或者群体工作时，所展现出的适应性、灵活性以及应变能力
4	服务意识	存在服务或者帮助他人，以及满足他人需求的渴望，能够基于他人的需求为其提供相应的服务或帮助，拥有足够的利他意识
5	思维敏捷	思路清晰、反应快，逻辑性强且思维活跃
6	独立性	不会轻易受到他人的影响，能够独立提出自己的思路并且会付诸行动，敢于实践，遇到问题也能拥有自己的主见
7	自信	在自己面对一些问题或者挑战的时候，对完成某项工作或者是解决某个问题时所表现出来的信念感，以及个体对于自身成功应对某种特定情境能力的评估
8	组织意识	存在担任组织领导者角色的意愿，又或是愿意把自己的行为调整到和组织的需求、重要决定以及目标相一致，同时通过自己的行为去帮助组织达成某项目标，并且能够了解自己在组织或者其他权力关系中的能力
9	人际关系能力	和有助于或可能有助于完成相关目标的人能够建立并维持友善、温暖且长久的友谊关系或是一些完善的关系网络
10	自我管理能力	制订个人目标、行动计划同时能通过行动将其实现，并且能够妥善进行自己的时间管理以及情绪管理

表7-2(续)

序号	要素	定义
11	机会识别与利用能力	花费精力获得更多的信息而并不是仅接受眼前现成的内容，对于机会的出现拥有敏锐的洞察力，可以结合各种手段去识别、开发并应用各种机会。典型的行为包含对问题的分析探索，发掘正确且高效的解决手段，寻求可以加以利用的潜在信息或机会，以及对现场进行直接观察等
12	学习能力	基于学习方法与技巧，对新知识获取的能力，从以往自己或者他人经历，关键事件中主动学习并改变自己行为的能力
13	专业知识	对创新创业领域所具备的事实典型或是经验信息的掌握，其中包含了行业知识、技术知识、法律知识以及企业经营管理知识等内容

（2）编码统计。

将 8 位访问者录音转写成文字，使用专门的特征字典进行编码。为了确保准确性，编码工作由两人独立进行，完成后进行讨论，然后再次独立编码，经过 3 轮调整后确定编码结果（见表 7-3）。

表 7-3　访谈结果编码整理（部分）

序号	事件	胜任特征
1	在开始分析我成功的原因之后，我进一步分析了这个项目本身的特点。它是涉及新中式茶饮的一些产品创作及营销设计，但是不会出现一家独大的情况，因为它属于内容制作，能够满足市场上众多消费者的需求。因此，我认为这个项目对我这个大学生来说是一个可行的项目。这一因素让我坚定地去创业，这是最主要的原因	机会识别与应用能力 意志力
2	如果是网络运营系统设计的话，就会涉及一些 AI 算法，技术性比较强，而我个人对技术比较了解	专业知识
3	在经历了两轮比赛之后，我发现自己在学校里的认可度相对提高了，包括有同学找我做合伙人，提出让出 10% 的股份，还有老师们也觉得我项目做得不错。后来还有一些邀请展示的机会，我觉得周围的认可度都还挺高的	自信 人际关系能力
4	在大创展的那次经历非常令人满意，因为很多人觉得新奇，纷纷前来体验。很多人试玩之后都觉得非常好，当你在那里的时候就能感到特别满意和意外。还有一件令我非常满意的事情是在 2017 年 3 月 21 日，我去了一家新中式茶饮品公司做了兼职，这家公司是一个创业公司，老板是一位从茶叶市场退休出来的人，他希望在新中式茶饮品领域做更好的产品。所以这位老板不仅是一个创业者，而且同时拥有丰富的资金和资源。因此，我觉得去这家公司是我非常荣幸的事情	成就动机 学习能力 机会识别与利用能力 人际关系能力

结合对上述8位访谈对象的访谈结果编码所做出的统计分析，最终也获得了13项胜任特征的频次统计结果，如表7-4所示。

表7-4 胜任特征的频次统计结果

序号	胜任特征	频次
1	成就动机	31
2	机会识别与利用能力	29
3	人际关系能力	27
4	思维敏捷	25
5	专业知识	19
6	意志力	17
7	学习能力	15
8	自信	13
9	自我管理能力	11
10	独立性	10
11	组织意识	8
12	适应能力	6
13	服务意识	4

（3）各项创新创业胜任特征的重要程度调查。

为了确定各项创新创业胜任特征的重要程度，我们对8个调研对象进行了单独访谈。由于每个人对创新创业的认知不同，因此他们所表达的胜任特质也有所不同。在进行了深入访谈后，我们从收集到的数据提取出与8个调研对象相关的胜任特征，并要求他们对提取到的胜任特征进行重要程度评分。通过这样的确认过程，我们再次验证所提取到的胜任特征是否准确，是否与调研对象的表述存在偏差。本次的部分调研通过线上形式的问卷填写，对上述8个调研对象进行了详细的问卷调查，所有的问卷及题目都为有效提问，最终获得的胜任素质重要程度的结果如表7-5所示。

表7-5 创新创业胜任素质的重要程度

序号	素质	平均分
1	成就动机	4.66
2	机会识别与利用能力	4.73
3	人际关系能力	4.33

表7-5(续)

序号	素质	平均分
4	思维敏捷	4.39
5	专业知识	4.49
6	意志力	4.18
7	学习能力	4.29
8	自信	4.11
9	自我管理能力	4.01
10	独立性	3.92
11	组织意识	3.88
12	适应能力	3.78
13	服务意识	3.69

（4）创新创业素质预研模型确定。

茶专业学生创新创业胜任素质的研究是为了探索学生在创业领域中所需具备的特质、能力和知识，以便更好地培养他们的创新创业胜任力。通过对胜任素质的频次统计和重要程度评分的分析，研究团队发现了一些有意义的结果，对这些结果进行深入讨论分析后，做出了相关调整和决策，以更好地促进茶专业学生的创新创业能力提升。

首先，通过频次统计和重要程度评分的分析，研究团队发现在组织意识、适应能力和服务意识这三个特质方面的频次和重要程度较低。数据显示这些特质的频次都低于10次，且平均重要程度评分也不足4分。这表明在实际创新创业活动中，人们对这些特质的展现和重视程度较低。为了更好地理解这一现象，研究团队进行了深入的讨论和分析。经过与从事创新创业教学相关的老师专家的讨论后，研究团队决定去掉频次较低的三个特征，即组织意识、适应能力和服务意识。这一决策的背后是研究团队对于这些特质在当前茶专业学生创新创业实践中的重要性和发展程度进行了深入思考和评估。同时，剩下的10个特征被归纳为创新创业品质、创新创业能力和创新创业知识这三个维度（见图7-3），这样有利于对胜任素质进行深入挖掘和研究，也有利于研究团队更好地把握茶专业学生在创新创业活动中所需具备的核心素质和能力。在进一步的研究中，研究团队将深入探讨这些特质在茶叶产业中的具体应用和重要意义，探索如何通过教育和培训来促进学生这些方面的发展，并为茶专业学生的创新创业实践提供更为有力的支持和指导。总体来说，在茶专业学生创新创业胜任素质模型预研的研究过程中，通过对数据的分析和反思，研究团队不断优化和调整研究方向和内容，以期更好地满足学生和行业的需求，为茶叶产业的发展和茶专业学生的成长提供更为有效的支持和引导。

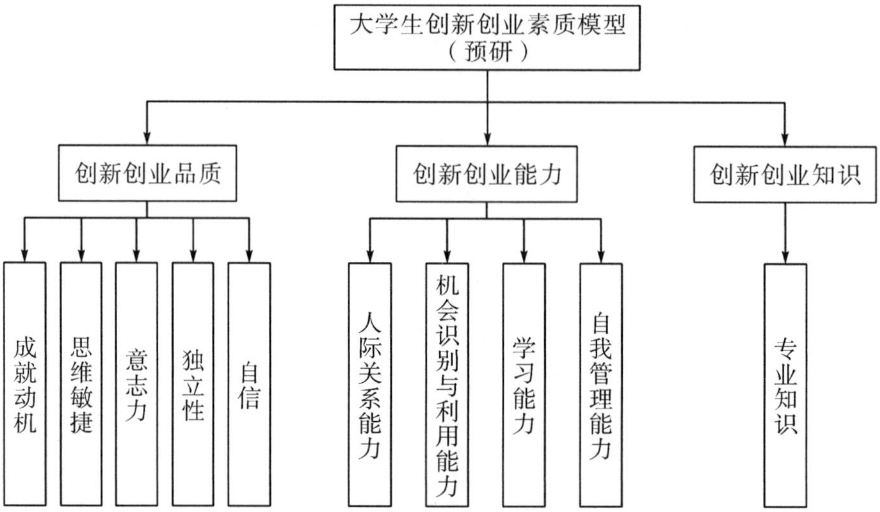

图 7-3　高职茶专业学生创新创业素质模型预研

8 研究假设与理论模型

8.1 研究假设的提出

8.1.1 创新创业教育与茶专业学生创新创业素质的假设

创业能力并非创业者天生具备，而是可以通过后天学习获得的。目前，这一观点已被广泛接受，而创业学习也被认为是影响创业能力的关键因素之一。因此，不同形式的创新创业教育可能对大学生的创新创业素质产生不同的影响。为了验证这一假设，笔者于2020年4月对贵州经贸职业技术学院茶专业学生展开了实地调研，以了解创新创业教育对他们的影响。

在调研过程中，笔者发现创新创业教育主要分为四个方面，分别是创新创业课程、创新创业竞赛、创新创业社团活动以及创新创业支持。首先，创新创业课程是大学生接触创业教育最直接的途径。这些课程着重于培养学生的创新思维和创业技能，如市场分析、商业计划书撰写、创业团队管理等。通过这些课程，学生可以系统地学习创业的理论知识和实践技能，为日后的创业之路奠定基础。其次，创新创业竞赛为学生提供了一个锻炼创业能力的平台。这些竞赛往往涉及创新创业项目的策划、推广和执行，通过参与比赛，学生能够在实践中提升自己的创业能力，并且从专业人士和企业家的指导中不断积累经验。再次，创新创业社团活动为学生提供了一个交流合作的平台。在这些社团中，学生可以与志同道合的伙伴一起探讨创业想法，共同学习创业经验，形成合作团队，通过实践活动锻炼自己的团队协作和领导能力。最后，创新创业支持是指学校为学生提供的创业资源和服务。这些支持包括创业导师的指导、创业基金的支持、创业实践基地的提供等。这些资源和服务为学生提供了更多的机会和条件来实践创业，帮助他们更好地将创业想法转化为切实可行的创业项目。

通过调研，笔者发现贵州经贸职业技术学院茶专业学生在创新创业教育的四个方面都得到了一定程度的支持和培养。许多学生在创新创业课程中学习到了专业知识和技能，有的学生则通过参加创新创业竞赛获得了实践经验和奖励。此外，学生们积极参与各种创新创业社团活动，通过交流合作不断提升自己的创业能力。同时，学校也为学生提供了创新创业支持，帮助他们更好地实践创业梦想。总体来说，创新创业教育对大学生的创新创业素质起到了积极的促进作用。不同形式的创新创业教育相辅相成，为学生提供了全方位的培养和支持，帮助他们更好地掌握创业知识和技能，为将来的创业之路做好准备。这也进一步证实了创业能力是可以通过后天学习获得的观点，为大学生的创业教育和职业发展提供了有益的启示。

创新创业教育与高职茶专业学生创新创业素质的假设是一个重要且值得深入探讨的议题。在这个假设的基础上，我们进一步建立了一个包含创新创业品质、创新创业知识以及创新创业能力的创新创业胜任素质理论模式，并提出了相应的假设。

在这个模式中，我们认为创新创业教育对大学生的创新创业素质有显著正向影响，具体包括以下几个方面。首先，我们提出了假设 1.1：创新创业课程对创新创业品质有显著性正向影响。创新创业课程作为创新创业教育的核心内容之一，通过系统的教学内容和案例分析，有助于培养学生的创新思维、创业胆识和团队合作能力。进一步细分，我们可以将这个假设再分为假设 1.1.1：创新创业课堂课程对创新创业品质有显著性正向影响，以及假设 1.1.2：创新创业讲座课程对创新创业品质有显著性正向影响。这也从不同教学形式的角度考察了创新创业课程对学生的影响。其次，假设 1.2 至 1.4 分别提出了创新创业竞赛、创新创业社团活动以及创新创业支持对创新创业品质的正向影响。创新创业竞赛提供了一个实践平台，让学生能够在实战中学习创业技能、挖掘自身潜力和发展团队协作能力。而通过创新创业社团活动，学生可以结识志同道合的伙伴、分享创业经验，从而培养自己的团队合作和领导能力。此外，创新创业支持为学生提供了资源和指导，帮助他们更好地实践和落实创业想法，从而促进创新创业品质的培养。同时我们进一步探究了创新创业教育对创新创业能力和知识的影响。假设 1.5 至 1.8 分别阐述了创新创业课程、竞赛、社团活动以及支持对创新创业能力的正向影响，表明这些活动可以帮助学生提升创业实践能力、团队管理能力以及创新意识。此外假设 1.9 至 1.12 则提出了这些活动对创新创业知识的正向影响，强调了创新创业教育在知识传授和实践中的重要性。综合而言，创新创业教育对茶专业学生创新创业素质的影响是多方面的，涉及品质、能力和知识的全面提升。通过创新创业课程、竞赛、社团活动和支持的综合培养，学生可以获得不同层面的创新创业能力和素质，为他们未来的创业之路奠定坚实的基础。这一系列假设的提出为进一步研究创新创业教育与学生创新创业素质的关系提供了理论基础，并且对学校和企业在培养创新创业人才方面具有一定的指导意义。

8.1.2 创新创业教育与创新创业行为的假设

（1）创新创业教育的直接影响作用。

创新创业教育与高职茶专业学生创新创业行为的假设是一个引人深思的话题，特别是在当今高校教育中越来越受到重视的创新创业教育领域。在这个假设中，我们探讨了创新创业教育对学生创新创业行为的直接影响，结合了三元交互决定论的理论基础，强调了个体、外部因素以及行为因素之间的相互依存与相互促进关系。

首先，根据三元交互决定论的观点，个体的创新意识和创业能力是创新创业教育的核心目标之一。通过创新创业教育，学生可以接受系统的培训和教育，从而培养自己的创新思维和创业技能，提升自己的创新创业能力。在茶专业学生中，创新创业素质往往需要在学习、实践和培训中不断提升和完善。创新创业教育可以通过不同形式的课程设置、实践活动和导师指导，激发学生的创新潜能，培养他们的创业意识和能力，为他们未来的创业之路铺平道路。其次，外部因素也在学生的创新创业行为中起着关键作用。学校、教师和同学等外部因素对学生的创新创业行为产生着重要的影响。学校作为学习和培养学生的地方，可以为学生提供创新创业的平台和资源。学校可以开设相关的创新创业课程，组织创新创业竞赛和活动，提供创新创业支持和指导，为学生的创业活动提供必要的帮助和保障。教师在创新创业教育中扮演着重要角色，他们不仅是知识的传授者，更是学生榜样和引导者。教师可以通过激发学生的创新潜力、引导他们积极参与创业活动，帮助他们克服困难和挑战，促进学生创业行为的健康发展。同时同学间的合作与交流也能够激发创新创业的火花，互相启发、互相鼓励，共同探索创新创业的可能性。在茶专业学生创新创业素质的培养过程中，创新创业教育的直接影响作用是不可忽视的。通过与个体、外部因素以及行为因素的相互作用，创新创业教育能够有效激发学生的创新潜力和创业能力，促进学生的创新创业行为的发展。通过全面、系统的创新创业教育体系，学生可以在学习、实践和交流中不断提升自己的创新创业素质，为将来的创业之路奠定坚实的基础。因此学校和教师需要共同努力，为学生提供良好的创新创业环境和资源，引导学生树立正确的创新创业价值观和道德观，培养学生全面发展的创业精神和创新能力，助力学生实现创业梦想，促进社会创新创业的繁荣与发展。

在这一假设的基础上，我们进一步提出了假设 2，即创新创业教育会对学生的创新创业行为产生显著正向影响。具体而言，我们从创新创业课程、创新创业竞赛、创新创业社团、创新创业支持等角度提出了不同的假设，以探讨创新创业教育对学生创新创业行为的具体影响。

首先，我们提出了假设 2. 1：创新创业课程对创新创业行为有显著正向影响。创新创业课程作为创新创业教育的核心内容之一，在培养学生创新创业行为方面发挥着至关重要的作用。进一步细分，我们可以将这个假设再分为假设 2. 1. 1：创新创业课堂课程对创新创业行为有显著正向影响，以及假设 2. 1. 2：创新创业讲座课程对创新创业行为有显著正向影响。这也从不同教学形式的角度考察了创新创业课程对学生创新创业行为的影响。其次，假设 2. 2 至 2. 4 分别阐述了创新创业竞赛、创新创业社团、创新创业支持对创新创业行为的正向影响。创新创业竞赛可以激励学生在实践中积极探索创新创业项目，锻炼他们的创业行为能力。参与创新创业社团活动可以使学生在交流与合作中提升创新创业行为技能，增强团队合作精神。此外，创新创业支持为学生创新创业行为提供资源和指导，推动学生的创新创业活动积极开展。这些假设的提出基于对创新创业教育对学生创新创业行为的影响的理性分析和假设推导。这些假设为进一步研究创新创业教育在培养学生创新创业行为方面的作用提供了理论基础，并为相关领域的教育工作者提供了具体而有针对性的研究方向。

（2）创新创业意向在创新创业教育及创新创业行为之间的作用。

一是创新创业意向对创新创业行为的作用，它是一个备受关注的研究领域。创新创业意向是指个体对于创新创业活动的倾向和意愿，它反映了个体在面对创新创业机会时的积极态度和愿望。创新创业意向可以被视为个体内部的一种心理特征，它对于个体的创新创业行为具有重要的影响，能够直接影响个体的创新行为和创业行为。

首先，创新创业意向反映了个体对创新创业活动的倾向和情感态度。一个积极的创新创业意向意味着个体对创新创业活动具有较高的热情和兴趣，愿意主动探索和尝试新的创业项目和创新机会。这种积极的意向可以激发个体内在的创新动机和创业精神，推动其积极地参与创新创业活动，并最终转化为实际的创新创业行为。其次，创新创业意向对个体的创新行为和创业行为具有直接的影响。个体内部的创新创业意向会引导其在实际生活中的行为表现，影响其是否会主动寻求创新机会、是否愿意承担创业挑战等。具有较高创新创业意向的个体更有可能表现出积极的创新和创业行为，他们更倾向于提出创新点子、勇于尝试创业项目，并敢于冒险追求自己的创新创业梦想。因此创新创业意向可以被视为创新创业行为的内在动力和推动力，直接影响个体在创新创业领域的表现和成效。最后，创新创业意向还可以影响个体在面对创新创业机会时的决策过程。具有积极创新创业意向的个体更倾向于积极主动地寻求和把握创新创业机会，更有可能采取决策行动将创新创业意向转化为实际的行为举动。相比之下，缺乏创新创业意向或者持消极态度的个体在面对创新创业机会时可能会选择保守观望或放弃机会，从而错失创新创业的良机。总体来说，创新创业意向对创新创业行为具有重要的作用，它不仅反映了个体对创新创业活动的态度和意愿，更直接影响个体在创新创业领域的实际表现。因此在培养和促进创新创业行为的过程中，有必要重视和引导个体的创新创业意向，激发其内在的创新创业动机和热情，引导其主动参与创新创业活动，并为其提供更多的支持和帮助，助力其实现创新创业梦想，推动社会创新创业的发展与繁荣。基于对创新创业意向与创新创业行为之间关系的深入分析，本研究提出假设3：创新创业意向对创新创业行为有显著正向影响。该假设的提出基于以下理论依据：创新创业意向是个体对创新创业活动所持有的积极态度和愿望，属于个体内部的心理特征。它不仅能够直接影响个体的创新行为和创业行为，引导个体在实际生活中表现出积极的创新和创业倾向，还能够影响个体在面对创新创业机会时的决策过程。具体而言，具有积极创新创业意向的个体更倾向于主动寻求和把握创新创业机会，并通过决策行动将创新创业意向转化为实际行为。为进一步细化这一假设，本研究从不同维度提出以下子假设：假设3.1：创新创业意向对创新创业基于课程的创新创业行为有显著正向影响。假设 3.2：创新创业意向对基于创新创业竞赛的创新创业行为有显著正向影响。假设 3.3：创新创业意向对基于创新创业社团活动的创新创业行为有显著正向影响。假设 3.4：创新创业意向对基于创新创业支持的创新创业行为有显著正向影响。

二是创新创业教育对于创新创业意向的作用。在当今社会中，创新创业教育被广泛认为是激发和培养学生创新创业意向的有效途径之一。有研究表明，与未接受相关课程或仅仅听过创业讲座的学生相比，接受过创业课程的学生表现出更高的创业意向。此外，参与过创业竞赛的学生的创业意向也显著高于未参加过创业竞赛的学生，甚至进一步的研究还发现，多次参加创业竞赛的学生的创业意向明显强于仅参加一次竞赛的学生。这些研究结果说明创新创业教育对于学生创新创业意向的塑造与影响具有显著而积极的作用。

首先，创业课程作为创新创业教育的重要组成部分，对学生创业意向的影响是显著的。通过参与创业课程，学生不仅可以系统地学习创业理论和实践知识，更能够接触到创业实践的真实案例和经验分享，激发学生对创业的兴趣和热情，增强其创业的信心和决心。创业课程的设置能够帮助学生深入了解创业的机会和挑战，提高其对创业道路的认知和了解，从而形成积极的创业意向，促使其将创业梦想转化为实际行动。其次，创业竞赛作为创新创业教育的重要活动之一，对学生的创业意向也有显著的推动作用。参与创业竞赛可以让学生亲身体验创业过程中的挑战与乐趣，锻炼其创业的实践能力和问题解决能力，培养其面对竞争和压力时的应变能力。通过多次参加创业竞赛，学生不仅可以积累更丰富的创业经验和技能，更能够逐步建立起坚定的创业信念和决心，培养出坚持不懈、勇于创新的创业精神，从而增强其创业意向，愿意将创业想法付诸实践并不断追求创业的成功。这些研究结果揭示了创新创业教育在塑造和影响学生创新创业意向方面的重要作用。创业课程和创业竞赛为学生提供了全方位的学习和实践平台，激发了学生内在的创新创业动机和热情，促使他们更加积极地投身于创新创业领域，努力追求自己的创业梦想。

研究结果表明，参与创业竞赛的学生的创业意向明显高于未参加过创业竞赛的学生，而且多次参加创业竞赛的学生的创业意向更为强烈。基于这些发现，研究者也提出了假设 4：创新创业教育能够显著性正向影响学生的创新创业意向，并进一步将这一假设细分为不同具体假设，以探究创新创业教育对学生创新创业意向的具体影响。具体来说，假设 4.1 指出创新创业课程对学生创新创业意向具有显著正向影响。这一假设进一步细分为假设 4.1.1 和假设 4.1.2，以考察创新创业课堂课程和创新创业讲座课程对学生创新创业意向的影响。另外，假设 4.2、4.3 和 4.4 分别阐述了创新创业竞赛、创新创业社团和创新创业支持对学生创新创业意向的正向影响。通过这些假设的提出，研究者试图揭示创新创业教育在塑造学生创新创业意向方面的具体作用机制，为进一步探讨这一领域提供了理论基础。此外，结合三元交互决定论和计划行为理论，结合假设 2、假设 3 以及假设 4，可以推断出创新创业意向在创新创业教育对学生创新创业行为影响中的中介作用。基于这一推断，研究者提出了假设 5，具体内容为：

假设5.1：创新创业意向对创新创业课程对于创新创业行为的影响存在中介影响。但是，创新创业课程又可以分为课堂课程以及讲座，因此该假设又可以分为：假设5.1.1创新创业意向对创新创业课堂课程对于创新创业行为的影响存在中介影响；假设5.1.2创新创业意向对创新创业讲座课程对于创新创业行为的影响存在中介影响。假设5.2：创新创业意向对创新创业竞赛对于创新创业行为的影响存在中介影响。假设5.3：创新创业意向对创新创业社团对于创新创业行为的影响存在中介影响。假设5.4：创新创业意向对创新创业支持对于创新创业行为的影响存在中介影响。

三是创新创业素质在创新创业教育与创新创业意向之间的作用。创业意愿是个体进行创新创业活动的内在驱动力，可以受到多种因素的影响。根据SHAPERO的观点，个体的创业意愿受到创业对个体的吸引程度、个体的行动倾向以及个体对创业能力的评价等因素的影响。此外，不同研究也揭示了创新创业素质在塑造个体创业意向方面的重要性。下面，笔者将从不同研究的角度展开对创新创业素质在创新创业教育与创新创业意向之间作用的探讨。

首先，陈淑妮等的研究指出，机会能力与运营管理能力对创业愿望有积极的影响。机会能力指的是个体发现和利用商业机会的能力，而运营管理能力则是指个体进行创业活动所需的管理技能和资源调配能力。具备较高的机会能力和运营管理能力有助于个体更好地把握创业机会，有效地管理创业过程，从而增强其对创业的信心和意愿。其次，范巍和王重鸣的研究针对杭州高校在校生和毕业工作3年内的学生，发现成就动机对创业意向具有显著影响。成就动机是指个体通过自身能力和努力获得成功和成就的动机，具有较强的成就动机的个体更倾向于通过创业实现自身的成功和成就感，从而激发其创业意向。再次，贺丹的实证研究结果表明，个人特质也是影响创业倾向的重要因素。个人特质包括性格、态度、价值观等方面的个体特征，不同的个人特质会对创业意向产生不同的影响。例如，乐观、自信、冒险、创造性等积极的个人特质有助于激发个体的创新创业意向。最后，周桂瑾等的研究通过实证研究发现，学生的独立性、恒心毅力以及创业敏感度与创业意愿之间的关系较为密切。独立性和恒心毅力可以帮助个体克服困难和挑战，在创业过程中保持稳定的心态和持续的努力，而创业敏感度则能够提高个体对创业机会的发现和把握能力，从而促进其创新创业意向的形成和实践。

基于上述的研究内容，我们可以给出假设6：创新创业素质会对创新创业意向造成显著性正向影响。同时，结合假设1、假设4以及假设6能够推出：创新创业素质会中介于创新创业教育对创新创业意向的影响。由此，便能够得到假设7。假设6和7的具体假设为：假设6.1创新创业品质对创新创业意向有显著性正向影响；假设6.2创新创业能力对创新创业意向有显著性正向影响；假设6.3创新创业知识对创新创业意向有显著性正向影响。假设7.1创新创业品质对创新创业课程对于创新创业意向的影响存在中介影响。但是因为创新创业课程又可以分为课堂课程以及讲座，因此此假设又可以分为：假设7.1.1创新创业品质对创新创业课堂课程对于创新创业意向的影响存在中介影响；假设 7. 1. 2 创新创业品质对创新创业讲座课程对于创新创业意向的影响存在中介影响；假设 7. 2 创新创业品质对创新创业竞赛对于创新创业意向的影响存在中介影响；假设 7. 3 创新创业社团对创新创业课程对于创新创业意向的影响存在中介影响；假设 7. 4 创新创业品质对创新创业支持对于创新创业意向的影响存在中介影响；假设 7. 5 创新创业能力对创新创业课程对于创新创业意向的影响存在中介影响（假设 7. 5. 1 创新创业能力对创新创业课堂课程对于创新创业意向的影响存在中介影响；假设 7. 5. 2 创新创业能力对创新创业讲座课程对于创新创业意向的影响存在中介影响）；假设 7. 6 创新创业能力对创新创业竞赛对于创新创业意向的影响存在中介影响；假设 7. 7 创新创业能力对创新创业社团对于创新创业意向的影响存在中介影响；假设 7. 8 创新创业能力对创新创业支持对于创新创业意向的影响存在中介影响；假设 7. 9 创新创业知识对创新创业课程对于创新创业意向的影响存在中介影响（假设 7. 9. 1 创新创业知识对创新创业课堂课程对于创新创业意向的影响存在中介影响；假设 7. 9. 2 创新创业知识对创新创业讲座课程对于创新创业意向的影响存在中介影响）；假设 7. 10 创新创业知识对创新创业竞赛对于创新创业意向的影响存在中介影响；假设 7. 11 创新创业知识对创新创业社团对于创新创业意向的影响存在中介影响；假设 7. 12 创新创业知识对创新创业支持对于创新创业意向的影响存在中介影响。

8.2 理论模型构建

理论模型的构建是研究一个复杂问题的基础，它可以帮助我们更好地理解问题的本质和内在机制。在探讨创新创业教育对大学生创新创业素质培养的影响时，我们可以基于社会认知理论和计划行为理论构建一个关于创新创业教育与创新创业素质、创新创业意向和创新创业行为之间关系的模型。

首先，社会认知理论认为，个体的行为受到其对外界环境的认知和解释的影响。在创新创业教育背景下，大学生通过参与各种创新创业教育活动，接受相关知识和技能培训，从而提升其对创新创业事业的认知水平。创新创业素质的培养是创新创业教育的一个重要目标，它包括了个体的创造力、创新能力、决策能力、团队合作能力等方面。通过创新创业教育的培养，大学生可以逐步提升这些创新创业素质，从而为未来的创新创业活动奠定基础。其次，计划行为理论则关注个体的意向对行为的影响。创新创业意向是个体对从事创新创业活动的愿望和意愿，它反映了个体对创新创业行为的认可程度和积极性。创新创业教育对大学生创新创业意向的影响涉及个体对创新创业教育获得的知识、技能和经验的解读和诠释。通过创新创业教育的培训，大学生可以增强其对创新创业的认同和信心，促使其产生更积极的创新创业意向。

基于以上理论基础，我们可以构建一个关于创新创业教育与创新创业素质、创新创业意向和创新创业行为之间关系的模型。该模型可以包括以下几个部分：第一，创新创业教育。作为模型的起点，创新创业教育是大学生获取创新创业知识、技能和经验的重要途径。创新创业教育形式多样，包括创新创业课程、创新创业讲座、创新创业竞赛、创新创业社团等。大学生通过参与这些教育活动，可以接受系统化的创新创业培训和指导，从而提升其创新创业素质。第二，创新创业素质。创新创业素质是个体进行创新创业活动所需的基本能力和品质，包括创造力、决策能力、团队合作能力等。通过创新创业教育的培养，大学生可以逐步提升这些创新创业素质，为未来的创新创业活动做好准备。第三，创新创业意向。创新创业意向是大学生从事创新创业活动的愿望和意愿，是其对创新创业的认同程度和积极性的体现。创新创业教育对大学生创新创业意向的影响可以通过提升其创新创业素质，激发其创业热情和信心。第四，创新创业行为。最终创新创业意向会影响个体的实际行为。大学生在培养了创新创业素质、形成了积极的创新创业意向后，将更有可能展开创新创业活动，创造价值并实现个人成功。如图 8-1 所示，整个模型可以形成一个闭环，创新创业教育促进创新创业素质的提升，进而影响创新创业意向和行为；创新创业意向又会反过来影响个体的参与创新创业教育的积极性，形成一个良性循环。通过构建这一理论模型，我们可以深入探讨创新创业教育对大学生创新创业素质培养的作用机制，为推动创新创业教育的发展提供理论支持和指导。

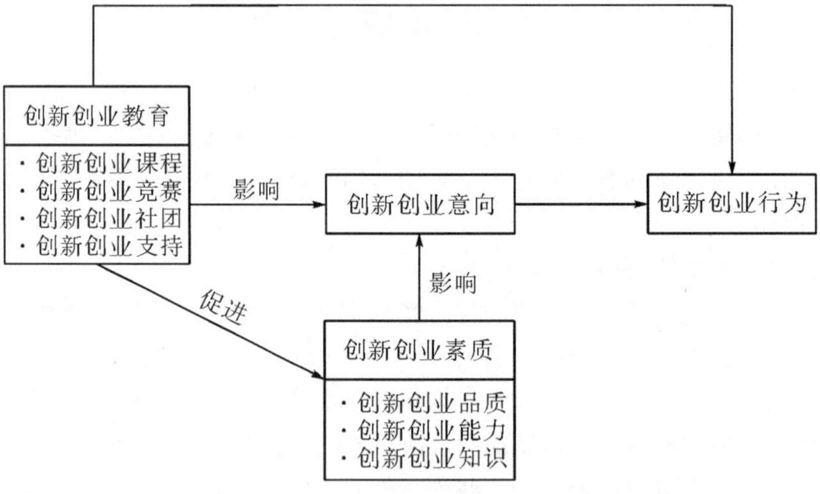

图 8-1　创新创业教育与创新创业素质之间的理论模型

9 高职茶专业学生创新创业教育环境构建

9.1 高职茶专业创新创业教育体系建设策略

9.1.1 教育目标和定位

（1）制定明确的教育目标。

茶专业创新创业教育体系建设是当前高等教育领域的热门话题。在当今社会，创新已经超越了科研成果的范畴，延伸到了思维方式、组织管理、商业模式等多个方面。因此，高校应该着力培养学生的创新思维、实践能力和团队合作精神，使他们具备成为未来创新领袖的潜质。

制定明确的创新创业教育目标对于高校而言至关重要，因为这将直接影响到学生的培养模式和学习效果。首先，高校需要注重培养学生的跨学科思维能力。在当今社会，许多领域内的创新成果都源于不同学科的交叉融合。因此高校应引导学生跳出传统学科的界限，鼓励他们进行跨学科交叉学习，培养解决复杂问题的能力。以茶专业学生为例，他们除了需要掌握茶叶生产和加工知识外，还需要了解市场需求、品牌营销、质量控制等方面的知识。跨学科思维能力的培养可以让学生更好地应对未来茶产业发展中的多种挑战，推动茶产业的创新发展。其次，高校需要重视创新创业教育中的实践环节。通过实践活动，学生可以将所学的理论知识转化为实际能力，培养实战能力和创新意识。在茶专业领域，学生可以参与到茶叶生产、加工过程中，深入了解茶产业的实际运作，培养创业能力和竞争意识。此外，学校还可以组织学生参与行业实习、参观茶企等活动，让学生深入了解茶产业链的各个环节，从而培养学生的创新创业能力。最后，高校还应该注重培养学生的团队合作精神。当今社会，创新往往需要团队协作，而不是单打独斗。高校可以通过组织团队项目、创业比赛等活动，培养学生的团队协作能力和沟通能力，让他们学会与他人合作，共同实现创新创业的目标。茶专业学生在实际创业过程中也需要通过团队合作来完成相关任务，比如与茶园主合作、与市场渠道合作等。

综上所述，在茶专业创新创业教育体系建设中，制定明确的教育目标至关重要。高校需要注重培养学生的跨学科思维能力，开展实践教学，并培养学生的团队合作精神。只有通过全方位的教育体系建设，高校才能真正培养出具有创新意识和实践能力的茶叶人才，为茶产业的创新发展注入新的动力。

此外，实践能力的培养在这一过程中扮演着至关重要的角色，因为它不仅可以增强学生的专业知识应用能力，还能够培养他们的创新意识和实践经验，为未来的创新创业奠定坚实基础。

举例来说，斯坦福大学的创业课程“创业实验室”（startup lab）就是一个经典的创新创业教育案例。这门课程通过将学生组成团队，让他们从一个初始的商业创意开始，经历整个创业过程，包括市场研究、产品设计、商业模式制定、最终产品推广等环节。在这个过程中，学生们亲身经历了真实的商业环境，在面对实际的市场需求和竞争压力时，不断调整和优化自己的创意和商业计划。这种实践性的教学方法让学生在实践中学习，通过实际操作和反馈不断提升自己的创新创业能力。在茶专业中，也可以借鉴类似的教学方法，通过实践性教学来培养学生的创新创业能力。学生可以参与茶园管理、茶叶采摘、加工及包装等环节，从实践中深入了解茶叶产业链的各个环节，掌握实际操作技能，了解市场需求和竞争情况。通过这样的实践活动，学生不仅可以提升自己的专业知识和技能，还能够培养创新意识和实践经验，为未来的创新创业打下坚实的基础。

除了实践能力的培养，创新创业教育体系建设还需要结合行业实践和案例教学，帮助学生更好地理解创新创业的本质和要求。在茶专业领域，可以邀请茶业领域的成功创业者或专家学者来校举办讲座或分享经验，让学生从实践中了解创新创业的挑战和机遇，激发他们的创新潜力和创业热情。通过学习真实的案例，学生能够更好地理解创新创业的过程和方法，为将来的创业实践做好准备。

（2）规划创新创业教育的发展定位。

各高校可以通过明确的目标和方向，制定创新创业教育的发展策略，以培养具有创新精神和实践能力的人才，适应当今社会的发展需求。

首先，高校可以通过开设创新思维课程来规划创新创业教育的发展定位。这些课程旨在引导学生从不同学科领域的知识和方法中汲取灵感，培养他们跨学科思维和创新思维的能力。在茶专业中，这可以包括跨学科的茶文化研究、市场营销策略、生态环境保护等课程，以帮助学生理解茶产业的多个方面，并激发其创新思维。此外，可以组织学生进行创意设计比赛或创业创新项目，通过实践来培养他们的创新思维和解决问题的能力。这样的实践活动可以帮助学生将创新思维付诸实践，从而更好地应对未来的创新创业挑战。其次，高校需要将创业精神作为发展定位的一部分，引导学生具备勇于创新和创业的意愿和能力。创业精神的培养不仅仅是为了培养学生独立创业的能力，更重要的是培养学生面对挑战时的勇气和创新能力。在茶专业中，学校可以组织创业讲座、创业导师指导等活动，让学生了解创业的机会和挑战，激发他们的创业潜能。同时，学校还可以提供创业项目孵化、创业基金支持等资源，帮助有创业意愿的学生将创业理念转化为现实。最后，高校创新创业教育的发展定位应当与国家和地区的经济发展需求相结合。高校应根据国家战略和经济结构调整的方向，制定创新创业教育的发展定位。例如，在“双创”政策的引领下，高校可以将创新创业教育与产业结合紧密，培养适应当地经济发展需求的创新创业人才。茶专业的学生可以与当地茶企合作，开展实践项目，为当地茶产业的创新和发展贡献力量。同时，学校可以根据地区的经济特点，开设与当地产业结构相适应的创新创业相关课程，为学生提供与实际经济需求相匹配的创新创业教育内容。

总之，规划创新创业教育的发展定位对于茶专业创新创业教育体系的建设至关重要。通过引导学生培养创新思维、创业精神，并根据国家和地区的经济发展需求，高校可以更好地培养适应时代需求的茶专业创新创业人才，为茶产业的可持续发展贡献力量。

9.1.2 教育资源整合和优化

（1）整合教师资源。

在茶专业创新创业教育体系建设中，整合教师资源是一项重要的策略，旨在组建跨学科的创新创业教育团队，为学生提供更全面、多元化的教育服务。教师资源的整合将有助于丰富课程内容、提升教学质量，培养学生的创新创业能力。

首先，通过整合不同学科背景的教师资源，可以构建一支多元化的创新创业教育团队。这意味着在茶专业创新创业教育中，不仅有茶学专业的教师，还有市场营销、财务管理、创业管理等领域的教师加入其中。这样的跨学科团队可以汇集不同领域的专业知识和经验，为学生提供更全面、多元化的教育服务。例如，市场营销学教师可以帮助学生了解市场需求和消费者行为，财务管理教师可以教授学生有关创业财务分析和风险管理的知识，从而使学生对创业过程有更全面的认识。其次，教师资源的整合也可以促进跨学科的教学合作与交流。不同学科背景的教师可以共同合作开发课程、设计项目，并共同指导学生进行实践活动。这种跨学科的教学合作有助于学生整合不同学科领域的知识，培养跨学科思维和创新能力。在茶专业创新创业教育中，可以开设与市场营销、茶文化、品牌营销相关的课程，并由不同背景的教师共同授课，让学生从多个角度了解茶产业的发展和创新。这种合作不仅能够提升教学的多元化和实用性，也能够激发学生的创新思维和创业潜能。最后，教师资源的整合也可以促进教师的专业发展和学术交流。不同学科背景的教师通过共同合作、交流经验，可以互相学习，提升自身的教学水平和专业素养。这种专业发展与学术交流有助于促进教师的创新创业教育理念和方法的更新，为学生提供更具前瞻性和实践性的教育内容。

综上所述，通过整合不同学科背景的教师资源，构建跨学科的创新创业教育团队，可以为茶专业创新创业教育体系建设带来许多益处。这样的团队将为学生提供更多元化的创新创业教育服务，丰富课程内容、提升教学质量，培养学生的创新创业能力。

（2）充分利用科研成果。

高校可以通过积极推动科研成果的技术转移和创新创业孵化，将科研成果转化为实际的产品和服务，从而为学生提供更多实践机会，培养其创新创业能力。

首先，高校可以与企业、科技园区等外部机构合作，将科研成果转化为实际的产品和服务。茶专业的科研成果可能涉及茶叶品质改进、茶叶加工技术创新、茶文化传承等方面。通过与行业内企业合作，高校可以将科研成果应用于实际生产中，推动茶产业的技术升级和创新发展。同时，与科技园区等外部机构合作，可以进一步扩大科研成果的应用范围，提升成果的市场竞争力，为科研成果的转化奠定基础。其次，高校可以提供资源和支持，帮助学生将科研成果转化为商业化的创新创业项目。通过建立创新创业孵化平台，为学生提供创业培训、导师指导、资金支持等资源，帮助他们将科研成果转化为商业模式，开展创业实践。例如，学生可以利用校内实验室和设施进行产品原型设计与制作，借助学校和社会资源进行市场调研与推广，从而将科研成果转化为商业项目。这样的实践活动不仅能够锻炼学生的创新创业能力，还能够促进科研成果的应用与推广，为茶产业的创新发展贡献力量。此外，高校还可以开展创新创业项目的评估和推广工作，为学生提供更多机会将科研成果转化为实际创新创业实践。通过评估科研成果的商业可行性和市场前景，选择优质的项目进行重点支持和推广，帮助学生实现创新创业梦想。最后，高校可以组织创新创业大赛、项目路演等活动，为学生提供展示和推广创新创业项目的平台，吸引更多投资者和合作伙伴的关注，促进项目的落地和成长。综上所述，充分利用科研成果是茶专业创新创业教育体系建设中至关重要的一环。通过推动科研成果的技术转移和创新创业孵化，高校可以帮助学生将理论知识转化为实际应用，提升其创新创业能力和实践经验。

（3）通过校企合作创新创业教育资源。

校企合作大大提高了高校学生创业项目的数量和成功率。据统计，某高校近几年孵化的校园企业项目数量呈持续增长态势，每年新增项目超过 50 个。这些校企合作项目中，有相当一部分项目成功实现商业化运作，成功率较为可观。这些成功的背后，离不开校园和企业为学生提供的资源和支持。学生可以得到专业的指导和支持，从而更好地实现创业梦想。此外，校企合作还能够为学生提供创业资金、办公场地、市场拓展等资源，使得学生的创业项目能够更快速地落地实施，提高了成功的可能性。

校企合作在高校创新创业教育体系中发挥着重要作用。首先，校园和企业为学生提供了实践机会和平台。在校企合作中，学生有机会将课堂所学的理论知识应用到实际项目中，通过切身参与创业项目，掌握并提升创业技能和经验。这种实践机会能够帮助学生更好地了解创业的全过程，从而提高创业项目的成功率。其次，校园和企业为学生提供了专业的指导和支持。校园和企业通常会邀请行业专家、成功创业者等来校内进行指导和讲座，为学生提供前沿的行业信息和创业经验分享。同时，学校也会派驻相关教师或专业人士担任创业项目的导师，对学生的创业项目进行指导和帮助。这样的专业指导有利于学生在创业过程中避免一些常见的错误，提高创业项目的可行性和成功概率。最后，校园和企业还能够为学生提供创业资金、办公场地、市场拓展等资源支持。创业项目通常需要一定的启动资金和资源支持，而校企合作可以为学生提供这些支持，帮助他们更好地实施创业项目。此外，校园和企业通常有自己的办公场地和实验室等资源，学生可以利用这些资源开展创业项目，降低创业成本、提高创业效率。同时，校园企业还可以为学生提供市场拓展的支持，帮助学生更好地推广和销售自己的产品和服务。综上所述，校园企业对于高校创新创业教育体系的建设起着重要作用。通过校园企业整合创新创业教育资源，学生可以得到更多的实践机会和专业支持，提高创业项目的成功率。

9.2 高职茶专业学生创新创业导师队伍培养机制研究

9.2.1 导师激励与评价机制

（1）建立完善的导师选拔机制。

高水平的学术研究能力可以为学生提供优质的学术指导和思想启发，因此高校在选拔导师时需要重点考量导师的学术成就和研究能力。此外，导师的创新创业经验也是导师选拔的重要考量因素之一。在创新创业教育中，导师应当具备丰富的创业经历，能够向学生传授实践技能和创业心得，帮助学生更好地理解创新创业的本质和规律。当然，导师的指导学生能力也至关重要。高校可以通过学生评价和导师指导学生的成果等方面进行评估，以此来筛选出具备良好指导能力的导师。

首先，导师的学术成就和研究能力是选拔导师的重要标准之一。在茶专业创新创业教育中，导师应当具备扎实的学术背景和研究能力，能够为学生提供学术指导和研究引导。高水平的学术研究能力可以帮助学生深入了解茶产业的发展现状和未来趋势，为他们提供全面的学术支持和指导。因此，高校在选拔导师时需要重点考量导师的学术成就和研究水平，确保学生能够得到优质的学术指导和研究帮助。其次，导师的创新创业经验也是导师选拔的重要考量因素。在茶专业创新创业教育中，导师应当具备丰富的创业经历和成功案例，能够向学生传授实践技能和创业心得。导师的创新创业经验可以使学生更好地了解创业过程中的挑战和机遇，帮助他们在创业实践中更加从容和果断。通过导师的指导，学生可以学习到实际创业经验和成功故事，激发创新创业的激情和信心，从而更好地踏入创业的征途。最后，导师的指导能力至关重要。高校可以通过学生评价和导师指导学生的成果等方面进行评估，以此来筛选出具备良好指导能力的导师。导师应当具备耐心、细心、负责任的品质，能够倾听学生的想法和需求，指导他们开展独立思考和创新实践。通过导师的指导，学生可以更好地规划自己的创业项目，解决实际问题，培养创新创业的核心能力。综上所述，建立完善的导师选拔机制是茶专业创新创业教育体系建设中至关重要的一环。通过重点考量导师的学术成就、创新创业经验和指导学生能力，高校可以选拔并组建优秀的导师团队，为学生提供优质的创新创业教育服务。

（2）激励制度设计。

茶专业创新创业教育体系建设的一个重要策略是设立导师荣誉称号。通过设立导师荣誉称号，可以更好地激励和表彰那些在创新创业教育中做出杰出贡献的导师，提升他们的教学研究水平，进一步推动茶专业创新创业教育的发展。

设立导师荣誉称号需要明确的评选标准和程序，以保证其公平公正性和可操作性。评选标准可以涵盖多个方面，旨在全面评价导师的综合素质和贡献。一般来说，评选的重要指标有以下四个：一是导师的教学水平，优秀的导师应当具备扎实的教学理念和方法，能够激发学生学习的激情和兴趣，帮助他们全面发展；二是导师的科研成果，优秀的导师应当在学术研究上有一定的成果和影响力，能够为该领域的发展作出积极贡献；三是具有指导学生参与创新创业项目的能力，优秀的导师应当能够引导学生参与创新创业实践，帮助他们理解创业的本质和规律，培养他们的创新创业能力；四是导师在创新创业教育中的影响力，优秀的导师应当在学生和同行中有一定的影响力和声誉，能够传播创新创业理念，推动教育领域的变革和发展。

评选的程序需要公开透明，确保评选工作的公平公正性。有关部门可以通过组织评审专家、学生代表等多方参与，来进行评选工作。评审专家要具备较高的学术水平和专业素养，能够客观公正地评价导师的综合素质和贡献。学生代表的参与可以从学生的角度评价导师在教学和指导方面的质量，更好地反映导师的实际表现。通过多方参与的评选程序，可以确保评选的公正性和权威性，提升导师荣誉称号的含金量和认可度。

可见，设立导师荣誉称号是茶专业创新创业教育体系建设中的一项重要举措，有助于激励导师们积极参与创新创业教育并作出贡献。

茶专业创新创业教育体系的建设需要着眼于奖励导师的突出贡献。高校可以通过设立经济奖励来激励导师在科研项目中取得优异成绩，进而推动科研水平和创新能力的提高。这种奖励机制不仅有助于激发导师的科研热情和创造力，更能够增强他们在学术圈和行业内的影响力，吸引更多优秀学生和年轻学者加入科研团队，促进茶产业的发展和创新。

在茶专业领域，科研成果的质量和数量是评价导师科研水平的重要指标之一。导师通过参与科研项目并取得突出成绩，可以推动学术领域的进步和茶产业的发展。因此，高校可以通过设立经济奖励的方式来激励导师在科研项目中取得卓越成果。这些奖励可以是包括科研经费的额外支持，为导师提供更多资源和条件来开展科研工作；也可以是一次性的科研成果奖金，作为对导师取得优异研究成果的直接认可和奖励，进一步激发导师们的科研热情和动力。除了经济奖励，高校还可以通过评选“年度优秀导师”或者“杰出科研导师”等荣誉称号来表彰那些在科研项目中取得显著成就的导师。这种荣誉不仅可以增强导师的自豪感和荣誉感，更能够极大地提升导师在学术界和行业内的声誉和影响力。优秀的导师不仅能够带动整个团队向前发展，更能够吸引更多有志于科研的学生和青年学者加入自己的科研团队，形成人才梯队，推动学科的深入发展。这种奖励机制的建立是茶专业创新创业教育体系建设的一个重要举措。通过对导师突出贡献的奖励和表彰，可以有效激发导师们在科研领域的创新潜力和探索精神，推动学术研究的深入发展，促进茶产业的创新和升级。

茶专业创新创业教育体系的建设策略之一是提供额外的科研经费支持。在当前的高等教育环境中，科研经费紧缺是制约科研项目开展和科研成果产出的主要问题之一。针对这一问题，提供额外的经费支持可以有效缓解导师和学生在科研项目开展过程中所面临的资金困难，从而促进行业科研水平的提升，推动茶专业创新创业教育体系的建设。

首先，额外的经费支持可以帮助导师有更多的资源和动力开展科研项目。在科研过程中，导师们可能需要购买实验材料、设备器材、文献资料，以及支付科研人员的工资、会议差旅等费用。然而有限的科研经费往往难以满足这些需求，导致科研项目的开展受到限制。提供额外的经费支持可以缓解这一问题，使得导师们能够更加从容地开展科研工作，更好地调动科研人员的积极性和创造力，促进科研成果的产出和学术声誉的提升。其次，额外的经费支持还可以为学生创新创业项目提供有力支持。在创新创业教育体系中，学生创新创业项目的开展对于培养学生的创新精神和实践能力具有重要意义。然而，由于学生经济状况的不稳定，很多优秀的创业想法可能因为缺乏资金支持而无法得到有效实施。额外的科研经费支持可以为学生提供创业项目的启动资金，帮助他们更好地转化创新成果、开展创业实践，从而培养自己的创新创业能力。通过增加科研经费，可以有效提高教师和学生参与科研项目的积极性，推动科研成果的不断涌现，促进茶产业的技术创新和发展。同时这种经费支持也能够为学生提供更多创业机会，培养更多具有创新创业精神的人才，为茶产业的未来发展注入更多的活力和动力。额外的科研经费支持不仅有助于提升导师和学生的科研热情和创造力，更有助于推动创新创业教育体系的深入发展，为茶产业的升级和转型提供强有力的支持。

（3）导师评价标准与考核方法。

在茶专业创新创业教育体系的建设中，导师的评价标准和考核方法显得尤为重要。导师的学术水平、创新能力和实践经验都是评价的重要内容，这些方面的考核将直接影响到导师的培养质量和科研水平。因此，制定科学合理的导师评价标准和考核方法对于推动茶专业创新创业教育体系的建设具有重大意义。

首先，学术水平作为评价导师的基础指标，主要包括导师的学术造诣、科研项目成果、发表论文的数量和质量、学术影响力等方面。评价导师的学术水平，可以通过对其在国内外高水平期刊上发表的论文数量、被引用次数、承担的科研项目数量和经费规模，以及获得的科研成果和奖项等进行综合考量。这些指标可以客观地反映导师在学术研究方面的实际能力和成就，为导师的评价提供了客观的依据。其次，创新能力是评价导师的第二个重要内容。创新能力体现了导师在科研工作中的独立思考能力、创造性研究能力和问题解决能力。评价导师的创新能力可以通过其科研项目的创新性、科研成果的创新性、所获专利的数量和质量等方面来进行评估。此外还可以考察导师在实际科研工作中的创新思路、解决科研难题的能力等方面来评价其创新能力。最后，实践经验是评价导师的第三个重要指标。茶专业创新创业教育体系的建设需要导师具备丰富的实践经验，能够将学术研究成果转化为实际的生产力和社会效益。评价导师的实践经验可以考察其在园区合作、企业合作、项目申报和产学研合作等方面的实际经验和成果，包括导师所带领的科研团队在产业界所取得的成就和影响等。针对导师评价标准和考核方法的建立，高校可以制定具体的评价指标和权重，建立科学的评价体系。

在考核方法上，高校可以采用定量与定性相结合的方式，结合学术成果的数量和质量，创新项目的实施效果，导师的科研指导能力等多方面进行全面考核。另外，还可以引入同行评议、实地考察、学术委员会评审等方式，进行多方位、多角度的评价。通过严格的导师评价标准和考核方法，可以促进茶专业创新创业教育体系的健康发展，提高导师的教学与科研水平，鼓励导师不断提高自身的学术研究能力和实践经验，为培养更多优秀人才和推动茶产业的发展贡献力量。这种科学合理的导师评价标准和考核方法的建立，将为茶专业创新创业教育体系的健康发展提供重要保障，进一步推动茶产业朝着更加繁荣和可持续的方向发展。

9.2.2 导师培训与发展路径

（1）培训内容。

通过为导师提供专家讲座、实地考察、项目指导等形式的培训，可以帮助导师不断更新创新创业理论知识，增强实践经验和案例分析能力，提升教学和指导水平，从而更好地服务于学生和推动茶产业的发展。在导师培训方面，高校可以采取多种方式，如邀请专家学者讲座、组织实地考察、项目指导等，来全面提升导师的创新创业教育水平和实践能力。

首先，高校可以邀请创新创业领域的专家学者举办讲座和开展培训，介绍最新的创新创业理论和实践经验。这样的培训形式可以帮助导师了解创新创业领域的前沿动态，掌握最新的理论概念和方法论，提升他们在教学和科研方面的专业水平。专家学者的分享不仅能够拓宽导师的学术视野，还能够激发导师的创新创业热情，促使他们积极融入创新创业教育体系的建设中。其次，高校可以组织导师参观和考察知名的创新创业企业，让他们深入了解创新创业的现状与挑战。实地考察可以使导师们直观感受到创新创业企业的运营模式、管理机制和核心竞争力，从而帮助他们更好地指导学生进行创新创业实践。导师通过参观优秀企业，可以学习到成功的经验和失败的教训，激发他们的思考和创新意识，为培养创新创业人才提供更好的指导和支持。此外，高校还可以组织导师参与创新创业项目的指导，让他们亲身参与创新创业实践，增强其实践经验和案例分析能力。在项目指导中，导师可以与学生一起探讨创新创业项目的问题、解决方案和实施计划，共同推动项目的进展和成果转化。通过参与项目指导，导师能够深入了解学生的创新创业想法和实践过程，促进导师与学生之间的交流互动，加强团队协作和实践能力，为学生的创新创业之路提供更加全面的支持和指导。

总体来说，导师培训是茶专业创新创业教育体系建设的重要策略之一。通过为导师提供多样化的培训形式和机会，可以帮助导师不断提升自身的创新创业教育水平和实践能力，进而更好地服务于学生的发展和茶产业的创新发展。希望各高校能够注重导师培训工作的建设和推广，为茶专业创新创业教育体系的健康发展和茶产业的繁荣作出更大的贡献。导师培训的不断完善和深化将为茶专业创新创业教育体系的发展提供更加坚实的基础和支持。

（2）培训方式。

现代化的培训方式，包括在线课程、虚拟实践项目、远程辅导等，都为导师的培训提供了更加灵活、便捷的选择，从而更好地帮助导师提升其创新创业教育水平和实践能力。

首先，现代化的培训方式之一是在线课程。通过在线课程，导师则可以随时随地通过电脑、平板或手机等终端设备，参与包括创新创业理论、案例分析、教学方法等方面的培训学习。在线课程通常由经验丰富的资深创新创业专家或学者讲授，涵盖了丰富的创新创业知识和实践经验。导师则可以根据自己的时间安排和学习节奏，自主选择感兴趣的课程进行学习，以提升自身的创新创业教育水平。其次，虚拟实践项目也是一种现代化的导师培训方式。通过虚拟实践项目，导师可以参与模拟创新创业案例的挑战和解决过程，从而增强其实践技能和判断能力。虚拟实践项目通常结合了虚拟现实技术、模拟仿真技术等，能够在虚拟环境中还原真实的创新创业场景，让导师们在虚拟的情境中进行反复实践和经验积累，提高其应对复杂情况的能力。这种方式与传统的培训模式相比，具有更强的互动性和实战性，有助于培养导师的判断、决策能力和实践经验。最后，远程辅导也是导师培训的一种重要方式。远程辅导可以通过视频会议、网络直播等形式进行，使得导师和创新创业专家之间可以随时随地进行学术交流、经验分享与指导。这种培训方式打破了地域限制，使得具有丰富经验的创新创业专家能够通过远程辅导的形式，帮助导师解决实际教学与科研中的问题，并提供专业的指导和建议。导师可以通过远程辅导获得及时的反馈和指导，帮助他们更好地应对教学与科研中的挑战与困惑，提高其创新创业教育水平。

综上所述，现代化的培训方式如在线课程、虚拟实践项目、远程辅导等，为茶专业的导师培训提供了更加灵活、便捷的途径。这些方式既符合现代教育的发展趋势，又打破了导师自身的时间与地域的限制，有利于扩大培训的覆盖范围，提高培训的效率与质量。希望高校能够充分利用现代化的培训方式，为茶专业的导师提供更加丰富多样的培训资源，推动创新创业教育体系的建设与发展，为培养创新创业人才和服务茶产业发展提供更加有力的支持。

（3）导师成长轨迹规划。

导师的成长轨迹规划需要高校深入了解学生的创业意愿和需求，以及他们的专业背景、兴趣爱好和未来职业规划，从而有针对性地为其匹配合适的导师资源。同时，对导师的成长轨迹需要进行深入研究和规划，以确保他们能够更好地满足学生的需求，促进学生的创新创业能力的全面发展。

首先，导师的成长轨迹规划需要根据学生的创新创业需求展开。学生是创新创业教育的主体，他们的需求和期望应该成为导师成长轨迹规划的出发点和落脚点。高校可以通过调研、问卷调查等方式，深入了解学生对创新创业教育的期望和需求，并以此为基础进行导师成长轨迹的规划。不同学生的创新创业需求各不相同，有的可能更倾向于科技创新，有的可能更关注商业模式创新，因此针对不同类型的学生，需要匹配具备相应专业背景和经验的导师资源。其次，高校需要深入了解学生的专业背景、兴趣爱好和未来职业规划。了解学生的专业背景可以帮助高校更好地安排导师资源，使得学生能够在创新创业教育中得到专业和有针对性的指导。了解学生的兴趣爱好和未来职业规划则有助于导师更好地培养与引导学生的创新创业能力，因为这些因素会影响学生对创新创业的态度、意愿和发展方向，高校可以根据学生的个性化需求，为他们匹配合适的导师资源，推动他们的创新创业发展。除了了解学生的需求和背景，高校还应注重对导师的成长轨迹规划。教师作为学生创新创业的引导者和指导者，他们的成长轨迹规划同样至关重要。高校可以通过导师评审、定期考核、绩效评价等方式，全面了解导师的教学水平、科研成果和实践经验，进而为导师提供相应的培训和成长机会。导师们也需要不断学习、更新知识、拓宽视野，以紧跟创新创业的最新发展，从而更好地满足学生的需求，促进学生的创新创业能力的全面发展。

综上所述，茶专业创新创业教育体系的导师成长轨迹规划应紧密围绕学生的创新创业需求展开。高校应该从学生的创业意愿和需求、专业背景、兴趣爱好和未来职业规划出发，为其匹配合适的导师资源，同时也需要注重对导师的成长轨迹规划，确保他们能够更好地满足学生的需求，促进学生的创新创业能力的全面发展。只有有效规划和落实导师成长轨迹，才能更好地推动茶专业创新创业教育体系的建设，培养更多优秀的创新创业人才，促进茶产业的发展和创新。

10 高职茶专业学生的创新创业课程设计

10.1 创新创业教育课程设置探讨

10.1.1 课程结构与内容设计

(1) 核心课程设置原则。

核心课程设置的原则主要有市场导向原则、实践导向原则、跨学科融合原则、教学与科研相结合原则和职业素养培养原则。

第一，市场导向原则，这是创新创业教育中的重要原则，其核心是紧密关注行业发展的前沿技术和潮流，以便帮助学生更好地把握市场机会，实现创新创业的成功。特别是针对茶专业学生的创新创业课程设计，市场导向原则更显重要。

为了使学生能够紧跟行业的发展步伐，创新创业教育课程需要整合最新的行业资讯、技术趋势和市场需求，帮助学生了解茶产业的发展现状，把握市场机会，从而培养学生的创新创业能力和意识。在茶专业学生的创新创业课程设计中，市场导向原则应该贯穿于整个课程体系中。

首先，课程内容需要紧密关注茶产业的发展前沿，包括茶叶生产技术、茶叶加工工艺、茶文化传承、茶产业链创新等领域。学生需要了解茶产业的发展趋势，掌握行业内最新的科技进展和商业模式，从而在创新创业实践中更具竞争优势。其次，课程设置需要围绕市场需求和消费趋势展开。学生需要熟悉消费者对茶产品的需求特点，了解市场的竞争格局和主流趋势，以便有针对性地进行创新创业项目的规划和实施。例如，可以通过市场调研、消费者分析等手段，帮助学生深入了解茶市场的细分领域和潜在机会，从而拓展创新创业的思路和方向。最后，课程设计还应注重培养学生的市场营销和品牌建设能力。在市场导向的创新创业教育中，学生需要具备营销策略制定、市场推广、品牌建设等方面的能力，以实现创新产品或服务的成功推广和营销。通过课程设置如市场营销策略、品牌管理、渠道拓展等内容，学生可以学习到市场营销的基本知识和实践技能，为未来创业和就业奠定良好的基础。此外，市场导向的创新创业教育还需注重跨学科整合与实践能力培养。茶产业作为一个涉及农业、食品、文化等多个领域的综合产业，学生需要具备跨学科的综合能力，能够在不同领域中进行创新创业实践。因此，课程设置可以涵盖多学科交叉的内容，鼓励学生多角度思考和解决问题，培养其创新创业的综合能力和创造力。综上所述，市场导向的创新创业教育课程设计对于茶专业学生具有重要意义。通过紧密关注行业发展的前沿技术和市场需求，为学生提供最新的行业资讯和实践案例，帮助他们深入了解茶产业的发展现状和市场机会，培养其创新创业的意识和能力。希望高校能够加强对茶专业学生的市场导向创新创业教育课程设计，为学生提供更加全面和有效的培养，促进茶产业的创新发展和人才培养。只有紧跟市场的节奏，才能在激烈的市场竞争中立于不败之地，实现创新创业的成功与持续发展。

第二，实践导向原则。茶专业学生的创新创业课程设计应遵循实践导向原则，通过全面考虑当前商业环境的复杂性和多变性，使学生在实践中能够更好地理解商业运作的综合性。实践导向的创新创业教育课程设计旨在通过参与项目实践和实习实训，让学生深入了解商业活动的各个方面，从而培养其创新创业的实践能力和综合素质。

茶专业学生的创新创业课程设计在实践导向下，需要注重以下几个方面的内容和安排。首先，课程设置应包括与实践项目相关的理论知识学习，如市场营销原理、创业管理、商业模式创新等。这些理论知识的学习可以为学生提供创新创业实践的理论指导和方法论，帮助学生建立起系统的商业思维和创新意识。其次，实践导向的课程设计需要注重项目实践的安排。例如，学生可以参与实际的创业项目策划、市场调研、商业计划书撰写等实践活动。通过参与实践项目，学生可以将课堂所学知识应用到实际中，巩固理论学习，培养自己解决问题的能力，锻炼团队合作和项目管理的技能，提升自己的实际操作能力。再次，实践导向的创新创业教育课程设计还应当注重实习实训的安排。可以安排学生到茶企业或相关机构进行实习，让学生在实际工作中接触行业内的专业知识、人际关系、职业道德等，从而加深对行业特点和工作岗位需求的了解，为将来的创新创业做好准备。此外，实践导向的课程设计还应重视创新创业实践的教学手段和评估方式。课程可以采用案例教学、团队项目、模拟经营等教学模式，通过实践性强的教学方法激发学生的学习兴趣，提高学生的实际操作能力。同时，教学评估也应当更加注重实际操作的效果，可以通过实际项目成果、实习报告、企业评估等方式来考核学生的实际表现，以促使学生更加注重实践能力的培养。最后，实践导向的创新创业教育课程设计还应加强与企业和社会资源的合作。学校可以与茶企业、创业孵化器等机构合作，为学生提供更多创新创业实践的机会和资源支持，如导师指导、项目资金支持、市场信息资源等。这样，一方面可以使学生直接接触和了解企业运作和市场需求，另一方面也能够为学生提供更多的创新创业机会和资源，拓展学生的创新创业思路和视野。

综上所述，实践导向的创新创业教育课程设计对于茶专业学生具有重要意义。通过充分考虑复杂多变的商业环境，使学生参与项目实践和实习实训，理论与实践相结合，全面培养学生的创新创业实践能力和综合素质，为其在茶产业创新创业领域的未来发展奠定坚实的基础。希望高校能够加强对茶专业学生的实践导向创新创业教育课程设计，为学生提供更加全面和有效的培养，促进茶产业的创新发展和人才培养。只有真正地实践和不断地摸索，才能在创新创业的道路上茁壮成长。

第三，跨学科融合原则。创新创业教育是当今高等教育领域中备受关注的一个热点话题。在茶专业学生的创新创业课程设计中，跨学科融合原则是至关重要的。茶叶产业具有悠久的历史和深厚的文化底蕴，但同时也需要不断地创新和创业来适应当代社会的发展。作为茶叶产业未来的中坚力量，茶专业学生应当具备综合的商业管理技能、市场洞察力、技术趋势把握以及资金规划能力。因此，设计一门能够有机整合这些不同领域知识的创新创业课程，帮助学生在实践中获得全面的经验，成为成功的创业者，至关重要。

在创新创业课程设计中，首先，需要着力培养学生的商业管理技能。商业管理技能是创业者成功的关键，其中包括但不限于财务管理、人力资源管理、战略规划、市场营销等方面的知识。因此，课程设计需要使学生在学习过程中掌握这些基本的管理技能，从而在未来的创业过程中能够更好地实践和运用这些技能。其次，课程设计需要重点关注对市场的深入了解。对市场的了解能够帮助创业者更好地定位自己的产品或服务，满足消费者的需求。学生应当学习如何进行市场调研、分析市场需求、制定营销策略等，这些内容有助于他们更好地把握市场动态，预判市场变化，从而提高创业项目的成功概率。除此之外，课程设计还应当注重将技术发展融入创新创业教育中。作为茶叶产业未来的领军人才，学生需要了解茶叶加工技术、品质保障技术、信息技术应用等方面的知识。他们应当学习如何运用现代科技手段提高生产效率和产品质量，以适应日益激烈的市场竞争。最后，对资金运作的谨慎规划也是创新创业教育中不可或缺的一环。学生需要学习如何制定创业预算、筹集资金、进行资金运作、进行风险管理等，这些内容能够帮助他们更好地规划创业项目的资金运作，有效地降低风险，确保创业项目的稳健发展。因此，茶专业学生的创新创业课程设计必须充分考虑跨学科融合的原则，整合商业管理、市场了解、技术应用和资金运作等多方面的知识。只有通过这种综合性的课程设计，学生才能在实践中获得全面的经验，提升创业能力，为未来的创业之路打下坚实的基础。

第四，教学与科研相结合原则。茶专业学生的创新创业课程设计必须遵循教学与科研相结合的原则，这是为了让学生在课程学习中不仅能够接触理论知识，更能够通过实践和科研项目的参与，提升自己的创新能力。当然，这一教学模式也有利于促进教师的教学水平和科研能力的提升。

首先，课程设计需要注重学生参与实践活动的安排。例如，学生可以参与茶叶加工工艺的研究和实践，通过亲自操作和实验，掌握茶叶加工的技术要点，并在实践中发现问题并提出创新改进方法。举例来说，学生可以深入了解传统的茶叶加工工艺，然后通过比较分析，结合现代科技手段，提出更高效、更节能的茶叶加工方案，从而培养创新意识和实践能力。其次，课程设计也应当鼓励学生参与科研项目。例如，学生可以参与茶叶品种改良的科研项目，通过培育新的茶树品种，提高茶叶的产量和品质；或者参与茶园管理技术的研究，探索更环保、更可持续的茶叶生产模式。这些科研项目的参与将帮助学生深入了解茶叶产业的前沿技术和发展趋势，从而激发他们的创新研究兴趣，提高科研水平。再次，教师应当积极参与科研活动，与学生共同开展科研课题。例如，教师可以组织学生参与自己的科研项目，共同探讨茶叶产业的发展趋势和市场需求，从而帮助学生深入了解行业现状和发展趋势，促进教师与学生双向的交流与合作，共同推动茶叶产业的发展。最后，课程设计还应当鼓励学生将科研成果转化为创新创业项目。学生可以通过科研项目的参与，结合市场需求提出创新的商业模式或产品理念，从而促进教学与科研的全面结合。例如，学生通过科研项目发现了一种新的茶叶加工工艺，教师则可以引导学生将这一成果转化为创业项目，结合实际市场需求，开发出新产品，帮助学生将科研成果转化为实际的创新创业项目。总之，茶专业学生的创新创业课程设计应当充分注重教学与科研相结合的原则，通过学生参与实践活动、激励学生参与科研项目、教师积极参与科研活动以及将科研成果转化为创新创业项目等方式，全面促进教学与科研的有机结合。

第五，职业素养培养原则。茶专业学生的创新创业课程设计必须注重职业素养的培养原则。职业素养是指在特定职业领域中需要具备的道德、职业道德、沟通技巧、团队协作等综合能力，对于茶专业学生来说，具有良好的职业素养将有助于他们在茶叶产业中取得成功，建立良好的职业声誉。

在创新创业课程设计中，首先，要着重强调职业道德的培养。茶叶产业作为一个具有悠久历史和深厚文化底蕴的行业，要求从业者具备高度的职业操守和道德观念。课程设置应该包括职业道德教育内容，帮助学生建立正确的职业道德观念，引导他们在实践中遵循职业道德规范，做到诚信守法、尊重他人，维护行业形象。其次，课程设计还应当注重沟通技巧和团队协作能力的培养。茶叶产业是一个需要团队合作和沟通的行业，学生要具备良好的团队协作能力和沟通技巧，才能更好地与团队成员、合作伙伴以及客户进行协作和有效沟通。课程设计可以包括团队项目实践、沟通技巧培训等内容，帮助学生提升团队合作意识和沟通能力，培养他们的协作精神和团队合作能力。其次，创新创业课程设计还应包括创业案例分析和创新管理与实践等内容。通过对成功创业案例的分析，学生可以了解不同创业者的成功经验和失败教训，从中汲取启示，形成自己的创业思维和态度。创新管理与实践内容则可以帮助学生掌握创新管理的核心理念和方法，从而更好地规划、组织和实施创业项目，提升创新创业的成功率。最后，在职业素养培养的过程中，课程设计也应当注重学生的自我认知和职业发展规划。通过自我评估、职业探索和职业规划等环节，帮助学生了解自己的职业兴趣、优势和劣势，找到适合自己的职业发展方向，培养学生的职业定位能力和发展规划意识。总之，茶专业学生的创新创业课程设计必须充分注重职业素养的培养原则，通过职业道德教育、沟通技巧和团队协作能力的培养、创业案例分析、创新管理与实践等内容，全面培养学生在茶叶产业中所需的职业素养，帮助他们成为具备道德操守、沟通能力和创新精神的茶叶产业优秀人才。

（2）选修课程多样性推荐。

一是商业模式创新。商业模式创新作为一个关键的商业战略和管理概念，正在被越来越多的企业和组织认可并采用。在茶叶产业这样一个历史悠久、文化底蕴深厚的领域，商业模式创新同样具有重要意义。为了培养茶专业学生在创新创业领域的综合能力和解决复杂问题的能力，笔者推荐各高校为学生增设选修课程“商业模式创新”。这门课程将致力于引导学生在跨学科的环境中进行思维训练，培养他们的综合能力，以应对茶叶产业中日益复杂的挑战。

在茶叶产业中，传统的商业模式可能已经难以适应当今激烈竞争和变化迅速的市场环境。因此，商业模式创新的重要性不可忽视。通过商业模式创新，可以为企业带来新的竞争优势，提升市场地位，拓展业务范围，甚至创造全新的商机。因此为茶专业学生提供商业模式创新的课程，有助于他们了解和掌握这一关键概念，为未来的职业发展打下坚实的基础。

首先，商业模式创新需要综合运用经济学、市场营销、信息技术等多个学科的知识。学生需要在这些不同领域的知识框架下，进行跨学科的综合思考和创新实践。经济学的理论可以帮助学生了解市场机制、供需关系、成本收益等重要概念，为他们的商业模式设计提供理论支持。市场营销的知识则可以帮助学生了解消费者行为、市场定位、品牌建设等内容，从而更好地满足市场需求。信息技术的应用也是商业模式创新不可或缺的一部分，学生需要了解如何利用互联网、大数据、人工智能等技术手段，实现商业模式的创新与升级。

其次，本课程将着重引导学生进行跨学科思维训练，培养他们跨学科综合能力。在课程教学中，可以通过多种方式来进行思维训练，如案例研究、团队项目、实地考察等。通过分析不同行业的商业模式案例，学生可以了解不同模式的特点、创新之处及其带来的影响。在团队项目中，学生可以结合自己的专业知识和技能，共同开展商业模式创新项目，锻炼团队合作和协作能力。实地考察可以让学生亲身接触行业实践，了解真实的商业运作，并将理论知识与实际操作相结合，提升他们的创新能力和实践能力。

最后，商业模式创新课程还将培养学生面对复杂问题时的分析和解决能力。在茶叶产业这样一个充满挑战和机遇的领域，学生需要具备分析问题、解决问题的综合能力。通过课程内容的探讨和实践项目的开展，学生将学会如何识别行业变革的机遇和挑战，如何从市场需求、竞争现状、技术进步等方面进行全面分析，制定有效的商业模式创新策略。在课程的实践环节中，学生也可以通过头脑风暴、模拟演练、实践操作等方式，锻炼他们的创新能力和实践能力。例如，学生可以以某个茶叶品牌为案例，围绕市场定位、产品创新、渠道拓展等方面展开商业模式创新的讨论和规划。通过这样的实践项目，学生将学会如何从理论到实践，从问题到解决方案，全面提升他们的分析思维和解决问题的能力。

综上所述，茶专业学生的选修课程“商业模式创新”不仅可以开阔他们的眼界，了解商业发展的新趋势和新思维，还可以培养他们的跨学科综合能力和解决复杂问题的能力。通过这门课程的学习，学生将更好地适应茶叶产业中的挑战和机遇，为他们未来的职业发展奠定坚实的基础。

二是创业风险管理。创业风险管理是创新创业领域中至关重要的课程之一，尤其对于茶专业学生来说，掌握创业风险管理的相关理论和实践技能尤为重要。创业过程中的市场风险是一个不可避免的挑战，学生需要学会如何进行有效的市场调研，分析市场趋势和竞争情况，识别潜在的市场风险因素。因此，笔者推荐为茶专业学生增设选修课程“创业风险管理”，旨在帮助他们全面了解和有效管理创业过程中的市场风险。

首先，本课程将着重介绍市场风险的概念及其在创业中的重要性。学生将了解不同类型的市场风险，如市场需求变化、竞争加剧、政策法规变化等，以及这些风险可能对创业活动和企业发展造成的影响。在教学过程中，教师可以借助真实案例，让学生对市场风险有更加直观的理解，同时也激发他们对创业风险管理的兴趣。其次，本课程将通过市场调研方法、竞争情报分析等内容，帮助学生掌握有效的市场分析技能。学生将学习如何利用各种途径和方法收集市场信息，分析市场现状和未来趋势。他们需要学会运用市场调研数据进行定量和定性分析，并据此识别潜在的市场机会和风险。通过市场模拟案例分析和实际操作，学生可以将所学的理论知识应用到实际中，从而更好地理解市场风险管理的重要性和实际操作方法。在课程设计中，可以引入行业专家和成功创业者的经验分享，让学生了解他们在创业过程中如何应对和管理市场风险。此外，学生还可以通过团队项目等形式，结合实际案例进行深入分析，探讨不同市场环境下的风险特点，以及制定相应的风险管理策略。这样的教学设计不仅可以让学生在实践中加深对市场风险管理的理解，还可以培养他们的团队合作和创新能力。再次，本课程还将强调培养学生的市场敏感度和应变能力。在创新创业的过程中，市场环境可能随时发生变化，学生需要具备敏锐的市场洞察力和快速应对变化的能力。通过课程的训练和实践，学生将逐渐培养起对市场的敏感度，并学会在面对市场风险时做出及时、合理的应对措施。最后，本课程还可以设置实践项目或实习环节，让学生有机会在真实的创业环境中负责管理市场风险。这样的实践经历将对学生的职业发展产生深远的影响，使他们在未来的创业道路上更加从容和自信。综上所述，“创业风险管理”这门选修课程对茶专业学生的创新创业教育意义重大。通过这门课程，学生将全面了解市场风险的重要性，掌握有效的市场分析技能，并逐步培养起对市场的敏感度和应变能力。

三是创新营销策略。创新营销策略是一门对于茶专业学生来说至关重要的选修课程，通过深入探讨内容营销、社交媒体营销、用户体验设计等内容，学生将学习如何利用创新的营销策略提升产品竞争力，拓展市场份额，从而在未来的职业生涯中成为具有竞争力的营销专业人才。

随着消费者需求的不断变化和市场竞争的日益激烈，茶叶行业需要不断创新和改进营销策略，以保持市场竞争力并吸引更多消费者。因此创新营销策略课程将致力于帮助茶专业学生深入了解当今营销领域的最新趋势和技术，从而为他们未来的职业发展打下坚实的基础。

首先，内容营销是一种重要的营销策略，通过在市场上提供有价值的内容来吸引并保持目标客户的兴趣。学生将学习如何通过生动具体的内容来传递品牌理念，引起消费者共鸣，并建立品牌忠诚度。课程将引导学生了解内容营销的原理和实践方法，帮助他们提升撰写内容、制作多媒体素材的能力，从而更好地在市场上传播品牌形象。其次，社交媒体营销已成为当今营销领域中不可或缺的一环。在这门课程中，学生将学习如何有效利用各种社交媒体平台，如微博、微信、抖音等，进行品牌推广和营销活动。他们需要了解不同社交媒体平台的特点和用户需求，灵活运用文字、图片、视频等形式，打造吸引人眼球的内容，引导用户参与互动，提升品牌知名度和美誉度。再次，用户体验设计在营销中也具有重要的作用。学生将学习如何通过良好的用户体验设计，提升消费者的购物体验和品牌满意度，从而促进销售增长和提升客户忠诚度。课程将围绕用户行为心理学、界面设计原则、用户研究方法等内容展开，帮助学生理解用户需求，设计出符合用户习惯和期望的产品和服务。最后，创新营销策略课程还可以引入市场调研、竞争分析、品牌管理等内容，使学生在学习过程中全面了解营销的各个环节和要素。学生将有机会参与实际的市场营销项目，通过团队合作和实践操作，将所学的理论知识运用到实际中，锻炼他们的团队合作精神和解决问题能力。在这门课程中，学生还可以设想并实施创新的营销策略项目，例如，设计一个针对特定消费群体的内容营销计划，开展社交媒体竞赛活动，或者改进某品牌的用户体验设计。通过这样的项目实践，不仅可以帮助学生加深对营销领域的理解，还提升了他们的创新能力和实践能力。综上所述，“创新营销策略”课程对茶专业学生的职业发展至关重要。学生将通过学习内容营销、社交媒体营销、用户体验设计等内容，提升产品竞争力、拓展市场份额，成为具有竞争力的营销人才。希望学生能够积极投入课程学习，不断提升自己的专业能力和创新意识，为茶叶行业的发展作出积极贡献。通过这样的教育培养，茶专业学生将更加具备适应市场变化和发展需求的能力，成为茶叶产业中的领军人才。

四是融资与投资。推荐为茶专业学生增设选修课程“融资与投资”，这门课程将帮助学生深入了解创业过程中融资与投资的重要性，培养他们在实际操作中的融资与投资意识，从而为未来的职业发展奠定坚实的基础。

首先，融资与投资在创业过程中扮演着至关重要的角色。创业者面临资金短缺的挑战时，需要通过融资来支持企业的发展和运营。了解各种融资途径，如银行贷款、股权融资、债券融资等，以及投资者选择和谈判技巧等基础知识对于创业者而言是十分重要的。通过这门课程，学生将有机会系统学习融资与投资的理论知识，并结合实际案例进行深入分析，从而掌握融资与投资的基本原则和方法。其次，课程将引导学生针对不同的创业项目和发展阶段，制订专门的融资计划，学习如何根据企业的实际需求和发展阶段选择合适的融资途径，如何吸引优质投资者，以及如何进行融资谈判和谈判技巧。学生将学习如何搭建融资渠道、与投资者沟通和协商，从而为企业获得稳定的资金来源。此外，课程还可以通过邀请有丰富投融资经验的专家学者举办讲座，让学生深入了解实际投融资案例和成功经验，从中汲取经验教训，为日后的实际操作提供指导和启示。通过与业内专家的交流互动，学生将获得更为直观和实用的投融资经验，同时也能够建立起与业界相关人士的人脉资源。最后，实践项目也是课程的重要组成部分。学生将有机会参与实际的融资策划和投资实践项目，运用所学的理论知识进行实际操作。例如，学生可以分组针对特定场景进行融资计划的编制和投资方案的设计，通过实际模拟演练，锻炼他们的商业分析能力、谈判技巧和团队协作能力。课程还可以结合创业公司的实际情况，进行实地考察和实习实践。学生可以深入创业公司，了解融资与投资的具体操作流程和实际应用，通过亲身参与实践，加深对融资与投资的理解和掌握，为日后的创业实践积累宝贵经验。通过这门课程的学习和实践，学生将全面掌握创业过程中融资与投资的重要知识和技能，培养他们的融资与投资意识。这样的课程设置不仅有助于学生未来的创业实践，还可以为他们职业生涯的发展奠定坚实的基础，使他们成为具有创新能力和实践能力的创业精英。

10.1.2 实践性教学活动安排

（1）实践项目设计要求。

一是结合行业实际。茶专业学生的实践性教学活动必须与行业实际深度结合，这需要与行业合作伙伴进行深入合作，了解他们对创新和创业能力的期望，以及最新的行业趋势和商业模式。行业合作伙伴的深度参与对于创业课程的实践性教学活动至关重要，这将为学生提供真实的行业实践机会，并使他们在实践中深入了解行业的发展现状和需求，培养创新创业能力。

首先，与行业合作伙伴的深入合作将为学生提供与实际行业相关的项目机会，使他们能够在真实的商业环境中运用所学知识和技能。通过与行业合作伙伴合作，学生可以参与行业调研、产品开发、营销推广等项目，深入了解行业的运作机制和市场需求，从而在实践中提升自己的综合能力和实践经验。其次，行业合作伙伴还能够为学生提供导师支持和指导，传授行业经验和专业知识。合作伙伴的专业人才和导师团队可以指导学生进行实际项目操作，提供专业的指导和建议，帮助学生更好地理解行业情况，掌握创业技能和实践经验。再次，通过与行业合作伙伴的深入合作，学生还可以建立起与行业企业的合作关系，为未来的就业和创业奠定基础。合作伙伴将有机会了解学生的专业能力和潜力，为他们提供实习机会、合作项目或就业机会，使学生更好地融入行业，拥有更广阔的职业发展空间。为了实现与行业合作伙伴的深度合作，学校可以建立专门的合作机制和渠道，与茶叶行业的企业、协会或研究机构开展合作项目。例如，可以与茶叶生产企业合作开展产品开发与营销项目，与茶文化协会合作开展茶文化传播与推广项目，与茶叶研究机构合作开展科研合作与技术创新项目等。通过与行业合作伙伴的深入合作，学校可以为学生提供更为丰富和多样的实践项目机会，使他们在实践中更好地掌握专业技能和行业知识。最后，学校还可以组织定期的行业交流活动和行业导师讲座，邀请行业内专业人士和企业代表来校交流互动、分享经验，并为学生提供就业指导和创业辅导。通过这样的活动，学生将更深入地了解行业发展动态和就业形势，增强与行业企业之间的联系和互动，为将来的职业发展和创业规划提供更为全面的支持。总之，与行业合作伙伴的深度合作对茶专业学生的实践性教学活动至关重要，这将为学生提供真实的行业实践机会，使他们深入了解行业的发展现状和需求，培养创新创业能力，拓宽就业和创业渠道。

二是注重跨学科的融合。茶专业学生的实践性教学活动安排应当注重跨学科的融合，以提升学生的综合素养和实践能力。一个创业实践项目的设计不仅可以要求学生提出一个创新商业模式，还要结合市场营销知识进行市场调研和推广策略的制定。同时，学生还需要考虑到财务管理方面的可行性分析和预算编制，这就需要他们具备一定的金融管理知识。通过跨学科的融合，学生将综合运用多学科知识和技能，提升解决问题的能力和创新创业的综合素养。

首先，跨学科的融合将为学生提供更为全面和系统的学习体验。在创业实践项目中，学生需要结合茶叶市场的实际情况和市场需求，提出创新的商业模式，并制定相应的市场营销策略。这要求学生不仅要了解茶叶产业的发展现状和趋势，还需要具备市场营销知识和技能，包括市场调研、产品定位、渠道管理、品牌推广等方面的知识。通过跨学科的融合，学生将能够全面考虑项目的各个方面，更好地解决实际问题和挑战。其次，跨学科的融合还可以促进学生的综合素养和创新能力的提升。在创业实践项目中，学生不仅要具备茶叶行业的专业知识，还要具备市场营销和财务管理等多学科知识和技能。例如，在制定市场推广策略时，学生需要综合运用市场营销理论和实践，为项目的市场拓展和品牌推广提供有力支持；同时在财务管理方面，学生需要进行可行性分析和预算编制，确保项目的经济效益和财务可持续性。跨学科的融合将促使学生形成系统性思维和创新思维，提升自己解决问题的能力和实践操作的综合素养。除此之外，跨学科的融合还可以激发学生的学习兴趣和创业潜能。学生在跨学科的学习和实践过程中，将接触到不同学科领域的知识和技能，从而拓宽视野，激发学习兴趣。通过学习和实践的过程，学生将更加深入地了解自己的兴趣和擅长领域，同时也为他们未来的职业规划和创业发展提供更多选择和可能性。最后，跨学科的融合将培养学生的综合素养和跨界创新能力，使他们具备更广阔的职业发展和创业空间。为了实现跨学科的融合，学校可以设立跨学科项目组，邀请不同学科领域的专业教师和行业专家共同指导学生的创业实践项目。通过跨学科团队合作，学生将从多方面获得指导和支持，促进知识和经验的交流和共享，提升综合素养和实践能力。此外，学校还可以组织跨学科交流活动和专题讲座，邀请不同学科领域的专家学者和企业代表来校交流互动，为学生提供更为广泛和深入的学习和实践机会。综上所述，茶专业学生的实践性教学活动应注重跨学科的融合，以提升学生的综合素养和实践能力。通过跨学科的融合，学生将全面运用多学科知识和技能，解决实际问题和挑战，培养创新创业的能力和跨界思维。

三是注重团队合作与领导力的培养。茶专业学生的实践性教学活动应当注重团队合作与领导力的培养，因为几乎所有的商业项目都需要团队合作来完成。在课程实践中，可以设计一些以团队为单位的实际案例或模拟项目，让学生们在团队协作中扮演不同的角色，学会有效地沟通，并培养自己的协调和决策能力。通过团队合作与领导力培养，学生将更好地适应未来创业和工作环境的需求，同时也能够培养他们的团队合作精神和领导能力。

首先，团队合作是创业实践中不可或缺的一环。创业项目往往需要多方面的资源和专业知识，而一个人很难完全胜任所有的工作。因此，团队合作能够让每个人发挥自己的专长，共同完成项目的各个环节。通过团队合作，学生可以学会团队沟通、合作协调，从而提升自己解决问题的能力，培养自己的团队合作精神和集体意识，为未来的创业和职业发展打下坚实的基础。其次，通过团队合作，学生还可以培养领导力和团队管理能力。在团队中，学生可以扮演不同的角色，其中包括领导者、协调者、执行者等。在实际案例或模拟项目中，学生将有机会担任团队领导者，负责项目的规划、组织、协调和执行，从而培养他们的领导力和团队管理能力。这对于他们未来的创业和职业发展至关重要，因为一个成功的创业者或管理者需要具备优秀的领导才能和团队协作能力。再次，团队合作还可以促进学生的学习和成长。在团队合作中，学生将与他人密切合作，相互学习、共同成长。在项目实践中，他们将面临各种困难和挑战，需要通过团队合作共同解决问题。这将激发学生的学习热情和创新意识，培养他们的学习能力和问题解决能力，提升实践操作的能力和经验。为了实现团队合作与领导力的培养，学校可以设计针对团队合作的实践性教学项目，如实际的创业项目或模拟的商业案例分析项目等。学生将参与团队合作，通过合作实践锻炼团队协作能力和领导才能，并在实践中提升对创业项目的理解和应用能力。最后，学校还可以设置团队合作和领导力的培训课程，邀请企业管理人员或团队建设专家进行团队协作能力培训和领导力发展指导，为学生提供更为系统和专业的培训支持。除此之外，学校也可以通过组织团队建设活动、团队分工合作的实践项目等形式，促进学生与团队合作的互动和实践。例如，可以组织团队拓展活动、团队项目分工合作比赛等形式，让学生在实际操作中培养团队协作和领导能力，提升团队合作的效率和质量。

四是注重创新能力的培养。茶专业学生的实践性教学活动安排应当注重创新能力的培养，因为创新是推动商业发展的关键驱动力。在创业课程中，学校应该设计具有挑战性和创新性的实践项目，来激发学生创新思维，提高他们的创新能力。通过创新性实践项目的设计和实施，可以帮助学生开拓思维，培养创新意识和实践能力，提升解决问题的能力和创业创新的综合素养。

首先，创新性实践项目可以激发学生的创新思维和创造力。在实践项目中，学生将面临各种不同的问题和挑战，需要通过创新的方式来解决。通过与同学和导师的合作、讨论和反思，学生将学会运用创新思维和创造力，提出新颖的解决方案和创新的商业模式。这种创新性实践将帮助学生不断挑战自己的思维定式，开拓思维视野，培养创新意识和创新能力。其次，创新性实践项目可以培养学生的实践操作能力和团队协作能力。在实践项目中，学生需要结合课堂学习和实际操作，运用创新的理念和方法，完成具有挑战性的任务和项目。在团队合作的过程中，学生将学会有效沟通、协调、决策和执行，培养团队合作能力和领导才能。通过实践项目的参与，学生将提升解决问题的能力和实践操作的熟练程度，为未来的创业和职业发展打下坚实的基础。再次，创新性实践项目可以加强学生与市场的联系，并帮助学生积累实践经验。在实践项目中，学生需要考虑市场需求、产品定位、竞争策略等问题，运用创新的理念和方法来制定有效的市场营销策略。通过市场调研、产品开发等商业性活动，学生将了解市场的实际情况和需求，在提升自己与市场的联系的同时积累实践经验，从而更好地适应商业发展的需求和挑战。为了实现创新能力的培养，学校可以设计具有挑战性和创新性的实践项目，如创业实践项目、创新创业比赛、创意设计大赛等。通过这些实践项目，学生将有机会锻炼创新思维、创造力和实践能力，提升解决问题的能力和创新创业的综合素养。最后，学校还可以邀请创业企业家、创新专家和行业导师来校指导学生的创新实践项目，分享创新经验和成功案例，为学生提供更为专业和实用的指导和支持。同时，学校也可以通过开设创新创业培训课程、举办创新创业讲座和研讨会等形式，促进学生创新思维和创业创新能力的培养。通过这些培训和活动，学生将更深入地了解创新创业的理念和方法，拓宽创新思维和实践技能，提升创新能力和商业竞争力。综上所述，茶专业学生的实践性教学活动应注重创新能力的培养，通过创新性实践项目的设计和实施，可以帮助学生开拓思维，培养创新意识和实践能力，提升解决问题的能力和创业创新的综合素养。

（2）实地考察与企业实习安排。

茶专业学生的实践性教学活动安排应当包括实地考察与企业实习安排，这将帮助学生深入了解茶叶行业的运作模式、市场需求和发展趋势，同时也为他们提供将所学知识应用于实际工作的机会，建立与行业内专业人士的联系，为未来的就业和创业奠定坚实基础。

首先，实地考察是学生了解特定行业的重要途径之一。通过实地考察，学生可以直接接触到茶叶产业的实际运作情况，了解茶叶生产、加工、销售等各个环节的流程和技术，深入了解茶叶市场的需求和发展趋势。实地考察不仅可以帮助学生将课堂所学知识与实际情况相结合，还可以提升他们对行业的认识和理解，培养学生的观察力和分析能力，为未来的创业和职业发展奠定良好基础。其次，企业实习是学生将所学知识应用于实际工作的重要方式。通过企业实习，学生可以在真实的工作环境中实践所学理论知识和技能，参与企业的日常运营和项目开发，深入了解行业的内部运作和市场竞争情况。在企业实习中，学生将有机会接触到行业内专业人士，与企业员工合作，学习专业知识和技能，建立起与行业内人脉的联系，为未来的就业和创业做好准备。再次，通过实地考察和企业实习，学生还可以提升实践操作能力和综合素养。在实地考察和企业实习过程中，学生将面临各种实际问题和挑战，需要通过实践操作和团队合作来解决。通过实践活动，学生将锻炼解决问题的能力和实践操作的技能，培养团队合作和沟通能力，提升综合素养和创新创业能力。这将为他们未来的创业和职业发展提供宝贵的经验和支持。为了实现实地考察与企业实习的有机结合，学校可以与茶叶行业内的企业建立合作关系，共同开展实地考察和企业实习项目。学校可以组织学生到当地茶叶企业进行实地考察，让学生亲身体验茶叶生产和销售的全过程，了解行业的发展现状和市场需求。同时学校还可以安排学生到茶叶企业进行实习，让学生在实际工作环境中应用所学知识和技能，参与企业项目，培养实践操作能力和团队协作能力。最后，学校还可以通过举办行业交流活动、邀请行业专家和企业代表来校举办讲座和访谈等形式，为学生提供更多与行业内专业人士接触和交流的机会，促进学生实地考察和企业实习的深入发展。通过这些活动，学生将更全面地了解行业的发展动态和就业需求，拓宽职业发展的视野，为未来的创业和就业做好准备。综上所述，茶专业学生的实践性教学活动应包括实地考察与企业实习安排，通过这些活动，学生将深入了解茶叶行业的运作模式、市场需求和发展趋势，应用所学知识于实际工作中，建立行业内人脉，为未来的创业和就业打下坚实基础。

10.2 高职茶专业创新创业课程实施过程中的关键问题与解决策略

10.2.1 学生参与度管理

（1）激发学生兴趣的方法。

一是多元化教学手段。茶专业的创新创业课程实施应该多元化，充分利用多种教学手段，如案例分析、模拟实践、互动讨论等，以激发学生的兴趣，提升他们的学习效果和实战能力。通过多元化的教学手段，可以更好地激发学生的学习动力和创新创业意识，培养他们的创业精神和实践能力，为未来的创业和职业发展提供更为全面和有效的支持和指导。

首先，案例分析是创新创业课程中常用的教学手段之一。通过分析真实的商业案例，学生可以了解企业面临的挑战和机遇，学习成功企业的商业模式和经验，培养解决问题和决策的能力。在案例分析中，学生可以分析案例中的关键问题、制订解决方案，并进行讨论和分享。通过案例分析，学生可以将理论知识与实际案例相结合，更好地理解创新创业的实践意义，为将来的实践操作奠定坚实基础。其次，模拟实践是创新创业课程中的重要教学手段之一。通过模拟实践，学生可以在虚拟的环境中体验创业过程，模拟创业项目的策划、实施和评估。在模拟实践中，学生可以扮演不同的角色，如创业者、投资者、顾问等，学习团队协作、决策分析和风险管理等技能。通过模拟实践，学生将有机会锻炼创新思维和实践能力，提升团队合作和沟通能力，为未来的创业和职业发展做好充分准备。再次，互动讨论是创新创业课程中必不可少的教学手段。通过互动讨论，学生可以分享观点、交流经验，激发思维，拓宽视野。在互动讨论中，教师可以提出问题或话题，学生可以自由发言，展示自己的见解和观点，进行辩论和交流。通过互动讨论，可以促进师生之间的互动和学生之间的交流，激发学生的思维活跃度，提升学生的分析判断能力和团队合作意识。最后，创新创业课程还可以结合实地考察、企业合作项目等形式，进一步拓展教学手段，提升学生的实践操作能力和综合素养。通过实地考察，学生可以深入了解行业现状和市场需求，与企业专业人士交流，拓宽视野，提升实践操作能力。通过企业合作项目，学生可以参与真实的商业项目，应用所学理论知识，与企业员工合作，锻炼团队协作和解决问题的能力。这些实践活动将为学生提供更为贴近实际的学习体验，帮助他们更好地适应未来的创业和职业发展。为了实现多元化教学手段的有效整合，学校可以设计课程教学大纲，明确教学目标和内容，结合案例分析、模拟实践、互动讨论等多种教学手段，提供丰富多样的学习资源和实践机会。同时，学校还可以邀请行业专家和企业代表参与教学，分享实际经验和成功案例，为学生提供更为专业和实用的指导和支持。通过多元化教学手段的有效整合，可以更好地激发学生的学习兴趣和创新创业意识，提升他们的实践能力和综合素养，为未来的创业和就业做好准备。

二是与行业对接。茶专业的创新创业课程实施应当与行业对接，通过邀请创业成功人士或行业专家进行经验分享和交流，帮助学生更好地了解创新创业的实际情况，激发他们的创业激情和兴趣。这种与行业对接的方式不仅能使课程内容更贴近实际，还能在学生心中种下对创业的憧憬和热情。

首先，邀请创业成功人士或行业专家来进行经验分享和交流是创新创业课程中一种非常有效的教学方式。通过专业人士的分享，学生可以直接聆听成功的创业经验和故事，了解创业的机遇和挑战，深入了解行业的运作模式和市场现状。专业人士的经验分享不仅可以丰富课程内容，还能为学生提供具体的实践案例和行业动态，激发学生的创业激情和兴趣，帮助他们更好地规划未来的创业方向和发展路径。其次，与行业对接可以使课程内容更加贴近实际，提升教学质量和实效性。通过邀请行业专家来授课或参与课程设计，可以保证课程内容与行业实际需求和发展趋势相契合，给学生提供最新、最前沿的知识和技能。专家的经验和见解能够使学生更深入地了解行业的特点和潜在机会，提高学生的应变能力和创业判断力，为他们的创业实践提供更为有效的指导和支持。最后，通过与行业对接，学生能够直接接触到创业成功人士或行业专家，建立起与行业内人脉的联系，为未来的创业和就业打下坚实基础。专业人士的亲身经历和见解将为学生提供宝贵的学习资源和职业指导，帮助他们更好地规划职业生涯和实现个人发展目标。与行业内人士的交流互动还能够拓宽学生的职业视野，增强他们的职业认同感和自信心，激发创新创业的激情和动力。

三是开展实践活动。茶专业的创新创业课程实施应当开展丰富多样的实践活动，通过实践活动，让学生将所学的理论知识运用到实际项目中，从而更好地理解和掌握这些知识。这种将理论知识与实际操作相结合的学习方式，可以培养学生的创新思维和实际操作能力，为他们未来的创业之路奠定坚实的基础。

首先，实践活动是创新创业教育过程中的重要一环。通过实践活动，学生可以将课堂所学知识应用于实际项目中，通过亲身参与，体验创业过程中的挑战和机遇，锻炼解决问题和创新思考的能力。在实践活动中，学生将面对真实的情境和需求，这就需要他们灵活运用所学知识，制订解决方案，展现创造力和领导能力。这种实践活动能够让学生更深入地了解创业的实际操作流程和关键因素，为他们的创业实践提供宝贵经验和指导。其次，实践活动能够培养学生的创新思维和实际操作能力。通过参与创新创业项目，学生将面临各种实际问题和挑战，需要动脑筋、勇于实践，寻找创新的解决方案。实践活动将激发学生的创造力和创新意识，培养他们解决问题的能力和适应变化的能力，提升他们的实践操作能力和团队合作意识。通过实践活动，学生将在真实的项目中实践所学的知识和技能，掌握创业的实践技巧和经验，为他们未来的创业之路奠定坚实的基础。最后，实践活动还可以帮助学生建立行业内专业人脉和资源网络，为未来的创业和就业提供重要支持。通过参与实践活动，学生将有机会与行业内企业家、专家学者等专业人士接触交流，建立起与行业内人脉的联系，了解行业内最新的发展动态和市场需求。建立起行业内人脉将有助于学生了解行业的机会和挑战，获取行业内的资源和支持，为他们的创业和职业发展创造更多可能性和机会。为了有效开展实践活动，学校可以组织各类创业比赛、实践项目、企业合作项目等活动，提供学生参与实践的机会和平台。通过组织创业比赛，学生可以组队参赛，从策划项目到实践落地，锻炼团队协作和实践能力。通过实践项目，学生可以参与学校与企业合作的项目，了解实际行业运作情况，将所学知识应用于实际项目中，提升实践操作能力。通过企业合作项目，学生可以到企业实习，深入了解行业内部运作和市场需求，建立起与企业的联系，为将来的创业和就业做好准备。

四是个性化辅导。个性化辅导在茶专业创新创业课程的实施中扮演着重要的角色。个性化辅导是指根据学生的特点和兴趣进行针对性的指导，从而更好地满足学生的学习需求。这种教学方法充分尊重学生的个性和差异化特点，可以激发学生的学习兴趣，增强学习内驱力，优化学习成效。

茶专业的学生在创新创业课程中可能具有不同的学习兴趣、学习习惯和学业水平。因此个性化辅导可以帮助教师更好地针对学生的个体差异，制订个性化的学习计划和指导方案，满足不同学生的学习需求。个性化辅导可以通过不同的方式和途径进行，如一对一辅导、小组讨论、个性化作业等，以激发学生的学习兴趣，提高学习动机，促进学生的个人发展和成长。

首先，个性化辅导可以促进学生的自主学习和自我发展。通过了解学生的学习兴趣和特点，教师可以帮助学生制订个性化的学习计划和目标，指导学生根据自身情况进行学习和实践。个性化辅导可以激发学生的学习热情和创新能力，帮助他们更好地规划学习和未来的职业发展，提升自我管理和自我反思能力，为他们的创新创业之路打下坚实的基础。其次，个性化辅导可以提高学生的学习效果和综合素养。教师可以根据学生的学习需求和兴趣进行有针对性的指导和辅助，引导学生深入学习和思考，重塑学习信心、提高学习成绩。通过个性化辅导，学生可以更好地掌握课程内容和理论知识，培养解决问题和创新思考的能力，提高实践操作能力和应用能力。个性化辅导有助于促进学生的全面发展和综合素养，为他们未来的创业和职业发展做好充分准备。最后，个性化辅导可以促进师生之间的互动和沟通，建立起良好的师生关系和信任基础。教师可以更全面地了解学生的学习情况和需求，提供个性化的指导和支持，促进学生突破学习困难，实现个人发展目标。学生也可以更自由地向教师表达自己的想法和困惑，获得专业的建议和帮助，共同探讨和解决问题，促进学生在创新创业领域的深入学习和实践。为了实现个性化辅导的有效实施，学校可以建立完善的学生档案系统，记录学生的学习情况和特点，为教师提供个性化辅导的参考依据。教师可以利用学生档案系统，了解学生的学习目标和需求，制定个性化的教学计划和指导方案，定期进行学生学习情况的跟踪评估和反馈。同时学校还可以组织个性化辅导培训和交流活动，提升教师的个性化辅导能力和水平，为学生提供更为个性化和有针对性的学习支持。

五是鼓励创新思维。茶专业创新创业课程的实施应该着重鼓励学生的创新思维，以培养他们在未来创业或就业中的创新能力和竞争力。教育机构和企业可以采取一系列措施来激发学生的创新思维，其中包括开展创业比赛和实践项目、邀请成功创业者和创新领域专家来校园举办讲座和交流，以及在课堂教学中采用启发式教学方法来引导学生进行自主探究和思考。

首先，通过开展创业比赛和实践项目等活动，可以让学生亲身体验创新创业的过程，激发他们的兴趣和动力。创业比赛可以为学生提供一个展示自己创新创业理念和实践能力的舞台，激发他们的创业激情和自信心。学生可以团队合作，制订创业计划，设计产品或服务，并进行市场推广和销售，从而全方位地体验创业的全过程。实践项目则可以让学生通过与企业合作或校内资源整合，将所学理论知识应用到实际项目中，锻炼自己解决问题和创新思考的能力，为未来的创新创业实践做好准备。其次，邀请成功创业者和创新领域专家来校园举办讲座和交流，为学生展示创新创业的成功案例，从而激发他们的创新潜能。专业人士的经验分享和案例展示，能够向学生展示创新创业的实际情况和挑战，激发他们对创业的热情和兴趣。学生可以通过与专业人士的交流互动，了解行业趋势和发展动态，获取创新创业的实用经验和建议，为自己的创新创业之路积累宝贵的资源和指引。最后，教师在课堂教学中应该采用启发式教学方法，引导学生进行自主探究和思考。启发式教学强调激发学生的创造力和解决问题的能力，让学生从课堂中走出来，通过实际调研、案例分析、团队讨论等方式，培养学生的创新意识和实践能力。教师可以提出开放性问题，激发学生的好奇心和求知欲，引导他们进行自主学习和研究，培养他们的创新思维和解决问题的能力。除了这些措施之外，教育机构还可以在课程设置中增加创新创业相关的实践课程，如市场营销、创新管理、创业融资等，为学生提供更为系统和全面的创新创业知识和技能培训。企业可以提供创业实习和就业机会，为学生提供与企业接轨的机会，让他们在实践中学习和成长。同时学校还可以和企业合作，开展创新创业的项目合作，为学生提供创新创业的实践平台和资源支持。

（2）反馈机制建立与优化。

建立和优化反馈机制在茶专业创新创业课程的实施中不可或缺。在创业课程的实施过程中，如何有效地评估和反馈学生的实际能力和学习效果是一个重要问题。传统的考试和作业评估方式已经无法满足学生实际需求，因此建立基于实践项目的评估体系就极为关键。教师可以通过对学生创业项目的执行情况、商业计划书的质量、团队合作能力等方面进行综合评估，从而更全面地了解学生的实际能力和表现。

首先，建立和优化茶专业创新创业课程的反馈机制需要考虑到学生在创业过程中的不同表现形式。创新创业课程的学生项目通常涉及现实生活中的创新实践，因此传统的考试形式已经无法全面评估学生的能力。教师应该通过观察学生在团队合作中的角色扮演、商业模型的设计与实践、市场营销策略的制定和执行等方面的表现，对学生的实际能力和潜力进行评估。此外学生可以通过实际创业项目的执行情况来展现他们的创新能力和实践技能，教师可以结合实际项目的执行情况来评估学生的创业潜力和能力。其次，创新创业课程的反馈机制需要注重学生的个性化评价。不同学生在创新创业项目中可能有不同的发展方向和兴趣特点，因此教师需要根据学生的个性化需求和实际表现，制定个性化的评价标准和反馈措施。例如，对于对创意有突出表现的学生，可以给予更多的肯定和鼓励；对于在团队合作中表现突出的学生，可以重点关注他们的团队合作能力和领导潜力。通过个性化的评价和反馈，可以更好地激发学生的学习动力和创新潜能，帮助他们更好地发展和成长。最后，创新创业课程的反馈机制也需要注重多元化的评价方式。除了对学生实际项目的执行情况进行评估外，教师还可以结合课堂表现、学术论文、口头报告等多种评价方式，全面了解学生的学习情况和实际能力。多元化的评价方式既可以帮助学生更好地展现自己的实际能力，也可以帮助教师更全面地了解学生的学习情况，从而更有针对性地进行指导和改进。为了建立和优化创新创业课程的反馈机制，各高校可以加强教师的评价能力培训，提升教师对学生实际能力的评估水平，使其具有更好的判断力和主观能动性。同时，各高校还可以建立完善的学生档案系统，记录学生在创新创业项目中的表现和成长轨迹，为教师提供更全面的评价和反馈依据。此外，教育机构还可以加强与企业合作，利用企业资源和实践平台，为学生提供更为真实和有针对性的评价环境和机会。

11 茶专业学生创新传承思政教育

11.1 茶专业学生的个人意识培育

11.1.1 政治意识

茶专业学生的创新传承意识教育在政治意识培育方面，其重要性不言而喻。茶叶产业作为中国的传统产业之一，承载着丰富的历史文化内涵和经济发展潜力。为了推动茶产业的创新发展和传承，茶专业学生需要明确国家发展的战略方向和政策纲领，深刻理解国家发展规划对行业的影响和指导作用。只有站在国家发展的战略高度，才能更好地把握行业发展的热点和趋势，从而实现茶专业创新传承的价值和意义。

首先，茶专业学生需要明确国家发展的战略方向和政策纲领。作为茶叶产业的未来接班人，茶专业学生应该始终关注国家发展大局，了解国家当前的政策导向和发展重点。他们需要深入研究国家产业政策和发展规划，分析政策对茶产业的影响和指导作用，从而为自身的学习和发展制定合适的发展策略和规划。只有在国家发展的整体框架下，茶专业学生才能更好地把握行业发展的方向和机遇，实现茶文化的传承和创新发展。其次，将政治意识融入茶专业学生的思维模式中。学生应该具备正向的思维模式，既要有对国家政策的充分理解和支持，也要有对行业发展的前瞻性洞察和创新思维。政治意识不仅是对现实的维护，更是对未来的预见，只有具备政治意识的茶专业学生才能更好地把握行业发展的机遇，做出符合国家战略和行业发展的创新举措。在教育实践中，茶专业学生可以通过多种途径培养政治意识，如参加政治课程学习、关注国家政策动态、参与行业交流和研讨等。政治课程可以帮助学生深入了解国家政策和发展规划，培养他们的国家意识和责任感。关注国家政策动态可以使学生及时掌握国家政策的变化和调整，为自己的学习和发展做出相应的调整和规划。参与行业交流和研讨可以让学生了解行业发展的趋势和面临的挑战，结合政治意识思考如何通过创新传承来应对行业发展的机遇和挑战。除了学生个人的努力外，各高校和政府部门也应加强政治意识教育，为茶专业学生提供更好的政策支持和指导。各高校可以加强政治课程的设置和教育内容的更新，增强学生的国家意识和政治参与意识。政府部门可以加大对茶产业的政策支持和资金投入，为茶专业学生提供更多的创新传承机会和平台，推动茶产业的创新发展和传承。在茶专业学生的创新传承意识教育中，政治意识的培养和强化是至关重要的。只有树立正确的政治观念和思维模式，才能更好地把握国家发展的大局和战略方向，实现茶专业创新传承的价值和意义。

11.1.2 机遇意识

茶专业学生的创新传承意识教育在机遇意识培育方面，其重要性举足轻重。茶文化作为中国传统文化的重要组成部分，具有丰富的历史底蕴和发展潜力。对于茶专业学生来说，在创新传承茶文化的过程中，保持头脑的清醒，具有前瞻性、预见性是十分重要的。茶专业学生需要自强不息、艰苦奋斗、超前谋划，等待时机的到来。此外，茶专业学生还需要清醒地认识到并非所有的机遇都是积极的，且即便是良机，也并不一定适合每一位学生。因此，各高校应该鼓励茶专业学生参与创新创业的实践活动，培养学生敏锐的市场洞察力和实践能力，使他们能够更好地抓住机遇，实现创业梦想。

首先，茶专业学生需要具备清醒的头脑和前瞻性的眼光。随着社会经济的不断发展和变革，茶产业也在发生着诸多变化，面临新的发展机遇和挑战。因此，学生们应该不断学习和思考，保持头脑的清醒和敏感度，对行业发展的趋势和方向有清晰的认识。他们需要具备前瞻性的眼光，能够预见未来茶产业的发展方向和可能出现的机遇，做好充分的准备和规划。其次，茶专业学生需要在完成固定的学习任务之外，开阔自己的眼界，提高对市场机遇的敏感度。他们可以通过参加各类创新创业比赛、行业研讨会、实地考察等方式，了解市场最新的发展动态和创新创业的先进经验，增强对市场的洞察力和理解能力。同时，学校和企业可以合作举办各类创新创业活动，为学生提供更多的机会，让他们接触和了解真实的市场环境和机遇，激发他们的创新创业潜力。此外，各高校可以开设相关创新创业课程，如市场营销、创新管理、商业计划等，帮助学生提升创新创业意识和实践能力，培养他们抓住机遇的能力。教师则可以结合实际案例和市场分析，引导学生分析行业发展的机遇和面临挑战，指导他们制订适合实际情况的创新创业计划，提高他们对市场机遇的洞察力和把握能力。最后，茶专业学生应该树立正确的机遇观。机遇不是等待而来的，而是需要通过努力和准备去争取的。因此他们需要自强不息、艰苦奋斗，在平时的学习和实践中，不断提升自身的能力和素养，做好充分的准备，等待时机的到来。同时，学校和社会应该为学生提供更多的创业指导和资源支持，帮助他们更好地把握机遇，实现自身的创业梦想。

11.1.3 创新意识

茶专业学生的创新传承意识教育在创新意识培育方面有着重要的意义。创新意识是指个体或社会在面临发展需求时，产生创新事物、改造事物的动机，以及倾向于设想、获取新事物的内在动力，既包括了创造力和创新思维，也涵盖了对未知事物的探索和接纳。对于茶专业学生来说，培养和强化创新意识是实现茶文化传承与发展的关键，有助于他们在茶行业的创新创业道路上走得更加坚定并最终取得成功。

首先，创新意识的培养，能够在茶专业学生群体中激发创新思维，进而催生创造力。茶文化作为中国传统文化的重要组成部分，具有悠久的历史和丰富的内涵。在茶产业的发展过程中，需要不断创新和推陈出新，才能适应市场的需求和发展的变化。通过培养创新意识，茶专业学生可以更加敏锐地捕捉到行业的新趋势和新需求，激发他们的创造力，启发他们不断探索和尝试，以推动茶产业的创新发展。其次，创新意识的培养能够帮助茶专业学生更好地理解和应对市场的竞争与挑战。随着社会经济的快速发展和信息技术的普及，茶产业面临日益激烈的市场竞争和多样化的消费需求。具备创新意识的学生更容易适应市场变化，也更有可能在竞争中脱颖而出。他们能够通过创新思维和实践能力，不断提升产品质量和服务水平，推出符合市场需求的创新产品，赢得消费者的认可和支持。最后，创新意识的培养也有助于茶专业学生发现和利用行业内外的机遇。茶产业作为传统产业，融合了文化、科技和商业等多方面的要素，具有极大的发展潜力和诸多机遇。具备创新意识的学生能够更好地把握机遇，灵活应对外部环境的变化，勇于尝试新的理念和方法，从而在竞争中脱颖而出，实现个人和行业的发展目标。各高校和教师在茶专业学生的创新传承意识教育中扮演着重要角色。各高校可以通过设置创新创业课程、开展创新创业实践活动、邀请行业专家举办讲座等方式，为学生提供创新创业的知识和技能培训，激发他们的创新意识和创造力。教师可以引导学生通过案例分析、团队合作、完成实际项目等形式，锻炼学生的创新思维和实践能力。此外，行业企业和社会资源也可以为茶专业学生的创新传承意识教育提供支持和帮助。企业可以提供实习机会、创业平台和项目合作机会，让学生在实践中学习和成长，培养他们的创新创业能力。社会资源可以通过培训、咨询、资助等方式，为学生提供更多的支持和指导，帮助他们更好地发展创新意识和实践能力。

11.1.4 竞争意识

在茶专业学生的创新传承意识教育中，培养其竞争意识对于他们在茶文化产业中的创新发展是十分重要的。随着社会经济的不断发展和全球茶叶市场竞争的日趋激烈，茶专业学生需要具备敏锐的竞争意识，能够快速而准确地把握市场变化，灵活调整创新创业策略，增强自身的竞争优势，在市场竞争中脱颖而出。

首先，培养竞争意识有助于茶专业学生更加敏锐地察觉市场的变化和潜在的商机。随着全球茶叶市场的不断扩大和消费需求的多样化，市场竞争变得异常激烈。具备竞争意识的学生能够更早地发现市场的新趋势和需求，更能及时调整自己的创新策略和产品定位，在激烈的市场竞争中保持竞争优势，创造更大的商业价值。其次，竞争意识能够激励茶专业学生不断提升自身的创新创业能力和竞争力。面对激烈的市场竞争，学生们需要具备创新创业的勇气和韧性，不断提升自身的创新创业能力和水平。他们要敢于挑战传统，勇于突破，不断探索新的商业模式和发展路径，提高自己的竞争力，在市场竞争中立于不败之地。最后，培养竞争意识也有助于茶专业学生更加深入地了解行业内外的竞争格局和对手情况，形成自己的竞争策略和发展规划。通过分析市场竞争格局、行业发展趋势和主要竞争对手的优劣势，学生们可以更好地制定自己的发展战略和竞争策略，找准品牌定位，发掘市场细分领域，提高自身的核心竞争力，实现可持续发展和创新传承。各高校和教师可以通过创新创业课程、实践活动、行业研讨会等形式，帮助学生培养竞争意识。创新创业课程可以引导学生深入了解市场竞争的基本原理和战略方法，激发其竞争思维、提高其实践能力。实践活动可以让学生在真实的商业环境中感受竞争的压力和挑战，锻炼他们的应变能力和团队合作能力。行业研讨会可以为学生提供与行业专家和企业家交流的机会，了解市场最新的动态和竞争趋势，增强自己的竞争意识和认知能力。此外，行业企业和社会资源也可以为茶专业学生的竞争意识教育提供支持和帮助。企业可以通过开展创业孵化计划、提供创业导师等方式，帮助学生更好地了解行业内外的竞争情况，提供实践支持，指导学生制定适合实际情况的竞争策略和发展规划。社会资源可以通过举办创新创业大赛、投资创业项目等方式，为学生提供更多的竞争平台和机会，让他们在竞争中不断成长和进步。

11.1.5 忧患意识

在茶专业学生的创新传承意识教育中，培养其忧患意识的重要性日益凸显。在当今社会，尤其是中国步入改革的深水区与攻坚区的关键时期，忧患意识已然成为一种不可或缺的重要品质。如今，国家正处于改革发展的关键时期，急需一股强劲的内生动力驱动国家迈向繁荣与复兴。这种力量来源于对未来可能出现的问题和挑战的警觉和思考，这正是忧患意识的体现。

作为茶文化的传承者和创新者，茶专业学生是社会主义建设者和接班人，肩负着重大的历史责任。他们需要意识到，在复杂多变的经济社会环境中，创新创业之路并非一帆风顺，而是充满着各种风险和挑战。在茶产业的发展中，茶专业学生可能会面临市场竞争激烈、政策法规变化、技术创新需求等各种挑战，这就要求他们必须在创新创业的过程中，保持清醒的认识，预见可能会遇到的风险和困难，并及时做好应对准备和应对。只有在保持敏锐的忧患意识的情况下，才能更加谨慎地制定发展策略，规避潜在风险，有效抵御外部冲击，确保创新创业活动的顺利进行。

忧患意识不仅是对风险和挑战的警觉，更是对机遇和发展的洞察。茶专业学生在面对各种困难和挑战时，需要正确认识问题的本质和规模，及时调整策略和方向，发现并利用潜在的发展机遇。忧患意识能够帮助学生更好地应对外部环境的变化，提升自身的应变能力和抗风险能力，不断完善创新创业的相关措施和策略，确保企业在面临困难和挑战时能够稳定发展。各高校和教师应该重视培养茶专业学生的忧患意识，通过课堂教学、实践活动和案例研讨等方式，引导学生认识到创新创业中的风险与挑战，鼓励他们勇于面对困难、挑战自我，不断提高自身的应变和应急能力。各高校则可以提供相关的培训课程和资源支持，培养学生的忧患意识，同时提高他们解决问题的能力，从而为他们的创新创业奠定坚实的基础。另外，行业企业和社会资源也可以为茶专业学生的忧患意识培养提供支持和帮助。企业可以提供实习机会、创业指导和资源支持，让学生在实践中体验风险和挑战，提升应对能力。社会资源则可以通过举办风险管理与创新创业培训班等活动，为学生提供更多的学习机会和实践经验，帮助他们树立正确的忧患意识，提高应对风险挑战的能力。总体来说，茶专业学生需要保持警惕、审慎应对风险和挑战，以便更好地把握机遇、应对挑战，实现创新创业的成功和可持续发展。

11.1.6 诚信意识

诚信是人类社会发展的基石，承载着道德、法治、商业和社会生活中诸多方面的重要原则。在当今社会，“民无信不立”这一古训显得格外珍贵和重要。诚信问题不仅关乎个人的品德和操守，更关系到整个社会的稳定。作为茶专业学生，他们肩负着传承和发扬茶文化的使命，而在创新创业领域，诚信意识更是至关重要。

首先，诚信是茶文化传承和发展的基础。茶文化作为中华文明的重要组成部分，注重礼仪、品德和人文精神。传统的茶道中注重诚信为本、谦和敬意、待客以诚，体现了中国传统文化中“诚信立身，诚信立业”的价值观念。茶专业学生作为茶文化的传承者和发展者，应当以诚信为本，传承和弘扬茶文化的优秀传统，将诚信精神融入自己的创新创业实践中，使个人行为与茶文化精神相一致，为茶文化的传承与发展作出应有的贡献。其次，诚信是茶专业学生在创新创业领域中树立良好形象和建立品牌信誉的基础。在竞争激烈的商业社会，诚信是企业的立足之本，品牌信誉是企业生存和发展的根本。茶专业学生在创业过程中，应当始终以诚信为准则，遵守商业道德和规范，与合作伙伴建立良好的信任和合作关系。只有树立良好的诚信形象，才能赢得消费者的信任和支持，打造具有竞争力和美誉度的茶文化品牌，实现自身的创业目标和社会的可持续发展。最后，诚信是茶专业学生在人际交往和团队合作中保持良好关系的关键。在创新创业的过程中，茶专业学生需要与合作伙伴、员工、客户以及其他各类利益相关者进行多方面的合作与交流。只有建立在诚实守信的基础上，才能够保持沟通的顺畅、关系的融洽，增强团队的凝聚力和执行力。诚信意识不仅能够提升团队协作效率和创新能力，还能够增强团队的凝聚力和竞争力，使团队在市场竞争中脱颖而出，实现创业目标。各高校和教师在茶专业学生的诚信意识教育中发挥着重要作用。高校可以通过设置诚信教育课程、举办诚信主题活动、开展诚信教育宣传等方式，引导学生树立正确的诚信观念和价值取向。教师可以在课堂教学中注重培养学生的诚信品质，引导学生了解诚信的重要性和意义，强调诚信在创新创业活动中的关键作用，激发学生自觉遵守学术规范和商业道德，树立正确的商业伦理观念。行业企业和社会资源也可以为茶专业学生的诚信意识教育提供支持和帮助。企业可以通过与学校合作开展诚信培训计划、提供实践机会和实习项目，让学生在实践中学习诚信，感受诚信的重要性并践行诚信精神。社会资源可以通过开展诚信文化建设活动、举办企业诚信评选等方式，为学生营造诚信的社会氛围，推动诚信意识的普及和强化。综上所述，茶专业学生的创新传承意识教育中，培养诚信意识是至关重要的。只有在诚信的基础上，学生才能够真正成为茶文化的传承者和创新者，建立起良好的社会形象和企业信誉，实现自身的创业目标和社会的可持续发展。

11.1.7 传承意识

茶文化作为中国传统文化的重要组成部分，在当今社会仍然具有重要的地位。茶叶不仅是一种饮品，更是一种文化符号，承载着丰富的历史、文化和传统意义。随着社会的不断发展和变迁，如何传承和发扬茶文化成为亟待解决的问题，尤其是对于茶专业学生来说，他们将成为传承茶文化的中坚力量，对他们进行创新传承意识教育显得尤为重要。

传承意识是指对传统文化和价值观念的珍视和尊重，是一种承载历史文化的责任感和使命感。茶专业学生作为新一代茶文化传承者，应当具备强烈的传承意识，将传统文化融入现代生活中，使之得以继续发展和传承。

首先，茶专业学生在学习过程中应当深入了解茶文化的历史渊源和传统精髓，明确自己的身份定位和责任使命。只有深入了解茶文化的背景和内涵，才能真正感受到传承的重要性，树立传承意识。通过学习茶文化的历史沿革、茶道礼仪、茶艺等知识，茶专业学生可以更好地理解茶文化的价值和意义，从而激发学生的传承动力和热情。其次，茶专业学生应当注重实践操作和创新能力的培养，将传统文化与现代科技相结合，推动茶文化的创新发展。传承并不是简单地照搬复制，而是要在保留传统的基础上进行创新，使其与时俱进，适应现代社会的需求。茶专业学生可以通过实践操作、实地考察等方式，探索茶文化的多种表现形式，开拓茶文化的传播途径，为茶文化的传承注入新的活力和动力。最后，茶专业学生还应当注重团队合作和交流互动能力的培养，促进茶文化的交流传播和传承发展。茶文化是一种集体的文化，需要多方的支持和参与才能得到传承和发展。茶专业学生可以通过与同学、老师、专家等的交流互动，共同探讨茶文化的内涵和发展方向，形成共识与合力，共同推动茶文化的传承事业。

11.2 茶专业学生创新创业观培育

11.2.1 创新创业价值观培育

茶专业学生在创新创业观培育中的价值观培育是教育培育体系中的重要环节。随着社会的发展和变革，鼓励大学生积极投身创新创业已成为当今教育的重要任务。然而，单纯的创新创业能力培育远远不够，更为重要的是要在培育学生的创新创业观的同时，实现其人格的升华和价值观的塑造。在茶专业学生的创新创业观培育中，价值观培育应注重激发学生的自主性和创造性，让他们在教育的过程中成为自主学习者和具有创新精神的领袖。人文教育原则强调教育的首要功能是明德行远。因此，创新创业价值观培育不仅要提升大学生的创新创业思想和能力，更重要的是要实现人格的升华，让学生具备正确的人生观、价值观和世界观。

首先，茶专业学生创新创业观培育，应当注重价值观的引导。在培育学生的创新创业观的同时，学校应当注重对学生进行道德伦理的教育，引导学生明辨是非、树立正确的道德观念，使他们创新创业的过程中保持良好的道德品质，不偏离社会公德和职业道德。这种价值观的引导不仅能够规范学生的行为举止，更能够提升学生的综合素质和社会责任感，在创新创业的道路上不断成长和进步。其次，茶专业学生创新创业观培育，应当注重价值观的熏陶。学校可以通过举办各种创新创业案例分析、成功创业人物的讲座等活动，引导学生树立正确的人生观和价值观，让学生从身边的榜样中获得启发和激励，树立正确的人生目标和信念。同时，学校也可以通过开设相关的创业伦理、社会责任等课程，引导学生了解并思考创新创业活动对社会的影响，使他们具备社会责任感和正确的价值观念，在创新创业的过程中不忘初心，回馈社会。最后，茶专业学生创新创业观培育，应当注重价值观的实践。学校可以通过组织学生参与社会实践、创新创业项目实践等方式，培养学生的创新创业实践意识，让他们在实践中感受到创新创业活动的意义和价值，树立起创新创业的信心和决心。通过实际的参与和实践，学生可以更好地理解创新创业所蕴含的价值观和意义，从而在实际的创新创业活动中更加自信和坚定。

11.2.2 创新创业实效观培育

在茶专业学生的创新创业观培育过程中，实效观的培育尤为重要。实效观体现在创业实践活动的具体内容上，即不能不顾实效，只追求形式。实效观要求大学生在创业过程中关注产品或服务的实际需求和市场反馈，注重实际效果的达成。这意味着大学生创新创业者应该在创业的过程中，注重实际效益和社会意义的实现，而非只看重形式和程序。

首先，茶专业学生的创新创业观培育，应当注重实效观的引导。学校可以通过课程设置、实践项目等形式，引导学生了解产品或服务的实际需求，以及如何通过创新创业活动来满足市场的需求。更重要的是，学校应该培养学生分析问题、解决问题的实际能力，让他们在创业过程中能够结合市场需求和技术能力，取得切实的商业成果和社会效益。其次，茶专业学生创新创业观培育，应当注重实效观的培养。学校可以通过实践项目、创业比赛等活动，让学生深入实践，体验真实的创业环境和竞争压力，着重培养学生的实际操作能力和市场敏感度。学生应该学会如何将创意转化为实际的产品或服务，如何通过市场调研和营销策略来实现商业成功，从而在创业的过程中真正体会到实效观的重要性。最后，茶专业学生创新创业观培育，应当注重实效观的实践。学校可以通过与企业合作、实习实训等方式，让学生融入实际的商业环境，感受市场的变化和挑战，培养学生的实际执行能力和判断力。在实践中，学生应该学会如何制订切实可行的创新创业计划，如何实施和监控项目进展，以及如何评估项目的实际效果和社会价值，从而在实践中培养实效观的意识和能力。

11.2.3 创新创业法治观培育

在茶专业学生的创新创业观培育中，法治观的培育是至关重要的。茶专业学生在创业过程中，需要了解可能涉及的法律问题，包括但不限于《中华人民共和国民法典》（以下简称《民法典》）、《中华人民共和国劳动法》、《中华人民共和国知识产权法》等。事实上，在当今社会，了解法律法规并合法经营是每个创业者应该具备的基本素养。在创业过程中，还可能会涉及与合作伙伴的合同签订、员工雇佣、专利申请等事务，这些都需要遵循相应的法律法规。

首先，茶专业学生的创新创业观培育，应当注重法治观的培育。学校可以通过法律课程的设置、法律知识讲座等方式，让学生了解和掌握基本的法律常识，特别是与创业相关的法律法规。茶专业学生应当学习《民法典》中关于合同的基本原则与要点，了解劳动法对雇佣关系的规定，掌握知识产权法的相关内容等。只有具备基本的法律常识，学生才能够在创业过程中避免法律风险，确保创业活动的合法性和规范性。其次，茶专业学生的创新创业观培育，应当注重法治观的实践。学校可以通过案例分析、模拟法庭、法律实践等形式，让学生在实际操作中学习和应用法律知识，锻炼学生解决实际问题的能力。例如，学生可以通过模拟签订合同的过程，了解《民法典》中关于合同的相关规定；通过模拟雇佣员工的程序，学习劳动法的运用；通过模拟申请专利的流程，掌握知识产权法的实践操作。通过实践活动，学生可以更加深入地理解法律的实质和应用，为未来的创业实践打下坚实的法治基础。最后，茶专业学生的创新创业观培育，应当注重法治观的应用。学校可以鼓励学生参与创业项目，同时注重法律合规。学生在创业过程中应当懂得寻求法律帮助，确保创业活动的合法性和安全性。比如，在合作伙伴关系中，学生应当明确合作内容、权利义务、违约责任等细节，并签订合同以保障各方权益；在雇佣员工时，应当遵守劳动法相关规定，保障员工权益；在申请专利时，应当遵循知识产权法的程序，确保专利权的合法性。只有在切实遵守法律法规的前提下，学生的创业活动才能够顺利进行并取得成功。

11.3 茶专业学生创新创业理想培育

11.3.1 个人理想与社会理想的统一

个人理想与社会理想之间存在着相互补充和辩证统一的关系，个人理想应当融入社会理想，社会理想也应当融入个人理想。在茶专业学生的创新创业理想培育中，个人理想与社会理想的统一尤为关键。茶专业学生应当在追求个人理想的同时，深刻认识到个人理想与社会理想之间的关系，注重将个人的创新创业理想与社会的发展需求相结合，形成既具有个人特色又符合社会价值的创新创业理想。

首先，茶专业学生的创新创业理想培育，应当注重个人理想的探索与实现。每个人都有自己的梦想，对于茶专业学生来说，他们可能梦想着成为一名茶艺大师、创办自己的茶叶品牌、开设一家茶文化传播机构等。在培育个人创新创业理想的过程中，学生应当深入思考自己的兴趣与优势，明确个人的目标与追求，努力实现个人创业梦想。通过不懈的努力和实践，茶专业学生可以逐步探索出符合自己兴趣和能力的创新创业道路，实现个人理想。其次，茶专业学生的创新创业理想培育，应当注重社会理想的认知与实现。除了个人的理想，学生还应当关注社会的发展需求和社会的发展方向。茶文化的传承和创新不仅是茶专业学生个人事业发展的需要，更是我国传统文化传承和弘扬的责任和使命。茶专业学生应当认识到自身创新创业活动对于茶文化传承与创新的重要性，努力将个人理想融入社会的需求和社会的价值中，实现个人创新创业理想与社会发展的统一。最后，茶专业学生的创新创业理想培育，应当注重个人理想与社会理想的统一与协调。个人理想与社会理想并不是对立的关系，而是相辅相成的。茶专业学生应当在追求个人理想的同时，充分考虑社会的发展需求和社会的价值取向，将个人的创新创业理想与社会的发展目标相统一。只有在个人理想与社会理想之间取得良好的平衡与协调，才能真正实现个人的价值与社会的进步相统一，为茶文化的传承和发展作出更大的贡献。综上所述，茶专业学生在创新创业理想培育中的个人理想与社会理想的统一具有重要的意义和价值。只有在个人理想与社会理想之间建立起紧密的联系，才能实现个人创新创业理想与社会发展的统一。

11.3.2 创业理想与社会现实的统一

茶专业学生在创新创业理想培育过程中，需要将个人的创业理想与社会现实有机统一起来。这意味着学生不仅要有远大的创业愿景和理想，还需要深刻认识自身的现实情况，对社会环境、市场需求以及行业发展趋势有清晰的把握，才能制订出切实可行的创新创业计划，并取得成功。在茶专业学生的创新创业理想培育过程中，创业理想与社会现实的统一是十分重要的。

首先，茶专业学生的创新创业理想培育，应当充分认识自身的现实情况，这包括个人的专业素养、创业经验、人际网络、经济实力等方面。学生需要评估自己的优势和劣势，了解自身的能力和资源，识别自身的潜力和局限。通过对自身现实情况的充分认知，学生可以更好地把握自己的创业潜力和机会，避免盲目冒进或追求不切实际的理想。其次，茶专业学生的创新创业理想培育，应当对社会现实进行针对性的分析和把握。学生需要了解市场的需求和趋势，把握行业的发展方向和竞争格局，评估社会的政策环境和法律规范。只有深入了解社会现实，学生才能在创新创业过程中避免盲目决策和不明智的行动，更好地应对市场变化和风险挑战，确保创业活动的稳健开展。最后，高校在进行创新创业思想教育时，应结合当代茶专业学生的特点和需求，立足现实、展望未来，为其提供全方位的支持和指导。学校可以通过设置创新创业课程、开办创业讲座、开展创业实践等方式，引导学生深入了解创业实践的现实挑战与机遇，激发学生的创新创业激情与潜力。同时，学校也应该为学生提供切实可行的创业支持，包括创业政策咨询、创业资源对接、创业项目孵化等服务，帮助学生在创业道路上把握现实机遇，实现个人的创业理想与社会的发展需求相统一。在茶专业学生创新创业理想培育中，创业理想与社会现实的统一是非常重要的。只有在充分认识自身现实情况、对社会现实进行针对性的分析和把握的基础上，学生才能够规划未来的创新创业蓝图，有效实现个人的创业理想并为社会的发展作出贡献。

11.3.3 经济利益与社会效益的统一

在当前新常态下，茶专业学生创新创业既要关注短期的经济利益，也要考虑长远的社会效益。虽然短期目标是实现经济利益，但长期目标则是要为国家和社会创造更多的社会效益，推动社会进步，实现中华民族伟大复兴的中国梦。在茶专业学生的创新创业理想培育过程中，经济利益与社会效益的统一是非常重要的。

首先，茶专业学生在创新创业理想培育中，应当认识到经济利益和社会效益之间的关系。经济利益是企业创新创业的重要动力，助推企业的持续发展。茶专业学生的创新创业活动旨在实现盈利，提高个人和企业的经济实力，提高生活质量。然而创新创业的最终目的并非仅在于经济利益的获取，更重要的是要将创新创业的成果转化为社会效益，为社会创造价值。茶专业学生应当明确社会效益对于企业长期发展的重要性，将经济利益和社会效益相统一。其次，茶专业学生在创新创业理想培育中，应当注重经济利益与社会效益的统一。在创新创业过程中，学生应当在追求经济效益的同时，注重社会效益的实现。茶专业学生可以通过自身的创新创业活动，推动茶文化的传承与发展，提升茶产业的品质与技术，为消费者提供更优质的茶产品和服务，促进茶文化的传播与交流。这些都是创新创业活动所能够带来的积极社会效益，有利于社会的发展与进步。最后，学校和社会也应当为茶专业学生创新创业提供更多的支持，助力其实现经济利益与社会效益的统一。学校可以开设创新创业课程，组织创业辅导，提供创业资源，引导学生将创新创业的成果转化为社会效益。社会可以为学生创新创业提供更多的创业机会，提供政策支持和资金扶持，加强创新创业成果的转化和应用，推动茶文化的传承和发展，促进产业的升级和转型，实现经济利益和社会效益的统一。

11.4　茶专业学生创新创业精神培育

11.4.1　吃苦耐劳的精神

茶专业学生在创新创业精神培育方面，需要注重培养自己吃苦耐劳的品质。创业者在创业的道路上，会遇到各种挑战和困难，这就需要创业者具备足够的毅力和韧性才能应对。成功的创业者往往具备极强的坚韧品质，在面对逆境时能够坚韧不拔，勇往直前。特别是在创业初期，经验不足、资金短缺、人脉有限等问题可能会交织在一起，这就需要创业者不断寻找资源、筹集资金、拓展人脉，同时克服人力资源短缺等挑战。如果没有吃苦耐劳的精神，创业者很难坚持下去。

正如《孟子》中所言："天将降大任于是人也，必先苦其心志，劳其筋骨，饿其体肤，空乏其身，行拂乱其所为。"这句话道出了创业者在创业之初会面临诸多困难。创业者需要付出比常人更多的努力：不仅要克服外部环境的种种挑战，还要战胜内心的种种恐惧和不安。只有在经历了无数的挫折和磨炼之后，才能得到应有的认可和回报。这个过程需要创业者拥有强大的内心世界和不断进取的精神。

茶专业学生在创新创业的过程中，还要学会如何面对竞争。茶行业是一个竞争激烈的行业，创业者需要不断提高自己的竞争力，拓宽自己的视野，了解行业动向和市场需求，同时不断创新和改进自己的产品和服务，才能在激烈的市场竞争中脱颖而出。这需要创业者始终保持积极学习、持续进步的心态，保持谦逊和虚心，从竞争对手和市场中吸取经验和教训，不断完善自己的创业计划和经营策略，从而提高自己的市场竞争力。

此外，茶专业学生在创新创业过程中，还需要具备团队合作的精神。创业不是一个人的事，一个成功的企业背后往往有一个强大的团队支持。创业者需要懂得如何团结和管理团队，激发团队成员的创造力和合作精神，并最大限度地发挥团队的凝聚力和创造力，只有团结一心、共同努力，才能在激烈的市场竞争中脱颖而出，赢得成功。总之茶专业学生在创新创业精神培育方面，需要不断培养自己“吃苦耐劳”的品质，锤炼自己的韧性和逆境应对能力，在面对竞争时保持谦逊和进取的心态，同时学会团队合作和管理，才能在创业的道路上走得更远、更稳、更成功。这种精神不仅对于茶专业学生的创新创业有着重要的意义，也是人生成长过程中的宝贵财富。

11.4.2 敢于冒险的勇闯精神

茶专业学生在创新创业精神培育过程中，应注重培育自己敢于冒险的“勇闯精神”。冒险精神是一种勇气和大胆尝试的精神，它打破常规，勇敢探索未知领域，不畏困难、不惧失败。具备冒险精神的创业者通常在对现状有所了解和掌握的情况下，敢于挑战传统，尝试那些被大多数人认为不可行或不被认可的事物。他们不会因为前路坎坷、困难重重就退缩，而是敢于面对挑战，勇往直前。冒险精神是推动创新和创业的重要动力，因为只有敢于冒险，才能开拓新的局面、创造新的价值。冒险精神也意味着敏锐地发现机遇、识别机遇并敢于抓住机遇的精神信念。

在当今竞争激烈的商业环境下，机遇并不是等待着被发现的，而是需要创业者敢于主动探索和把握。改革开放以来，中国经济发展迅速，带来了前所未有的机遇和挑战。许多来自一穷二白的基层人民凭借着敢闯敢拼的精神，成功地踏上了创业之路，并成为知名的企业家。他们敢于冒险，不断创新，抓住机遇，实现了自身的成长和发展，也为国家经济的繁荣作出了贡献。百度、阿里巴巴和腾讯的崛起、小米集团的“为发烧而生”、华为集团的“中国猛狮”之路，都是冒险精神的生动体现。这些企业的创始人都是在面对重重困难和挑战时，敢于抛开传统束缚，大胆探索、勇敢创新，最终成功将企业推向全球舞台，成为业界领军企业。他们在创业的道路上不畏艰难险阻，锲而不舍地追求目标，最终收获了成功的果实。这些成功案例激励着更多的创业者敢于冒险、勇闯前路，开辟新的商业天地。

茶专业学生在创新创业过程中，也需要培养敢于冒险的精神。茶行业作为一个充满竞争的行业，创业者需要不断创新，敢于突破传统的束缚，勇于尝试新的经营模式和市场策略，才能在竞争中脱颖而出。冒险精神让创业者能够在面对风险和挑战时保持冷静和果断，敢于迎接挑战，不畏失败，勇敢向前。只有敢于冒险，才能实现突破和创新，为企业的发展带来新的机遇和可能性。在茶专业学生的创新创业精神培育中，培养冒险精神不仅能够帮助他们突破传统的思维定式，勇于尝试新的路线和方法，还能让他们在创业的道路上保持积极的心态，面对困难和挑战时不退缩、不畏惧，坚定地走向成功。敢于冒险的精神不仅是创业成功的关键，也是茶专业学生成长和发展中不可或缺的品质，让他们能够在激烈的商业竞争中勇敢前行，实现自身的价值和梦想。

11.4.3 脚踏实地的务实精神

茶专业学生在创新创业精神培育过程中，脚踏实地的务实精神是其成功之路上不可或缺的关键品质。通过点滴积累、扎实工作，茶专业学生可以逐步建立起创新创业的坚实基础，实现自身梦想和事业目标。正如王守仁在《传习录》中所提到的："名与实对，务实之心重一分，则务名之心轻一分。"这句话强调了实践和务实对于创新创业的重要性，只有将创新理念转化为实际可行的方案，并将其切实落实到实践中，才能走向成功的道路。

实践是检验真理的唯一标准，创新创业的过程也同样如此。茶专业学生需要具备务实的品质，将创新创业的梦想转化为具体行动，通过实践不断积累经验，提升自己的实践能力，逐步实现自身的创业愿景。只有踏踏实实地去做，才能真正感受到事情的难度和复杂度，才能更好地发现问题、解决问题，逐步成长和壮大自己的创新创业事业。

在茶行业这个传统而充满活力的领域里，创新和创业的机会与挑战并存。茶专业学生需要具备务实精神，通过实际行动踏实地走好创新创业的第一步。从市场调研、产品开发到营销推广，每一个环节都需要贯彻务实的理念，不怕困难、不畏挑战，坚持不懈地朝着目标努力奋斗。只有脚踏实地，才能在激烈的市场竞争中立于不败之地，取得成功。王守仁所说的"名与实对"也提醒着创新创业者要将理想与现实相结合，不能只停留在理想主义的空谈和幻想中，而是要将自己的创业梦想付诸实际行动。在茶专业学生的创新创业过程中，需要不断地调整自己的心态才能更好地适应市场的变化，才能根据实际情况制定灵活的策略和方法，灵活应对各种挑战和困难。只有坚持脚踏实地、不断学习和实践，创业者才能迅速成长，获得市场认可，取得成功。此外，茶专业学生在创新创业的道路上，还需要注重团队合作和人际关系的建立。团队是一个创业者实现创新创业目标的重要支撑，而团队的协作和合作又需要建立在脚踏实地的基础之上。只有团队成员都具备务实的品质，才能共同奋斗、共同成长，实现企业的共同目标。通过团队合作，创业者可以汇聚更多的力量和智慧，共同应对各种挑战和机遇，实现创业的成功。总之，茶专业学生创新创业精神培育中脚踏实地的务实精神是其成长和发展过程中至关重要的品质。只有通过实践和努力，踏实走好每一步，才能逐步建立创新创业的根基，实现自身的创业梦想。务实精神不仅是创新创业中的重要品质，也是茶专业学生成长过程中的宝贵财富，让他们能够在创新创业的道路上走得更稳、更远，实现自身的事业目标。

11.4.4 精诚合作的共赢精神

在茶专业学生的学习与成长过程中，传承创新精神并培养精诚合作的共赢精神具有重要意义。习近平总书记在众多重要场合中，反复强调互利共赢理念的重要价值。这一理念内涵丰富、意义深远，不仅是国与国携手共进、共同发展的关键指引，也为企业内部的协同运作以及地区性企业间的合作交流提供了根本遵循，成为推动各领域协同发展、实现共同繁荣的核心理念。特别是在茶产业这样一个需要不断创新并与他人合作的领域，培养茶专业学生的创新创业精神需要注重合作共赢的理念。

在创新创业的过程中，单凭个人的力量往往难以完成所有任务，需要通过团队合作达成目标。茶专业学生作为未来茶产业的中坚力量，他们所具备的创新精神不仅关乎个人的发展，更关系到整个产业的未来。在现代社会，创新已成为推动产业发展和提升竞争力的必要因素。而茶产业作为传统的产业，也需要不断进行创新，以适应市场的需求和潮流。茶专业学生在学习和实践中需要不断培养创新意识，掌握创新方法和技巧，敢于挑战传统，勇于尝试新的理念和方法。然而单凭个人的力量难以推动产业的整体发展，需要借助团队的力量，才能实现更大的突破和进步。团队合作是培养茶专业学生创新创业精神的重要途径之一。在团队合作中，每个成员都可以发挥自己的优势，相互协作，共同完成任务。团队合作不仅能够有效地整合资源和优势，还可以促进团队成员之间的交流和合作，激发创新意识和灵感。通过团队合作，茶专业学生可以学会倾听他人意见，尊重他人观点，学会包容和合作，从而实现个人和团队的成长与进步。精诚合作的共赢精神是团队合作中至关重要的一环。精诚合作要求团队成员之间建立起相互信任和尊重的关系，相互支持、共同奋斗。在茶专业学生的创新创业过程中，团队成员需要共同努力，相互协作，共同承担风险和压力，实现共同的目标和利益。只有团队成员之间形成了精诚合作的意识和精神，团队才能真正发挥出最大的潜力，取得更大的成就。在茶专业学生的团队合作中，除了相互信任和尊重之外，还需要每个团队成员具备一定的责任感和奉献精神。每个成员都应该牢记团队的利益高于个人利益，主动承担起自己的责任和义务，积极为团队的发展和成功贡献自己的力量。团队合作需要每个成员都积极参与，共同努力，才能取得最终的共赢结果。总体来说，茶专业学生传承创新精神的培养中，精诚合作的共赢精神是不可或缺的。团队合作不仅能够帮助学生实现更大的目标和成就，还能培养学生的团队合作能力和责任意识，为其未来的发展奠定坚实的基础。只有注重精诚合作的共赢精神，茶专业学生才能在创新创业的道路上走得更远，取得更加辉煌的成就。通过团队合作，茶专业学生可以不断提升自己的综合素质，更好地适应未来的挑战和变化，为茶产业的发展作出更大的贡献。

11.5 茶专业学生创新创业思维培育

11.5.1 辩证思维

唯物辩证法作为马克思主义哲学思想的核心，被视为辩证法思维发展的高级形态。这一思想认为物质世界是一个普遍联系和永恒发展的有机整体。在当今以“互联网”为代表的信息时代，人类社会正在向着命运共同体的方向发展，全球正在成为一个紧密联系、共同发展的地球村。

将唯物辩证法所体现的普遍联系规律、矛盾规律和发展规律贯穿于创新创业实践活动中，对于茶专业学生的创新创业思维的培养具有深远的意义。唯物辩证法中的普遍联系规律强调事物之间的普遍联系和相互影响。茶产业作为一个复杂的系统，受种植、加工、销售等多方面因素的影响，这就需要茶专业学生在创新创业过程中综合考虑各种因素的相互影响，从整体上思考问题，找出事物之间的联系，从而更好地制定切实可行的创新方案和创业策略。只有深入理解和运用普遍联系规律，茶专业学生才能更好地把握创新创业的机遇和挑战，实现个人和团队的发展。

除了普遍联系规律，唯物辩证法中的矛盾规律也对茶专业学生的创新创业思维培育具有重要意义。矛盾规律认为，事物内部存在着相互对立的矛盾，矛盾的斗争推动事物的发展和变化。在茶产业中，如传统与现代、需求与供给、品质与价格等都存在着矛盾，茶专业学生需要善于发现和解决这些矛盾，并从中找到创新创业的契机和方向。通过辩证思维，茶专业学生能够看到问题的双重性和发展的可能性，不断调整自己的思维和行动，促使创新创业活动朝着积极向上的方向发展。此外，唯物辩证法中的发展规律也为茶专业学生的创新创业思维提供了重要的启示。发展规律认为事物是不断发展和变化的，没有停滞和终点，因此茶专业学生在创新创业中要不断追求进步和发展。茶产业作为一个历史悠久的传统产业，需要不断适应市场的变化，并进行技术、产品、营销等方面的创新。茶专业学生要具备开拓进取的精神，勇于尝试和创新，不断探索新的可能性，推动茶产业的发展和升级。在茶专业学生的创新创业思维培育过程中，辩证思维是一种重要的思维方式。唯物辩证法所体现的辩证思维能力，可以帮助学生在面对复杂多变的市场环境和挑战时，更好地分析问题、把握机遇、解决矛盾。茶专业学生通过培养辩证思维，能够更全面地认识和理解事物，更准确地把握事物的本质和发展规律，为创新创业提供更有力的支持。总体来说，唯物辩证法中的普遍联系规律、矛盾规律和发展规律为茶专业学生创新创业思维的培育提供了重要的理论指导。茶专业学生应该不断学习和运用辩证思维，善于从事物的矛盾和变化中找到机遇和突破口，以更开阔的视野和更深刻的洞察力，推动茶产业的创新发展，实现个人和团队的成功。

11.5.2 战略思维

优秀的创业者常常具备战略思维，这是一种能够高瞻远瞩、统揽全局，精准把握事物发展总体趋势与方向的思维方式，淋漓尽致地展现出他们对问题深入且全面的思考，不仅着眼于当下，更着眼于长远的发展格局。当前茶专业学生在创新创业过程中是否具备战略思维，以及他们所展现的战略思维特质，对于决定茶专业学生创新创业之路的高度、长度以及最终抵达何处具有一定的决定性作用，也反映了大学生创新创业思想教育的成效。茶产业作为一个传统而又具有广阔发展前景的产业，需要具备战略眼光的创新创业者来引领发展。而作为茶产业未来的中坚力量，茶专业学生需要具备战略思维，善于思考产业发展的长远规划和方向，并将其转化为创新创业的实际行动。

战略思维的培养对茶专业学生来说是非常重要的，因为它能够帮助他们更好地把握茶产业的发展机遇和挑战，制定更加符合产业发展趋势的创新创业策略，并在激烈的市场竞争中立于不败之地。要培养茶专业学生的战略思维，首先，需要注重对学生的知识储备和思维能力的培养。只有学生具备了丰富的茶产业知识和专业技能，才能够从产业发展的角度去思考和分析问题。在学习过程中，学校应该通过课程设置和教学方法，对学生进行系统的知识培训，帮助他们建立起全面的产业知识体系，并引导学生从宏观和微观两个层面进行思考，形成把握产业发展的全局性视角。其次，学校应该注重培养学生的分析解决问题的能力和决策能力。在茶产业的发展过程中，学生可能会面临诸如市场营销策略、产品研发战略、渠道发展策略等方面的问题，只有通过系统性的分析和思考，结合产业的发展趋势和市场的需求，才能够制定出符合实际情况的切实可行的战略方案。因此，学校应该通过案例教学、实践活动等方式，培养学生的问题分析和解决能力，使他们具备在不确定的情况下进行决策的能力。再次，学校还应该引导学生注重未来发展趋势的洞察和预判，使他们具备前瞻性的战略思维。茶产业作为一个发展潜力巨大的产业，未来的发展空间和变革的可能性也比较大，学校应该引导学生注重对未来市场趋势、消费者需求、科技发展等方面的深入研究，培养学生对产业发展方向和变化的敏锐洞察力，使其在创新创业中能够站在时代前沿，把握产业发展的先机。在培育学生战略思维的同时，学校还应该通过实践活动和创新创业项目的开展，让学生有机会将战略思维转化为实际行动。只有在实际的创新创业实践中，学生才能够更好地理解并应用战略思维，将战略规划转化为具体的创新项目，并不断完善和调整创新创业策略，提高实际操作的能力和水平。通过实践锻炼，学生不仅能够运用战略思维解决实际问题，还能够逐步提升自己的创新创业实践能力，为将来的创新创业奠定坚实的基础。最后，学校还应该注重对学生创新创业精神的培养，激发学生对创新创业的热情和信心。战略思维需要与创新创业精神相结合，只有学生对创新创业充满激情和信心，才能够更好地运用战略思维，找到切实可行的创新创业方案，并坚定地将其付诸实施。总之，学校应该通过系统的教育培训，引导学生形成全面的战略思维，使其具备对产业发展的全局性把握能力，同时通过创新创业实践，不断提升学生的战略思维水平，为茶产业的创新发展培养更多优秀的创新创业人才。

11.5.3 系统思维

系统思维在创新创业实践活动中占据着核心地位，它要求创业者从多个维度思考问题，以全面、周密的方式来推动创业实践的发展。系统思维是指对于复杂系统或问题的思考方式，强调要从整体出发考虑问题，关注系统内部各种要素之间的相互作用和反馈关系。对于茶专业学生来说，系统思维的培育对于他们在茶产业的创新创业中具有重要意义。

茶产业作为一个充满挑战和机遇的领域，需要创新创业者具备系统思维，以更好地应对行业的动态变化和复杂性。茶专业学生从事创新创业活动时，需要考虑茶叶生产、加工、营销等多个环节，以及与政策、市场、消费者等外部环境的关系。只有通过运用系统思维，创新创业者才能够更全面地认识和理解茶产业，全面分析和解决各种挑战和问题，制定出更加符合实际的创新创业策略和方案。

要培养茶专业学生的系统思维，学校可以通过课程设置和教学方法引导学生从整体出发，对产业发展进行深入思考。例如，可以开设系统工程、系统管理等相关课程，帮助学生建立起对产业的系统性认识，理解产业内外部要素之间的相互作用和影响，发展全局观和系统观。通过案例分析、实地考察等方式，让学生更好地理解系统思维的重要性，培养学生主动去关注整个茶产业链，从而形成全面的思考方式。此外，学校还可以通过跨学科教学，引导学生从不同专业领域的角度来思考茶产业发展问题，培养学生的多元化视角和综合分析能力。茶产业同时涉及农业、食品科学、市场营销等多个领域，跨学科的教学可以帮助学生了解产业发展的多方面因素，形成更为全面的认识和思考。这样的教学模式有助于学生从多维度、多角度分析问题，形成对产业发展更为深刻的理解，培养学生的系统思维能力。另外，学校还可以通过项目式教学或实践活动，让学生将系统思维转化为实际行动。例如，组织学生参与茶产业调研项目或创业实践项目，让学生深入实地了解茶产业的运作机制、市场需求和消费者反馈，让学生通过实践活动体验系统思维在创新创业实践中的作用。通过这样的实践活动，学生可以亲身感受到系统思维的重要性，并不断提升自己的系统分析和解决问题的能力。学校还应该注重对学生创新创业精神的培养，激发学生对创新创业的热情和信心。系统思维需要与创新创业精神相结合，只有学生对创新创业充满激情和信心，才能够更好地运用系统思维，找到切实可行的创新创业方案，并坚定地将其付诸实施。从教学模式、课程设置到实践活动，学校应该全方位地培养学生的系统思维，让学生从学习、实践中不断体验和提升系统思维的能力，为将来投身茶产业的创新创业活动做好充分的准备。

12 茶专业学生创新传承的思想教育途径

12.1 以队伍建设为前提

茶专业学生的创新传承思想教育途径是一项关乎未来的重要课题。在当代社会，青年大学生承载着未来发展的重要使命。他们的成长与发展，不仅关乎个人的前途，更直接影响着国家的繁荣昌盛，深远地作用于全球的进步与发展。在这个背景下，高校的教育必须注重培养学生的德智体美劳全面发展，特别是在茶专业领域，这种培养更显得尤为重要。

队伍建设作为茶专业学生创新传承思想教育的前提，具有重要意义。在茶文化传承中，团队合作是至关重要的，因为茶文化的传承需要多方面的知识和技能来共同支撑。一个强大的团队能够汇聚更多的智慧和力量，从而更好地传承和发展茶文化。因此，借助队伍建设的方式，可以帮助茶专业学生培养团队合作精神，增强团队凝聚力，提高团队成员之间的协作能力，从而推动茶文化的创新传承。在队伍建设的过程中，茶专业学生还可以通过创建团队文化来强化创新传承的教育。团队文化是一种共同的信念、价值观和行为准则，能够凝聚团队成员的共同目标和价值观念。茶文化传承需要学生具备创新能力和传承意识，团队文化的建设可以帮助学生形成共同的文化认同，激发学生的创造力和团队凝聚力，促进传统文化的创新与传承。此外，队伍建设还可以为茶专业学生提供实践机会和交流平台，促进创新传承思想的深入实践和交流。茶文化的传承需要学生具备实际操作和实践经验，只有通过实践才能更好地理解和传承茶文化的精髓。通过建立各种实践项目和交流活动，茶专业学生可以更好地将理论知识应用到实际中，与同行进行交流和分享经验，从而不断提升创新传承的能力。

12.1.1 以专职教师为引领

茶专业学生创新传承的思想教育途径是一个关乎学生发展的重要议题。在这个过程中，专职教师的引领作用不可或缺。加强师资人才引进，建立专职教师队伍，在茶专业学生创新传承的教育实践中扮演着核心角色。

持证上岗的专职教师可以通过换位思考，始终站在学生的角度，从而更好地促进茶专业学生对创新传承思想教育理论的深入理解和实践运用。专职教师的引领作用在茶专业学生创新传承的教育途径中具有重要意义。专职教师作为教育领域的专业人士，具有丰富的教学经验和专业知识，能够为学生提供专业的指导和支持。此外，专职教师还可以通过自身的实践经验和专业技能，为学生树立良好的学习典范，激励学生积极投身到茶文化传承的创新实践中。因此，加强师资人才引进，建立专职教师队伍是推动茶专业学生创新传承思想教育的有效途径。在专职教师的引领下，茶专业学生创新传承思想教育活动的设计和规划显得尤为重要。专职教师作为教育活动的组织者和策划者，能够通过系统的教学设计和教学方法，为学生提供多元化的学习体验和实践机会。通过设计丰富多彩的教育活动，专职教师可以拓展学生的思维空间，激发学生的创新潜能，提升教育活动的实效性和吸引力，从而推动茶专业学生创新传承思想教育的深入发展。专职教师还可以借助换位思考的方式，始终站在学生的立场，更好地引导茶专业学生创新传承思想教育的实践。通过换位思考，专职教师能够更好地理解学生的需求和困惑，为学生提供有针对性的教育指导和支持。同时，专职教师还能够根据学生的反馈和需求，调整教学方法和教学内容，使教育活动更加符合学生的实际情况，提升教育的针对性和有效性。

12. 1. 2 以兼职教师为辅助

茶专业学生创新传承的思想教育途径中，兼职教师的辅助作用不容忽视。兼职教师虽然不是茶专业的，但他们可以通过各自的专业知识和教学经验，为茶专业学生的创新传承思想教育提供宝贵的支持和帮助。兼职教师主要包括专业课程教师和思想政治课教师，他们的教学背景和专业领域为茶专业学生的全面发展提供了丰富的资源和启发。

专业课程教师作为兼职教师，可以为茶专业学生创新传承思想教育提供专业领域的知识和技能支持。无论是茶叶种植、生产加工还是茶文化传承，专业课程教师都具有丰富的实践经验和专业知识，可以为学生提供实用性强的指导和建议。通过与专业课程教师的互动和交流，茶专业学生可以更深入地了解茶文化的背景和内涵，拓宽专业视野，增强专业技能，从而更好地投身到茶文化传承的实践中。

思想政治课教师作为兼职教师，也具有重要的辅助作用，他们通常具有丰富的教育教学经验和思想政治理论知识，可以引导学生树立正确的人生观、价值观和社会责任感。在茶专业学生创新传承的教育实践中，思想政治课教师可以通过开展相关的思想政治教育活动，帮助学生树立正确的文化传承观念，引导学生更好地理解和传承茶文化的重要性，激发学生的爱国情怀和社会责任感，推动茶专业学生的全面发展。兼职教师的辅助作用还体现在他们为茶专业学生创新传承思想教育提供了更多的交流与互动机会。兼职教师不仅可以为学生提供专业的指导和教学资源，还可以与专职教师共同合作，丰富教育活动的形式和内容，提升教学效果。通过与兼职教师的互动，茶专业学生可以接触到更广泛的知识领域和观念，增强学习的多元性和综合性，培养学生的创新思维和跨学科能力，为茶文化传承的创新奠定坚实的基础。

12.1.3 以导师制度为核心

茶专业学生创新传承的思想教育途径中，导师制度被视为核心。对于刚步入大学校园的学生来说，他们正处于人生的转折点，需要面对新的挑战和机遇。在这个阶段，学生的经验尚浅，对社会的认知有限，因此导师的指导和帮助显得尤为重要。

导师制度可以为学生提供更加近距离、个性化的辅导，帮助他们认清自己的优势与劣势，引导他们树立正确的创新创业观念，积极面对风险与机遇。导师担负着指导学生学习、生活、发展的重要责任，他们不仅是学业上的导师，更是人生道路上的引路人。通过导师制度，学生可以得到针对性的指导和支持，帮助他们规划学业和未来发展，培养综合素质和创新能力。导师可以倾囊相授，传授自己的经验和智慧，引导学生走出自己的困惑和迷茫，助力学生实现个人成长和发展。在构建导师队伍时，各高校应该采取多元化的聘用方式，结合校内外资源，为学生提供更广泛的指导。导师队伍应该包括那些在创新创业领域具有丰富经验的教育专家，他们可以为学生提供专业的指导和建议。同时，应该邀请来自校外的成功创业者作为导师，通过他们的真实经历和成功案例，激励学生勇于创新，敢于挑战。导师还可以包括专职教育与兼职教师，辅导员老师、分管学生工作的老师，以及具有创新创业基础理论知识和心理咨询师等资格证的老师，以保证学生在思想教育方面得到综合和全方位的辅导。导师制度不仅可以为学生提供实用的指导和支持，还可以为茶专业学生创新传承的思想教育奠定坚实的基础。通过导师的关怀和指导，学生可以更好地理解和传承茶文化的精髓，培养创新思维和创业意识，为茶文化的传承和发展注入新的活力和动力。

12.2 以课堂讲授为基础

12.2.1 开启启蒙课程

茶专业学生创新传承的思想教育途径中，开启启蒙课程被视为重要的一环。随着“00后”新生代的崭露头角，他们逐渐从工具性的价值取向转变为目的性的价值取向。这一代年轻人更加注重“活在当下”，更愿意在行动前有明确的计划，并在行动后进行反思。这种思维方式要求创新创业教育必须与当下社会发展的变化相结合，引导学生走出传统思维的束缚，培养他们敢于创新、主动创业的精神。

开启启蒙课程是为了引领茶专业学生在思想教育上获得一种全新的体验和启示。通过启蒙课程，学生可以接触到意想不到的知识领域和观念，在思想上拓宽视野，激发创新思维。启蒙课程不仅是传授知识，更重要的是激发学生的内在潜能，培养学生的创新意识和实践能力，引导他们拥有开放的思维，勇于面对变化和挑战。在茶专业学生创新传承的思想教育中，开启启蒙课程需要紧跟时代的发展变化。当今社会正经历着快速的变革和转型，学生需要具备更加灵活、创新的思维方式，以适应未来的挑战和机遇。启蒙课程应该设定有针对性的教学目标，旨在引导学生认识当下社会的变化和发展趋势，培养学生的前瞻性思维和创新创业的能力。创新创业教育应该致力于引导学生不断探索真知灼见，超越传统思维的桎梏，勇于挑战自我，实现个人价值和社会价值的双赢。开启启蒙课程为学生成长提供了一个重要的契机，让他们在早期就能接触到开放、包容、创新的教育氛围，激发他们对茶文化传承的浓厚兴趣和热情。通过开启启蒙课程，茶专业学生可以在教育的起点就开始培养创新思维和创业意识，为将来的专业发展奠定坚实基础。这一启蒙过程不仅仅是知识的传授，更是对学生价值观、人生观的引导和培养。

12.2.2 融入思政课程

茶专业学生创新传承的思想教育途径之一是融入思想政治课程。思想政治教育在大学教育中具有重要的地位和作用，它不仅是学生综合素质教育的重要内容，更是塑造学生思想意识和道德观念的重要途径。通过融入思想政治教育，可以加强茶专业学生的家国情怀，引导他们树立正确的三观及道德规范，培养符合社会主义现代化需求的人才，让他们真正成为有理想、有担当的建设者与接班人。茶文化作为中国传统文化的重要组成部分，蕴含着深厚的历史和文化内涵，是中华民族的瑰宝。融入思想政治教育，可以帮助茶专业学生更好地认识和理解茶文化对于中华民族精神传承的意义和价值。

思想政治课程可以引导学生深入思考中华优秀传统文化在当代社会的传承与创新，激发学生对传统文化的热爱和尊重，培养他们对中华文明的自豪感和责任感。思想政治教育还可以帮助茶专业学生树立正确的三观和道德规范。在传统茶文化中，注重礼仪、忠诚、诚信等传统美德是至关重要的。通过思想政治教育的引导，学生可以深刻领悟这些传统美德的重要性，树立正确的人生观、价值观和行为规范。在创新传承的过程中，这些传统美德可以成为学生的精神支撑和行为准则，帮助他们在实践中成长并展现自我。在当代社会，随着社会主义现代化建设的深入推进，需要具备现代科技知识和传统文化底蕴的复合型人才。融入思想政治教育可以帮助茶专业学生树立正确的人生导向和使命意识，激发他们的创新创业精神和责任意识，培养他们成为符合社会主义现代化建设要求的人才。这样的人才不仅具备专业技能和知识，更重要的是有着正确的思想观念和道德品质，能够在茶文化传承中积极发挥作用，为社会发展贡献自己的力量。通过融入思想政治教育，茶专业学生可以在知识传授的同时，接受有关人生价值观、社会责任感等方面的教育，全面提升自身素质，成为具有家国情怀和社会责任感的人才。

12.2.3 融入专业课程教学

茶专业学生创新传承的思想教育途径之一是贯穿专业课程。专业课程的融合可以帮助学生更好地理解茶文化传承的重要性，同时引导他们挖掘创业机会并整合社会资源。在专业课程的学习过程中，学生将接触到具体的行业问题和案例，通过创新创业思想教育课程的引导，他们可以将所学理论知识与实际问题相结合，形成创业计划，并通过整合社会资源来实施这些计划。

贯穿专业课程的思想教育旨在培养学生的创新思维和实践能力，帮助他们在学习过程中不仅掌握专业知识，还能够运用所学知识解决实际问题，发现商机，创立自己的茶文化传承项目。通过专业课程的融合，学生可以深入了解茶文化的内涵和发展态势，不断挖掘创业机会，为茶文化传承注入新的活力和创新。在专业课程的学习中，学生将接触到与茶文化相关的各种知识和技能，包括茶叶生产加工、茶文化传承、茶艺表演等方面。通过专业课程的探讨和实践，学生可以深入了解茶文化产业链的各个环节，了解行业内部存在的问题和挑战，为未来创业提供理论基础和实践支持。专业课程的融合将使学生在学习过程中自发地关注行业发展的现状和未来趋势，激发他们对茶文化传承的热情和探索欲望。通过创新创业思想教育课程的引导，学生可以将专业课程所学的知识与实际问题相结合，形成创业计划。创业计划不仅包括对市场的分析和预测，还需要考虑到茶文化传承的独特性和可持续性。学生可以借助专业课程的知识和实践经验，结合自己的创新理念和创业愿景，制订全面的创业计划，为茶文化传承的创新发展提供实际支持。在实施创业计划的过程中，整合社会资源是至关重要的。通过专业课程的引导和培养，学生将学会如何与行业内部外部的相关机构和人员合作，共同实施创业计划。此外，学生还可以通过与茶产业企业、茶文化机构、专业导师等进行合作与交流，获取资源支持和合作机会，实现创业项目的顺利进行和成功实施。

12.2.4 打造精英课程

茶专业学生创新传承的思想教育途径之一是打造精英课程。在建设精英课程时，应将重点放在对茶专业学生创新传承实践经验和专家学者学术成果的有效整合上。传统的创业课程往往偏重理论知识的灌输，而忽视了实践经验的传授。因此构建精英课程需要深入挖掘茶专业学生创新传承的实践经验，结合专家学者的学术成果，提炼出适用于当下创业环境的茶专业发展规律和方法，使学生能够在理论与实践中取得更好的结合。

精英课程的建设需要充分考虑茶专业学生的实际需求和发展趋势，将学术研究与实践经验相结合，打造具有前瞻性和针对性的课程体系。首先，精英课程要围绕茶文化传承的挑战和机遇展开，深入挖掘茶业发展的实践经验和案例，让学生能够在课程学习中掌握行业最新动态和发展趋势。其次，精英课程需要充分整合专家学者的学术成果，引导学生从学术研究中汲取养料，获得学科领域内最新的理论成果和研究成果，帮助学生建立起系统的专业知识结构。打造精英课程旨在让学生在课程学习中能够接触到最权威的学术观点和最前沿的实践经验，帮助他们建立起系统的专业知识体系，为未来的创新传承奠定坚实的理论基础。通过精英课程的学习，学生可以深入了解茶文化的内涵和发展趋势，结合专家学者的学术成果和实践经验，形成对茶业发展规律和趋势的深刻认识，为未来的创新创业提供理论指导和实践支持。在精英课程的构建过程中，需要引入大量的实践案例和经典茶业故事，让学生能够通过案例分析和故事阅读来深入了解茶文化的发展历程和创新实践。通过对成功创业案例和失败教训的分析，学生可以更好地掌握茶业创新传承的关键成功因素和规律，为未来的创业实践做好充分的准备。同时，结合专家学者的学术成果和研究成果，学生可以在课程学习中了解到学术界对于茶业发展的最新研究成果和理论观点，帮助他们建立起前瞻性的思维方式和研究视野。通过精英课程的学习，茶专业学生可以在课程学习中深度融合学术研究和实践经验，形成对茶文化传承的全面认识和深刻理解，激发他们对茶文化创新的热情和探索欲望。精英课程的构建不仅能为学生提供全面的专业知识和学术视野，更能引导学生在未来的创新传承中不断探索和实践，为茶文化的传承和发展贡献自己的智慧和力量。

12.2.5 搭建支持课程

茶专业学生创新传承的思想教育途径之一是搭建支持课程。作为茶专业学生创新传承教育的延续性部分，支持课程的核心目标是为大学生提供“送上马、扶一程”的延续性教育与支持。这一过程旨在引导学生在茶专业创新传承领域取得更好的发展，实现社会角色的有效转换。

搭建支持课程的初衷在于为茶专业学生提供更加系统和有针对性的教育，帮助他们在毕业后顺利融入茶业创新传承领域并取得更好的发展。首先，支持课程将延续专业课程的教育内容和理念，结合学生实际需求和行业发展趋势，提供更加个性化和实用性的培训，让学生能够在接受专业知识的同时，获得更多的实践经验和工作技能，为未来的职业发展打下坚实基础。其次，支持课程的设计需要与专业课程相衔接，形成一个完整的教育体系。通过延续性的教育与支持，学校可以为学生提供更多的资源和机会，帮助他们实现在茶业创新传承领域的发展目标。支持课程可以涵盖茶叶生产加工、茶文化传承、茶艺表演等多个方面，让学生能够在多个领域进行深入学习和实践，培养他们的综合能力和创新思维，为未来的职业发展做好充分准备。再次，支持课程不仅要注重理论知识的传授，更要重视实践能力的培养。通过实践性教学和项目实践，学生可以将所学知识运用到实际工作中，提升解决实际问题的能力和专业技能。最后，支持课程可以组织学生参加实地考察、企业实习、项目实践等活动，让学生在实践中不断成长和积累经验，为未来即将面临的工作挑战做好准备。支持课程还可以引入行业专家和企业导师，为学生提供更加专业化和个性化的指导和辅导。专业导师可以根据学生的特长和兴趣，提供个性化的职业规划和就业建议，帮助学生找到适合自己的发展道路。同时，行业专家可以分享最新的行业动态和发展趋势，让学生与时俱进，了解行业最新要求，提前做好准备，抢占发展先机。通过搭建支持课程，学校可以为茶专业学生提供更加全面和贴心的教育支持，帮助他们在茶业创新传承领域取得更好的发展，实现社会角色的有效转换。在延续专业课程的教育效果，提供更加个性化和实用性的培训，让学生能够在毕业后顺利实现专业技能的转化和应用。

12.3 以实践体验为阵地

12.3.1 创业竞赛活动

茶专业学生创新传承的思想教育途径之一是开展创业竞赛活动。这种活动可以利用茶专业的特点和资源，激发学生的创新创业意识，促进他们在创业领域的实践和探索。同时，通过各个专业的导师团队提供一对一的指导和培训，帮助学生将创新创业思想内化为具体的能力和行动。

创业竞赛活动是一个能够激发学生潜能和创造力的平台。在这样的比赛中，学生将有机会提出自己的创业项目，并通过比赛的方式展示和评选出最具创新性和可行性的项目。通过参与创业竞赛，学生可以学习到项目策划、市场营销、团队合作等实践技能，培养创业意识和实践能力，为将来的创业道路做好准备。

茶专业学生在创业竞赛中可以结合自身的专业知识和技能，提出与茶文化传承相关的创新项目，如茶叶品牌推广、茶文化体验馆建设、茶文化产品设计等，这些项目不仅有助于学生深入了解茶文化产业链的各个环节，还可以促进茶文化传承的创新发展。通过创业竞赛，学生有机会将理论知识转化为实践经验，培养自己独立思考和解决问题的能力，为日后的创业之路积累宝贵经验。除了创业项目的提出和展示，创业竞赛活动还为学生提供了交流和学习的平台。学生可以与来自不同学校、专业的同学交流创业理念和实践经验，从而拓宽视野、启发灵感。同时，通过与行业专家和企业代表的互动交流，学生可以获得专业的指导和建议，了解市场需求和行业趋势，为自己的创业项目做出进一步优化和调整。

值得一提的是，在创业竞赛活动中，导师团队的角色至关重要。他们可以为学生提供项目策划、市场分析、团队协作等方面的指导和支持，帮助学生将创新创业思想转化为实际行动。通过一对一的指导和培训，导师可以帮助学生理清项目的思路，解决实际遇到的问题，提供宝贵的经验和建议，为学生的创业之路提供有力支持。通过创业竞赛活动和导师团队的支持，茶专业学生可以更好地理解创新创业的重要性，并在实践中不断提升自己的能力和素质。创业竞赛活动为学生提供了一个锻炼自己、展示才华的舞台，激发了学生的创新创业热情，为他们未来的职业发展奠定了坚实基础。

总体来说，创业竞赛活动是茶专业学生创新传承的思想教育途径之一，通过这样的活动可以激发学生的创业意识和实践能力，帮助他们在茶文化传承领域取得更好的发展。同时，导师团队的支持和指导也是至关重要的，他们可以为学生提供个性化的辅导和建议，帮助学生将创新创业理念内化为具体的能力和行动。

12. 3. 2 校园文化活动

校园文化活动在茶专业学生创新传承的思想教育中扮演着重要的角色。这些活动既是培养学生团结友爱、互帮互助、共同进步精神的主要途径，也是激发创新创业意识和为将来创新创业奠定基础的重要平台。在这些活动中，学生将会培养合作精神、增强团队意识、拓宽自身视野、培养社交技能、增加人脉资源，这些都是在茶文化传承领域创新创业所必须具备的素质。

校园文化活动不仅是学生课余生活丰富多彩的重要组成部分，更是学生成长成才、健康发展的重要环节。通过参与各种文化活动，学生将能够丰富自己的课余生活，增强团队协作能力，提高综合素质，为未来的创新创业打下坚实基础。茶专业学生可以通过参与各类文化活动，培养自己的领导力、组织能力、沟通技巧等潜质，为未来的创新传承实践积累经验和能力。在这些文化活动中，茶专业学生将有机会与来自不同专业、不同学校的学生进行交流和互动。这种跨学科、跨院校的交流将为学生提供更广阔的视野，拓宽思路，激发创新创业的灵感。通过与其他学生的互动，茶专业学生可以了解其他领域的知识和技能，发散自己的思维，从而为创新实践提供新的思路和可能性。同时，校园文化活动也是学生进行文化创新和创业实践的重要平台。学生可以通过参与各种文化活动，展示自己的创意和才华，从而培养自己的表达能力、批判思维、创新意识等，为茶文化传承领域的创新发展培养人才储备。这些文化活动也是学生进行创业尝试的绝佳机会，学生可以将自己的创意和理念转化为具体的项目，展示给他人，并在活动中获得实际的支持和反馈。在校园文化活动中，学生还可以结识各行各业的人才和专家学者，从他们身上获取更多的创新创业经验和启发。这些人脉资源将为学生未来的发展提供有力支持，让他们得以在创新创业的道路上更为顺利地前行。通过参与各种文化活动，学生可以结识到各领域的导师和专家，他们可以为学生提供专业知识和经验的传承，提供实践指导和建议，帮助学生更好地将理论知识转化为实践能力，为茶文化传承领域的创新发展作出更大的贡献。

12. 3. 3 社会实践活动

社会实践活动是茶专业学生创新传承的重要思想教育途径之一。通过参与社会实践，大学生能够积极融入社会各个领域，增加社会阅历、拓宽视野、深入了解国情，从而培养自己对社会发展变化的敏感性，为日后的创新创业提供更为丰富的经验和素材。

在社会实践活动中，茶专业学生不仅可以拓展自己的人脉资源，结交志同道合的伙伴，还可以借助实践机会发现问题、解决问题，促使自己更好地融入社会，拓展自身的能力和视野。社会实践活动为茶专业学生提供了锻炼自身实践能力和创新精神的平台。在社会实践中，学生将面对各种实际问题和挑战，需要运用所学的知识以及解决问题的能力，培养自己的实战能力和创新意识。特别是茶专业学生可以利用社会实践活动的机会，深入了解茶产业的实际情况，探索茶文化的传承与创新之道，为将来的创业研究提供更为丰富的实践经验。通过参与社会实践活动，茶专业学生可以亲身体验服务社会的价值和意义，提升自己的社会责任感和思想道德修养。在与社会各界人士的交流中，学生可以感受到社会的多样性和复杂性，增强对社会问题的洞察和理解能力，培养出敏锐的社会意识和批判性思维。通过实践中的体验和反思，学生将更加深刻地认识到自己所学所做对社会发展的意义和影响，从而更加珍惜所学，更加珍视自身的成长和发展。社会实践活动也是茶专业学生展示自己才华和能力的舞台。

在社会实践过程中，学生将有机会展现自己的专业知识和技能，解决实际问题，提出创新方案，得到他人的认可和肯定。这种肯定和激励将会激发学生更大的创造力和激情，促使其在创新创业的道路上更进一步。通过实践中的表现，学生将建立起自信心和自尊心，培养出坚韧不拔的意志力和不断进取的精神，为未来的发展打下坚实基础。此外，社会实践活动还可以为茶专业学生提供更多的实践机会和实践经验。学生可以通过参与社会实践，进一步熟悉专业知识的应用，培养实践能力和解决问题的能力，为未来的就业和创业做好准备。在社会实践中，学生将直接面对实际工作和人际交往，锻炼自己的沟通能力、团队协作能力、问题解决能力等，提升综合素质和竞争力。在社会实践活动中，茶专业学生还能够结识各行各业的人才和专家，拓展人脉资源，获取实践指导和建议，为将来的发展提供更多的机会和支持。通过与社会各界人士的交流和互动，学生可以了解行业最新动态和发展趋势，获取最新的专业知识和技能，为自己的创新创业之路做好充分准备。总体来说，通过参与社会实践，学生可以增加社会阅历，培养创新创业意识，提升社会责任感和思想道德素养，为将来的创新创业做好充分准备。

12.4 以网络平台为载体

随着“互联网+”的快速发展和影响力逐渐扩大，它与创新创业之间开始展开跨界融合，这使得传统的创新创业活动渐渐融入了“互联网+”的时代特征。根据腾讯研究院发布的《中国互联网+数字经济指数（2018）》的统计数据和分析显示，2017 年全国数字经济规模相较于 2016 年增长了 17.24%，达到了 26.70 万亿元人民币。这与 2017 年国内生产总值增速（6.9%）相比，数字经济的增速可以说是十分迅猛的。此外，数字经济在国民经济中所占的比重也从2016年的30.61%上升至2017年的32.28%。这一数字经济的快速增长趋势与“互联网+”在创新创业领域的推动密不可分。

“互联网+”与传统创新创业活动的结合，为各行各业带来了新的机遇和挑战。通过互联网+技术，各种新兴的创新模式不断涌现，企业和个人更容易突破传统的地域限制，利用网络平台进行线上销售、推广、产品研发等活动，实现创新创业的跨时空发展。此外，数字经济的崛起也为创新创业提供了更为丰富的资源和市场，为创业者和创新者提供了更多的机会和平台。在“互联网+”的时代，传统行业也在不断进行着数字化转型和创新升级。

茶叶产业作为中国传统的优秀产业之一，也受益于“互联网+”的快速发展。茶文化作为中华文明的重要组成部分，在数字化时代也在不断创新和传承。通过网络平台，茶叶生产销售逐渐走向线上，茶文化传承也加入了更多的数字元素，创新创业者可以通过网络平台推广茶文化、设计创新产品、开展线上茶文化体验等活动，拓展茶文化产业的发展空间。数字经济的持续增长为茶专业学生提供了更多的创新创业机遇。他们可以通过网络平台了解茶业的最新发展动态，学习茶文化传承的相关知识和技能，参与线上茶文化活动，发掘茶文化传承的潜力和机遇。通过网络平台，学生可以与茶文化爱好者和专业人士进行交流互动，共同探讨茶文化的创新和传承之路，为茶文化产业的发展贡献自己的力量。同时，网络平台也为茶专业学生提供了展示自己创新成果的舞台。学生可以在网络上展示自己的创新作品、设计理念、创业计划等，吸引更多关注和支持，寻找合作伙伴和投资机会。通过网络平台的展示，学生可以扩大自己的影响力和知名度，为将来的创新创业奠定基础。此外网络平台也为茶专业学生提供了线上学习和交流的机会。学生可以通过各种网络教育平台学习茶文化传承的相关知识和技能，参与线上讲座、研讨会等活动，与行业专家和学者进行交流互动，拓展自己的视野和思维，为创新创业做好充分准备。

12.4.1 充分利用校园网络阵地

在当今信息技术高度发达的时代，校园网络已成为大学生们获取信息、交流思想的重要阵地。对于茶专业学生来说，充分利用校园网络资源，传达马克思主义理论、中国特色社会主义理论，倡导正确的创新创业观念，引导学生树立正确的创新创业思想，具有重要的意义。通过文字、图表、数据和影像等多种形式，向广大青年学生宣传这些重要理论，有助于激发学生的创新激情，培养正确的创新创业观念，为学生的创新创业之路提供理论指导和精神支持。

首先，茶专业学生可以通过校园网络阵地了解马克思主义理论和中国特色社会主义理论体系。运用校园网络资源，可以传达这些重要理论，使学生们能够深刻理解马克思主义的基本原理和中国特色社会主义的发展道路，增强对社会主义核心价值观的认同。这对培养和加强学生的爱国主义情怀、社会主义意识具有重要意义，为学生树立正确的世界观、人生观和价值观提供了重要的理论指导。其次，校园网络阵地也是传播党的“两个一百年”奋斗目标以及中国梦的重要平台。通过校园网络资源的宣传和传播，可以让学生深刻理解党的“两个一百年”奋斗目标以及中国梦的伟大意义，激发学生的爱国情怀，增强学生对中国特色社会主义的认同和信仰。这有助于引导学生在创新创业中热爱祖国、热爱人民，树立正确的社会责任感和使命感，为中国梦的实现贡献自己的力量。

在校园网络阵地上，还可以宣传模范创新创业事例，指导创新创业迷津，倡导正确的创新创业观念。学生可以通过网络资源了解创新创业领域的成功案例，从实践中汲取经验和启示，培养创新创业的思维方式和态度。同时，网络资源还可以传达有关创新创业的各项政策和扶持措施，引导学生了解社会主义初级阶段的各项方针政策，帮助学生在实际创新创业过程中更好地了解政策导向，更加明确自己的发展方向。此外，校园网络资源还可以宣扬创新创业精神，为学生搭建展示自己创新成果的舞台。学生可以通过网络平台展示自己的创新成果、设计理念、创业计划等，吸引更多关注和支持，寻找合作伙伴和投资机会。通过网络平台的展示，学生可以扩大自己的影响力和知名度，为将来的创新创业奠定基础。在整个过程中，校园网络资源不仅为茶专业学生提供了获取信息的途径，也为学生提供了思想教育的平台。充分利用校园网络阵地，可以将丰富的思想和知识资源传递给学生，激发学生的创新热情，培养正确的创新创业观念，引导学生在创新创业中拥有正确的认识和指导思想。

12. 4. 2　组织建立网上服务平台

随着时代的进步和科技的发展，网上服务平台已成为一个便捷且有效的资源分享和信息获取途径。在茶专业学生创新传承的思想教育中，组织建立网上服务平台可以为大学生提供更加丰富多样的创新创业资源，为学生创新创业提供更多元化和便捷的支持。通过平台发布创新创业政策、项目资讯、导师指导等相关资源，可以帮助大学生更全面、深入地了解创新创业的机会和挑战。这些丰富的资源对于激发大学生的创新创业热情，提升他们的创新创业能力具有积极的促进作用。

首先，网上服务平台可以成为学生获取创新创业政策信息的主要途径。通过发布国家和地方有关创新创业政策文件、政府部门发布的创新创业相关支持文件等，可以让学生及时了解最新的政策动态，包括创业补贴、创新创业竞赛、创业项目评选和资助资讯等。这些政策信息对于学生选择创新创业方向、规划创新创业项目、申请创新创业资金等具有指导和帮助作用，使学生在创新创业过程中更具备主动性和针对性。其次，网上服务平台也是发布各种创新创业项目资讯的重要渠道。学校可以在平台上发布学校组织的创新创业项目，各类创新创业大赛信息、创业加速器和孵化器的项目推介等。这些信息的发布可以使学生了解到更多优秀的创新创业项目，从而激发学生的创新创业热情，提升他们在创新创业方面的积极性和主动性。此外，网上服务平台也可以邀请相关领域的专家学者和成功创业者担任导师，并在平台上发布导师指导等相关资源。这些导师可以在平台上开设在线答疑解惑的专栏，分享创业经验和成功实践，为学生提供专业的创新创业指导和支持。这对提高学生的创新创业能力、拓宽学生的创新思维和视野有着非常重要的意义。通过网上服务平台的建立，学生可以更便捷、全面地获取创新创业相关的信息和资源，从而更好地了解创新创业的机会和挑战。这种平台有助于为学生提供更为全面和多元的创新创业资源，激发学生的创新创业热情，提升他们的创新创业能力。同时，这也为学校创建了一个专门平台，为学生提供更多创新创业机会和资源，为茶文化传承的发展注入新的活力和动力。

12.4.3 高效使用社交媒体软件

茶专业学生创新传承的思想教育途径很丰富。在当今社会，社交媒体软件已经成为人们获取信息、交流思想的重要平台之一。对于茶专业学生来说，正确利用社交媒体软件高效传播创新创业的理念和精神是非常重要的。

一方面，微博平台作为一个信息传播的重要渠道，可以让茶专业学生及时了解国内外茶行业创新创业成功案例，激励他们追求创新创业的梦想。通过分享成功案例，学生可以从中获得启发，了解到不同的创新思路和实践经验，激发他们的创造力和创业热情。此外，学生还可以通过微博关注相关的行业专家、企业家，与他们互动交流，获取更多的专业知识和经验，拓展自己的视野和人脉。另一方面，微信公众号作为一个信息传递和互动的平台，可以为茶专业学生提供更加个性化和实用性的教育资源。学校可以通过微信公众号定期发布创新创业课程安排、实践活动通知等具体信息，让学生及时了解学校的教育安排和活动安排，方便他们参与其中。此外，学校还可以利用微信公众号开展线上讨论、互动问答等教育活动，促进师生之间的交流和学习。通过定期发布信息和开展互动活动，学校可以更好地引导学生参与创新创业教育，提升他们的实践能力和创业意识。除了微博和微信，还有其他社交媒体平台也可以成为茶专业学生创新传承的教育途径。比如抖音、知乎、B 站等平台，都可以通过短视频、问答、讨论等形式，为学生提供丰富多样的创新创业教育内容。学校可以根据不同社交媒体平台的特点和受众特点，有针对性地制订教育计划，满足不同类型学生群体的需求，促进学生在创新创业领域的学习和发展。总体来说，高校教育机构可以通过高效使用社交媒体软件，开展茶专业学生创新传承的思想教育，激发学生的创新创业热情，提升他们的实践能力和综合素质。通过分享成功案例、发布课程信息、开展互动活动等方式，学校可以不断拓展教育领域的边界，为学生提供更加全面和个性化的教育资源，助力他们在未来的创新创业道路上取得成功。

13 茶专业学生创新传承思想教育评价探究

13.1 茶专业学生创新传承思想教育评价的意义

13.1.1 为茶专业学生创新传承思想教育过程完善体制机制

茶专业学生创新传承思想教育的评价对于茶文化传承和培养学生的综合素质具有重要意义。茶文化源远流长，代表着中国悠久的历史和独特的精神内涵。因此，对茶专业学生进行创新传承思想教育的评价，不仅有利于激发学生的创新意识和传承情感，而且能够促进学生的学术研究和实践能力的提升，提高学生的专业素养和综合素质。

首先，通过对茶专业学生创新传承思想教育的评价，可以有效激发学生的创新精神和传承意识。茶文化是中国传统文化的重要组成部分，蕴含着丰富的传统智慧和人文精神。这一评价过程可以帮助学生深入了解茶文化的内涵和特点，引导他们积极探索和传承茶文化的精髓，激发学生对茶文化的热爱和探索兴趣，在实践中不断追求创新和突破，为茶文化的传承与发展注入新的活力与动力。其次，评价过程可以促进学生的学术研究和实践能力的提升。茶专业学生在茶文化传承与发展的过程中，需要具备扎实的学术基础和实践技能，才能更好地应对复杂多变的茶文化领域。通过对学生创新传承思想教育的评价，相关教师可以及时发现学生在学术研究和实践能力方面的优势和不足，引导学生在学习和实践中不断提升自身的专业素养和创新能力，从而更好地适应茶文化传承与发展的需求。再次，评价过程有助于完善茶专业学生创新传承思想教育的体制机制。通过对学生创新传承思想教育的评价，可以及时发现教学过程中存在的问题和不足，引导学校和教师进行改进和提升，进一步完善教学体系和培养机制。建立科学合理的评价机制，可以为学生提供更加完善的培养环境和教学资源，为学生的成长和发展提供更好的保障。最后，评价过程还可以促进学生之间的交流与合作，激发学生的学习热情和团队意识。茶文化传承与发展需要团队协作和相互学习，评价过程可以为学生提供一个交流和合作的平台，促进学生之间的互相学习、借鉴和共同进步。通过开展合作学习和交流活动，学生可以互相启发，共同探讨茶文化传承的重要问题，激发学生的学习热情和团队合作意识，为推动茶文化传承与发展注入新的活力。综上所述，茶专业学生创新传承思想教育的评价在激发学生创新精神和传承意识、提高学生学术研究和实践能力、完善教育体制机制、促进学生之间交流与合作等方面具有重要意义。通过科学有效的评价机制和措施，可以更好地引导学生在茶文化传承与发展领域展开创新探索，培养一批具备茶文化传承与创新能力的专业人才，为茶文化的繁荣发展和传承传统文化贡献力量。

13.1.2 为茶专业学生创新传承思想教育效果提供客观依据

茶文化作为中国传统文化的重要组成部分，承载着丰富的历史底蕴和精神内涵，而茶专业学生承担着传承和发扬茶文化的重要责任。因此对茶专业学生进行创新传承思想教育的评价，可以为学生的教育效果提供客观依据，帮助学校和教师及时了解学生的学习情况和成长状况，进而调整教学方法和内容，提高教学质量，培养更多优秀的茶文化传承人才。

首先，通过评价茶专业学生创新传承思想教育，可以客观地了解学生在茶文化传承方面的学习情况和成果。茶文化的传承需要学生具备扎实的知识储备和专业技能，以及对茶文化的理解和传承意识。通过评价学生的学习成绩、研究成果、创新项目等方面的表现，可以客观地评估学生在茶文化传承方面的学习效果，帮助学校和教师了解学生的学习状况，为后续的教学和指导提供依据。其次，评价茶专业学生的创新传承思想教育可以促进教学内容和方法的优化和改进。通过对学生学习过程和成果的评价，可以发现教学过程中存在的不足和问题，及时调整和改进教学内容和方法，提高教学质量和效果。比如，针对学生在茶文化传承方面的需求和挑战，可以开设更加丰富多样的课程和实践活动，激发学生的学习热情和创新潜力，提高教育效果和学生的综合素质。再次，评价茶专业学生创新传承思想教育可以为学校和教师提供重要依据以科学制订教学计划和培养方案。通过对学生的学习情况和表现进行评价，可以及时了解学生的需求和潜力，为学校和教师设计更加科学合理的教学计划和培养方案。通过根据评价结果调整和优化课程设置、实践环节和教学方法，可以更好地满足学生的学习需求，培养出更多具备茶文化传承能力的优秀人才，为茶文化的传承和发展注入新的活力。最后，评价茶专业学生创新传承思想教育还可以激发学生的学习动力和自我发展意识。学生在接受教育的过程中，通过不断接受评价和反馈，可以认识到自身的优势和不足，激发自我改进和提升的动力，更加主动地参与学习和探索，实现个人的自我增值和成长。通过评价过程，学生可以更好地认识到自身的潜力和发展方向，努力追求个人目标，实现自我价值的最大化。综上所述，茶专业学生创新传承思想教育的评价对于提供客观依据以评估教育效果非常重要。通过评价过程，可以客观地了解学生的学习情况和成果，促进教学内容和方法的改进和优化，为学校和教师科学制订教学计划和培养方案，激发学生的学习动力和自我发展意识。

13.1.3 为茶专业学生创新传承思想教育效果提供科学指导

茶文化作为中国传统文化的瑰宝，蕴含着丰富的历史渊源和传统智慧，而茶专业学生是传承和弘扬茶文化的主力军。通过对茶专业学生进行创新传承思想教育的评价，可以客观评估学生的学习情况和成长状况，为教学工作提供科学指导，帮助学校和教师更好地调整教学方法和内容，促进学生的全面发展和专业素养提升。

首先，评价茶专业学生的创新传承思想教育可以提供科学依据以了解学生的学习情况和成效。茶文化传承需要学生具备扎实的专业知识和实践能力，以及对茶文化的深刻理解和传承意识。通过对学生学习成绩、研究项目、实践活动等方面的评价，可以客观地反映学生在茶文化传承方面的学习成果和表现，帮助学校和教师及时发现学生存在的问题和不足，为学生提供个性化的指导和支持，促进学生的全面发展和专业素养提升。其次，评价茶专业学生的创新传承思想教育可以促进教学内容和方法的优化和改进。通过评价学生的学习效果和表现，可以及时发现教学过程中存在的不足和问题，为教师提供反馈和改进建议，促使教学内容更贴近学生需求和实际情况，教学方法更具针对性和有效性。通过不断优化教学内容和方法，可以激发学生的学习兴趣和创新潜力，提高教育效果和学生的综合素质。再次，评价茶专业学生的创新传承思想教育可以为学校和教师提供科学依据以制订教学计划和培养方案。通过评价学生的学习情况和表现，可以了解学生的需求和潜力，为学校和教师提供重要依据以设计更加科学合理的教学计划和培养方案。根据评价结果调整和优化课程设置、实践环节和教学方法，可以更好地满足学生的学习需求，培养更多具备茶文化传承能力的优秀人才，为茶文化的传承和发展注入新的活力。最后，评价茶专业学生的创新传承思想教育还可以激发学生的学习动力和自我发展意识。评价过程可以帮助学生认识自身的优势和不足，激发他们自我改进和提升的动力，更加主动地参与学习和探索，实现个人的自我增值和成长。通过评价过程，学生可以更好地认识到自身的潜力和发展方向，努力追求个人目标，实现自我价值的最大化。综上所述，茶专业学生创新传承思想教育的评价对于提供科学指导以评估教育效果具有重要意义。通过评价过程，可以了解学生的学习情况和成效，促进教学内容和方法的改进和优化，为教学工作提供科学依据，促进学生的全面发展和专业素养提升。

13.1.4 为茶专业学生创新传承思想教育效果提供历史反思

茶专业学生作为茶文化的传承者和弘扬者，需要通过创新传承思想教育的评价，对自身进行历史反思，并发现问题、总结经验，不断完善和提高自身的茶文化传承能力，以实现对传统文化的传承和发展。

首先，评价茶专业学生创新传承思想教育可以帮助学生对历史文化进行反思，认识传统文化的价值与意义。茶文化作为中国传统文化的一个重要组成部分，蕴含着丰富的历史渊源和文化精神。通过对茶文化的学习和传承，学生可以深入了解并体会传统文化的内涵和魅力，从而更加珍视和传承这一宝贵的传统遗产。通过评价自身在传承思想教育中的表现和成效，可以加深学生对传统文化的理解和尊重，激发学生对传统文化的热爱和传承动力。其次，评价茶专业学生的创新传承思想教育可以促使学生对自身的发展历程进行反思，总结经验，找到问题并加以解决。茶文化的传承需要学生不断地探索和实践，寻找适合时代发展的传承之道。通过对学生在传承思想教育中的表现进行评价，可以帮助学生了解自己的学习状态和成长过程，发现自身存在的问题和不足，进而总结经验，制订改进计划，提高传承能力和创新意识。这样的历史反思过程有助于学生不断提升自我，完善自身的茶文化传承能力。再次，评价茶专业学生的创新传承思想教育可以为学校和教师提供历史反思的依据，引导教学工作更加贴近学生需求和时代要求。通过对学生在传承思想教育中的表现和成效进行评价，学校和教师可以了解学生的发展状况和需求，及时调整教学内容和方法，提升教学质量和效果。通过历史反思，学校和教师可以总结教学经验和教育教学方法，不断改进教学方式，培养更多具备优秀传承能力和创新精神的茶文化人才，推动茶文化的传承和发展。最后，评价茶专业学生的创新传承思想教育也可以引导学生对茶文化的创新发展进行历史反思。在传承茶文化的过程中，传统与现代的结合是必不可少的。学生需要借鉴传统文化的精华，同时结合当代的发展需求，推动茶文化的创新发展。通过评价对学生的传承思想教育进行历史反思，可以引导学生认识到传统文化与现代发展之间的关系，启发学生积极探索和应用传统文化资源，推动茶文化在当代社会的创新传承与发展。综上所述，茶专业学生创新传承思想教育的评价对于为学生提供历史反思具有重要意义。通过评价过程，既可以引导学生对传统文化进行反思，总结经验，不断提升自身的传承能力；也能为学校和教师提供历史反思的依据，引导教学工作更加贴近时代潮流；还能推动学生对茶文化的创新发展进行历史反思，推动茶文化的传承与发展。

13.2 茶专业学生创新传承思想教育评价的特点和原则

13.2.1 茶专业学生创新传承思想教育评价的特点

一是评价的系统性。评价茶专业学生创新传承思想教育的特点之一是其系统性。评价需要全面、系统地考量学生在创新传承思想教育中的表现和成效，而不仅仅局限于表面现象或单一指标。茶文化传承涉及茶道、制茶工艺、茶文化历史、茶文化传统等多个方面，学生在这些领域的表现需要综合评价。

系统性评价有助于教师全面了解学生的学习状况、素养水平和潜力，进而有效指导教学和培养学生的综合能力。需要注意的是，不同的社会环境和背景都可能影响学生对创新传承思想教育知识的接受能力和程度，因此，在评价茶专业学生的创新传承思想教育效果时，相关教师必须考虑到这些社会因素对学生认知和行为的塑造作用。评价过程中应综合考虑学生的背景信息，对学生的成绩和表现进行充分理解和分析，以更好地指导学生的学习和发展。此外，随着互联网时代的到来，创新创业思想教育的媒介效果对评价也产生了影响。互联网为学生提供了更广阔的学习资源和交流平台，使得学生对创新传承思想教育的知识获取更加便利和多样化。评价茶专业学生的创新传承思想教育效果时，教师需要考虑学生在互联网环境下的学习和应用情况，了解学生对新媒体的使用和掌握程度，以便更好地评估学生的学习成果和发展动向。同时，教师也可以借助互联网平台进行评价数据的汇总和分析，实现评价的及时性和科学性。在评价茶专业学生创新传承思想教育的过程中，除了考虑传统的学业成绩和实践表现外，还需关注学生的思想潜质、创新意识和跨界能力等方面。系统性评价可以综合考量学生在学术、实践、思想等多个维度的发展情况，有助于全面了解学生的学习状态和成长过程。通过评价的系统性，可以更好地引导学生充分发挥自身潜能，培养具备创新思维和传承意识的优秀茶文化传人。在这样一个以信息化为特征，社会环境复杂多样的时代，茶专业学生创新传承思想教育的评价必须与时俱进，综合运用多种评估方法和工具，充分考虑学生的个性化差异和背景特点，确保评价结果更加全面准确。通过评价的系统性，不仅可以给学生成绩的客观评价，也能为教学和培养提供更有效的指导和参考，帮助学生成长成才，为茶文化的传承和发展贡献更多优秀的人才。系统性评价的意义在于不仅仅关注学生短期的学习成绩，更应关注学生长远的发展和综合素养的提升。

二是评价的综合性。评价的综合性意味着不仅要从知识和技能的角度评价教育效果，还需要考虑学生的创新创业意识和素养，以及学生在创新创业实践中取得的成果。这种综合性评价有助于全面了解学生在创新传承思想教育中的表现和成长，为学生提供更加精准和全面的指导和帮助。

首先，从知识和能力的角度来评价教育效果是评价的重要维度之一。茶专业学生创新传承思想教育需要注重学生对茶文化的了解和掌握程度，以及相关技能的实践运用。评价茶专业学生的知识水平和专业能力表现，可以帮助教师了解学生对茶文化的掌握程度和传承能力。通过考查学生在茶道、制茶工艺、茶文化历史等方面的学习成果，可以评价学生在传承思想教育中的学术表现和实践能力，为教学提供及时反馈和调整方向。其次，评价茶专业学生的创新创业意识和素养是评价的另一个重要维度。创新创业是时代发展的需要，也是茶文化传承的重要方向之一。评价学生的创新创业意识包括对茶文化的创新理念和实践能力的评估，有助于了解学生在茶文化传承中的创新潜力和创业思维。评价学生的素养则涉及道德品质、团队协作能力、社会责任感等方面的综合评估，有助于发现学生的优势和劣势，引导学生树立正确的价值观和行为准则，培养学生的创新创业素养。此外，还需要考量学生在创新创业实践中取得的成果。理论与实践相结合是茶专业学生创新传承思想教育的重要特点之一。学生在实践过程中能够将所学知识和技能运用到实际情境中，表现出的创新能力和执行力对评价也至关重要。评价学生的创新创业实践成果，既可以验证学生的学习效果，又可以激发学生的创新动力，为学生提供更多展示和发展的机会。学生在实践中的成果和经验对于将来的职业发展和个人修养具有重要意义。

综合来看，评价茶专业学生创新传承思想教育的综合性体现在多个方面。首先，从知识和能力的角度评价教育效果，全面了解学生在学术和实践方面的表现。其次，评价学生的创新创业意识和素养，促进学生全面发展和个性成长。最后，考量学生在创新创业实践中的成果，验证学生的学习效果和实践能力。这种综合性评价有助于为学生提供更加个性化和针对性的指导和支持，激励学生积极投入到茶文化传承的实践之中，促进学生的全面发展和专业素养提升。

三是评价的动态性。评价的动态性意味着评价过程是一个持续性的、不断调整和改进的过程，而非一次性的定论。茶文化传承是一个历史悠久、文化深厚的领域，学生的学习和成长是一个持续发展的过程，因此评价也需要随着学生的成长而不断更新和调整。动态性评价有助于及时发现问题、调整教学方向、促进学生的进步和发展。

首先，动态性评价需要紧跟学生的学习进度和发展轨迹。茶专业学生的创新传承思想教育是一个长期的过程，学生在学习茶道、茶文化历史、制茶工艺等方面需要一步步积累和提升。评价过程应该根据学生在不同时期的学习表现和成长情况进行动态调整，及时发现学生存在的问题和遇到的困难，为学生提供个性化的指导和帮助。通过动态性评价，教师可以更好地了解学生的学习状态和需求，针对性地调整教学内容和方法，激发学生的学习兴趣和潜力。其次，动态性评价需要关注学生的个体差异和发展需求。每个学生的学习风格、兴趣爱好、学习能力等方面都存在差异，因此评价过程也应该充分考虑学生的个性化特点。动态性评价可以帮助教师更好地了解学生的个体需求和特点，制订针对性的教学计划，为学生提供个性化的学习支持和辅导。通过持续调整和优化评价方式，可以更好地激发学生的学习潜力，推动学生在茶文化传承领域的发展和进步。再次，动态性评价需要关注学生在创新创业意识和实践方面的发展。随着时代的发展和茶文化的变迁，学生在传承思想教育中也需要不断适应和创新。评价学生的创新创业意识和实践成果需要考查学生在不同阶段的发展情况，及时发现并鼓励学生在创新和实践方面的成就。通过动态性评价，可以促进学生对茶文化传承的理解和应用，培养学生的创新思维和创业意识，为学生未来的职业发展奠定坚实的基础。最后，动态性评价还需要与时俱进，紧跟时代发展的需求和变化。随着社会环境的变化和科技的进步，传统的教育评价方式可能已经无法全面反映学生的学习状况和发展需求。动态性评价需要借助现代科技手段和教育理念，适应时代的要求，不断更新评价方式和内容，以更好地服务于学生的学习和成长。通过引入新技术、新方法，不断优化教学评价体系，可以更好地反映学生的实际水平和发展动向，为学生提供更加精准和有效的评价和指导。总之，茶专业学生创新传承思想教育评价的动态性是评价过程的一个重要特点，有助于紧跟学生的学习进度和发展轨迹，关注学生的个体差异和发展需求，促进学生在创新创业方面的进步和发展，以及与时俱进，不断优化评价方式和内容。

13.2.2 茶专业学生创新传承思想教育评价的原则

一是定性分析与定量分析相结合。定性分析与定量分析是评价过程中相辅相成、不可或缺的两种关键方法，二者各有独特的优势与鲜明特点。在评价茶专业学生创新传承思想教育成效时，将这两种方法有机结合，能够更为全面、精准地评估学生的学习收获，深入洞察其综合素养，为教育成果的评判提供坚实依据。定性分析的重要性在于其侧重于对创新创业思想教育整体效果的综合评估，判断其优劣性质。定性分析以文字表达为主，借助描述和分析的方式评价学生在创新创业思想教育中所展现出的品质、能力和思维方式。通过定性分析，评价者可以更全面地了解学生的学习态度、综合素养和创新能力，找出学生在茶文化传承方面的优势和不足之处。定性分析有助于深入挖掘学生的潜力和特长，为学生未来的学习和发展提供有益的参考和指导。

定量分析通过对教育效果要素进行量化处理，使用数字语言来表达教育成果，具有准确具体的特点。定量分析可以通过数据统计、实证研究等方式量化评价学生在创新传承思想教育中的表现和成绩，从而客观地衡量学生的学习成果和发展水平。定量分析可以帮助评价者更准确地了解学生的学术水平、技能掌握程度和创新能力，为学生提供具体的评价指标和量化的反馈信息。定量分析的数据化特点有助于评价者更科学地评估学生的学习情况，为教学改进和学生成绩提升提供科学依据。

定性分析与定量分析相结合，可以互相补充和协调，实现评价的全面性和准确性。在评价茶专业学生创新传承思想教育效果时，定性分析和定量分析可以结合运用，以达到更有效的评价效果。定性分析可以帮助评价者深度挖掘学生的创新创业思想和传承意识，把握学生在茶文化领域的潜力和特长；定量分析则可以通过数据化的方式提供客观的学习成果和表现评价，为学生提供更具体和明确的反馈和指导。在具体实践中，可以通过以下方式将定性分析与定量分析相结合进行茶专业学生创新传承思想教育评价：一是通过定性分析对学生的学习态度、思维方式、综合素养等进行综合评估，通过教师评价、同学互评、学生自评等方式得出综合评价结论；二是通过定量分析对学生的学术成绩、实践表现、创新成果等进行量化统计和分析，建立数据化评价体系，从而客观准确地评估学生的学习情况和发展进程。

将定性分析和定量分析的结果相互比对和交叉验证，从而得出更全面、准确的评价结论，为学生提供更有效的学习指导和发展建议。定性与定量分析双管齐下，能深度剖析茶专业学生在创新传承思想教育中的思想理念与实践成果，精准定位问题，为其提供靶向学习指导，助力综合素养提升。定性分析和定量分析的相互补充和协调将有助于推动茶文化传承事业的发展，培养更多具备创新意识和传承思想的优秀人才，为茶文化的繁荣和传承作出更大的贡献。

二是动态分析与静态分析相结合。动态分析与静态分析作为评价环节里的两大关键手段，分别有着不可替代的价值与鲜明特征。在考量茶专业学生创新传承思想教育成果时，将二者巧妙结合，不仅能多维度、精准地衡量学生的知识掌握程度，还能实时追踪，把握其在学习过程中的动态成长轨迹，全面剖析发展状况，从而为教育成效的客观评估提供强有力的支撑。

首先，动态评价作为全面、准确的评价方式，由过去、现在和未来三个维度构成，包含预测评价与追踪评价。动态评价不仅关注学生目前的学习情况和成绩表现，还考虑学生过去的学习历程和未来的发展潜力，以此为基础进行评价和预测。通过动态评价，评价者可以更全面地了解学生的学习态度、学术水平、创新能力等方面，从而为学生提供更精准的评价和指导。动态评价的追踪评价特点有助于评价者了解学生的学习过程动态变化，及时发现问题并提供帮助与引导，促进学生的持续成长和发展。

其次，静态评价在一定阶段中扮演着稳定的参照系角色。静态评价主要针对当前阶段的学生表现和成果，侧重于对学生的学术成绩、专业能力、创新成果等进行固定的评估和分析，反映学生在某一时期内的学习状态和水平。静态评价通过固定的标准和指标来评估学生的学习情况，为学生提供固定的反馈和评价结果。静态评价的稳定性特点有助于评价者对学生的学习表现进行固定的比较和评定，为学生提供稳定的学业指导和发展建议。

将动态分析与静态分析相结合进行茶专业学生创新传承思想教育评价，可以充分发挥两者的优势，实现评价的全面性和准确性。动态分析关注学生的学习过程和发展轨迹，通过追踪评价和预测评价，为学生提供全面的学习支持和发展指导；而静态分析则侧重于当前阶段的学生表现和成果，通过固定的评价标准和指标，为学生提供稳定的学业反馈和评价结果。动态分析和静态分析相结合，可以更全面、准确地评估学生的学习成果和发展状况，为教学改进和学生成绩提升提供科学依据。

在具体实践中，可以通过以下方式将动态分析与静态分析相结合进行茶专业学生创新传承思想教育评价：第一，通过动态分析对学生的学习过程和发展轨迹进行跟踪评价，通过教师评价、同学互评、学生自评等方式了解学生的学习动态和潜力，及时发现问题并提供支持；第二，通过静态分析对学生的学术成绩、专业能力、创新成果等进行固定评价，建立稳定的评价体系和标准，为学生提供稳定的学业反馈和评价结果。

将动态分析和静态分析的结果进行对比和综合分析，得出更全面、准确的评价结论，为学生提供更科学、更有效的学习指导和发展支持。动态分析聚焦学生成长轨迹，静态分析把握当下状态，二者结合，全面勾勒出茶专业学生在创新传承思想教育中的表现全貌，进而制定个性化学习策略，推动持续发展。

三是长期效果与短期效果相结合。长期效果和短期效果是评价过程中的两个重要维度，它们分别关注学生在接受创新传承思想教育后的长期发展和未来应用能力，以及在教育过程中的短期表现和学习成果。将长期效果和短期效果相结合进行评价可以更全面、深入地了解学生在创新传承思想教育中的学习情况和发展路径。

长期效果是指学生在接受创新传承思想教育后，能够在未来的工作和生活中表现出创新创业的能力和意识。这需要通过对学生进行跟踪调查和长期观察来评价。长期效果评价关注学生在教育结束后的持续发展，包括学生是否能够将所学的传承思想应用到实际工作和生活中，是否具备创新创业的意识和能力等方面。评价者可以通过定期追踪调查、校友联络、实地考察等方式来观察学生的长期发展情况，了解学生在职业领域中的表现和贡献，评估教育对学生长期发展的影响。

短期效果则是指在教育过程中，学生对创新传承知识的学习情况和创新创业意识的建立情况。这些短期效果可以通过课堂表现、作业完成情况以及实践活动的参与情况来评价。短期效果评价主要关注学生在教育过程中的学习成果和表现，包括学生对传承思想的理解和掌握程度、学习态度和创新意识的培养情况等。评价者可以通过课堂观察、作业评定、实践项目评估等方式来收集学生的短期表现数据，了解学生在教育过程中的学习情况和成绩表现，提供及时的反馈和指导。

将长期效果与短期效果相结合进行茶专业学生创新传承思想教育评价，可以更全面、深入地了解学生在教育过程中的表现和发展情况。长期效果评价关注学生的终身发展和职业能力培养，着眼于培养学生的实际应用能力和创新创业意识，为学生未来的职业发展提供有力支持。短期效果评价则帮助评价者了解学生在教育过程中的学习成果和能力提升情况，为教学改进和学生个性化指导提供重要数据支持。

在具体实践中，可以通过以下方式将长期效果与短期效果相结合进行茶专业学生创新传承思想教育评价：一是通过短期效果评价对学生在教育过程中的学习表现和实际能力进行评估，通过课堂观察、作业评定等收集数据，了解学生的学习情况和表现；二是通过长期效果评价对学生在教育结束后的发展情况进行追踪调查和观察，了解学生在工作和生活中的应用情况和表现，评估教育对学生长期发展的影响。

将长期效果和短期效果的评价结果进行对比和综合分析，得出更全面、准确的评价结论，为学生提供更有效的学习指导和发展支持。将长期效果与短期效果纳入统一评价体系，不仅能直观展现学生阶段性的学习收获，还能洞察其长远发展趋势，从而为茶专业学生的学习规划与职业方向提供专业且切实可行的建议。

四是模糊评价与精确评价相结合。模糊评价和精确评价是两种评价方法，它们分别侧重于评价对象的整体特征和具体细节，二者结合可以更全面、准确地评估学生在创新传承思想教育中的学习成果和发展情况。

模糊评价侧重于评价对象的整体特征和概况，通过模糊概念和模糊逻辑进行评价。模糊评价注重对学生在创新传承思想教育中整体表现和素养的把握，不拘泥于细节和具体数据，而是以整体印象和感受为评价依据。模糊评价可以帮助评价者把握学生的整体发展趋势和潜力，从宏观角度了解学生在创新传承思想教育中的表现和特点，为学生提供综合性的评价和指导。

精确评价则侧重于对评价对象的具体细节和数据进行准确评估，通过明确的标准和指标进行量化评价。精确评价注重学生在创新传承思想教育中的具体学术表现、技能掌握程度和创新能力等方面，通过数据统计和实证研究等方式进行精细化评估。精确评价可以为评价者提供具体的数据和指标，帮助评价者更准确地了解学生的学习情况和能力水平，为学生提供个性化的评价和反馈。

将模糊评价与精确评价相结合进行茶专业学生创新传承思想教育评价，可以充分发挥两者的优势，实现评价的全面性和准确性。模糊评价关注学生的整体表现和潜力，通过主观印象和感受进行评价，为评价者提供全面的学生素质评价和发展建议；而精确评价则注重学生的具体学术成绩和实际能力，通过客观数据和指标进行评估，为评价者提供准确的学术评价和学习指导。模糊评价和精确评价相互结合，可以更全面、准确地评估学生在创新传承思想教育中的学习成果和发展状况，为教学改进和学生成绩提升提供科学依据。

在具体实践中，可以通过以下方式将模糊评价与精确评价相结合进行茶专业学生创新传承思想教育评价：一是通过模糊评价对学生的整体表现和潜力进行评估，通过观察、交流和综合分析得出对学生的总体印象和评价；二是通过精确评价对学生的具体学术表现和技能水平进行量化评估，通过考试成绩、作业质量等客观指标评价学生的学习情况。

将模糊评价和精确评价的结果进行对比和综合分析，得出更全面、准确的评价结论，为学生提供更有效的学习指导和发展支持。模糊评价捕捉学生发展的潜在特质，精确评价明确具体成果，两者互补，全方位评估茶专业学生在创新传承思想教育中的学习成效，为后续学习指导与发展支持筑牢根基。

13.3 茶专业学生创新传承思想教育评价的标准和指标

13.3.1 茶专业学生创新传承思想教育评价的标准

一是评价的根本性标准。在进行评价时，需要从专业的角度出发，深入挖掘其内涵，全面评价其效果和实际应用情况。评价标准的制定需要综合考虑茶文化的传承特点、创新能力的培养目标、学生的学习需求和社会的实际需求，确保评价的全面性、科学性和准确性。

首先，评价标准应当围绕茶文化传承的内涵和特点展开。茶文化源远流长，包含了丰富的文化内涵和价值理念，传承思想教育旨在让学生深入理解茶文化的精髓，培养他们对传统文化的热爱和继承意识。因此，在评价标准的制定过程中，需要充分挖掘茶文化传承的核心要素，如茶道、茶礼、茶艺等方面，确保评价的针对性和专业性。其次，评价标准应当紧密结合创新能力的培养目标，关注学生在茶文化领域的创新表现。茶文化传承思想教育旨在培养学生对传统文化的继承与创新能力，评价标准应当着眼于学生在茶文化传承过程中的创新意识、创新能力和实践成果。这包括学生对传统茶文化的理解和解读、在茶文化领域的创新实践和成果展示等方面，评价标准应当充分反映学生在创新传承思想教育中的实际表现和发展状况。再次，评价标准还应当考虑学生的学习需求和社会的实际需求。学生作为教育的受益者，他们的学习需求和成长发展是评价标准的重要依据。评价标准应当综合考虑学生的学习兴趣、学习能力、学习态度等方面的因素，量化学生的学业成绩、创新成果、实践表现等，确保评价的客观性和公正性。最后，评价标准应当关注社会的实际需求，考虑学生在茶文化领域的实际应用能力和职业发展前景，评价标准需要直接关联学生未来的职业发展，确保学生接受的教育能够与社会实际需求对接。总体来说，评价茶专业学生创新传承思想教育的标准需要着眼于专业角度，全面评估学生在茶文化传承领域的学习成果、创新能力和实际应用情况。只有从专业的角度出发，深入挖掘传承思想教育的内涵，才能制定出科学合理的评价标准，确保学生接受的教育能够真正达到预期效果，为学生成长和专业发展提供有力支持。

二是评价的具体性标准。在进行评价之前，明确评价的具体标准是极为关键的一环。通过科学合理的评价，学校、教师和学生更好地了解自己在茶文化传承与创新方面的表现，并进一步指导教育教学工作。评价标准的具体性至关重要，因为茶文化传承与创新不仅涉及学生对传统茶道的理解，还包括他们的创新意识、操作能力和实践水平等多方面。因此评价标准的制定需要细致考量，综合学生的不同特点和教育环境，确保评价的公平性和准确性。

首先，评价标准应该根据学生的思想基础和工作水平来制定。学生的思想基础包括对传统茶文化的了解程度、对创新理念的认知和领悟等方面。在教育评价中，这些因素往往被视为学生创新与传统的结合程度的重要标志。如果学生对茶道的根本原理和文化内涵有深刻的理解，能够将其与现代社会语境相融合，那么他们在茶文化传承与创新上的表现往往也更为优秀。而工作水平则主要体现在学生的实际操作能力、创新实践能力等方面。在茶专业中，学生需要具备熟练的泡茶技艺、创新茶饮的能力等。教育评价标准应该结合这些要素，全面而准确地衡量学生在茶文化传承与创新方面的水平。其次，评价标准应当科学地结合现阶段高校教育、创新创业教育以及大学生自身的现状等因素。高校教育的目标是培养学生的全面素质，创新创业教育则着眼于学生的创新能力和实践能力培养。在茶专业学生的教育中，学校应该在教学计划、课程设置等方面注重茶文化传承与创新的教育内容，使学生接受有关知识和实践训练。评价标准应该与这些教育理念相契合，激励学生积极参与茶文化传承与创新活动，促进其全面发展。再次，评价标准还需要考虑学生自身的现状，包括学习态度、自我管理能力等方面。学生的自身素质和能力也会影响其在茶文化传承与创新方面的表现，因此评价标准需要综合考虑这些因素，帮助学生更好地发挥自身潜力。最后，在总结评价标准时，要遵循具体问题具体分析的原则，保证评价标准的科学性和客观性。只有通过细致的评价标准制定和评估，学校才能更好地了解学生在茶文化传承与创新方面的表现，指导教学工作的开展。茶专业学生在传承与创新思想教育中的评价标准，不仅关系到学生个人的发展，也对整个茶文化产业的创新与传承起到积极的推动作用。因此，在评价标准的制定中，需要考虑到各方面因素，确保评价的准确性和完整性，为学生的成长和发展提供有效的指导。

随着我国进入“两个一百年”奋斗目标的关键时期，茶专业学生创新传承思想教育成为备受关注的话题。这一教育的实施与开展是否符合社会主义现代化的要求，是否符合政治文明、精神文明的建设要求，是否有助于社会主义生产力与生产方式的完善，是否促进了社会的进步与发展，都是需要建立具体的评价标准来衡量的重要内容。在茶专业学生创新传承思想教育的评价中，我们需要设置一系列具体性标准，以确保教育改革能够符合高校育人的总目标与总任务，并推动教育改革的进程。

首先，我们要评估教育是否促进了学生对茶文化传统的传承和理解，以及他们对创新理念的认识和应用。这是茶专业学生创新传承思想教育的核心目标，只有通过具体的评价标准，我们才能准确了解学生在这方面的表现和进步情况。其次，我们需要评估教育是否提升了学生的实际操作能力和创新实践能力。茶专业学生不仅需要具备扎实的泡茶技艺，还需要有创新的思维和实践能力，教育评价标准应该综合考虑这些要素。最后，评价标准还需考虑教育是否完善了专业课的教学模式，是否有效融入思想教育课程，以及是否为茶专业学生创新传承教育改革提供了新的创新方式。专业课的教学模式应该灵活多样，能够激发学生的学习兴趣和创造力，教育评价标准应该衡量教学模式的创新性和实用性。思想教育课程的融入有助于提升学生的思想觉悟和价值观，评价标准也应该反映这一方面的成效。对于茶专业学生创新传承思想教育的改革方式，评价标准应该考量其是否有利于激发学生的创新潜能和实践能力的提升。评价茶专业学生创新传承思想教育的标准应当具体而全面。具体性标准是评价的基础，只有明确定量的指标才能使评价结果更加客观、准确。全面性标准则需要考虑多方面因素，不仅仅关注思想觉悟的提高程度，更应该综合考虑学生是否融入了实际的创新创业实践活动中，以确保他们在茶文化传承与创新方面的全面发展。通过制定具体而全面的评价标准，我们可以更好地指导教育改革工作，实现对茶专业学生创新传承思想教育的有效评估和提升。

13.3.2 茶专业学生创新传承思想教育评价的指标

茶专业学生创新传承思想教育评价的指标对于教育教学工作的有效开展和学生综合素质的培养至关重要。在选择评价指标时，应充分考虑茶专业学生创新传承教育的特点和学生创新创业能力的培养需求，确保评价体系的科学性、客观性和全面性。这些参数应当能够直观反映学生在创新创业方面的表现，为教育管理部门和教师提供重要依据，以促进茶专业学生在创新传承思想教育中的全面提升。

首先，评价指标可包括创新创业项目的数量和质量。通过统计学生参与的创新创业项目数量以及项目的创新性、实用性和影响力等方面的质量指标，可以客观评估学生在实践中的表现和成果。学生参与不同类型的创新创业项目，不仅能够提升他们的实践能力和团队合作能力，更能够培养他们的创新思维和创业意识，为将来的发展奠定基础。其次，学生参与创新创业竞赛的成绩也是一个重要的评价指标。学生通过参与创新创业竞赛，通过比赛的结果和表现，可以评估他们在项目策划、团队合作、落地实施等方面的能力。竞赛是学生展示自我、提升自信、锻炼实践能力的舞台，竞赛表现的好坏直接反映学生的综合素质和实践能力的高低，为教育者提供重要的参考。最后，学生创新创业活动的参与度也是评价指标的重要组成部分。学生积极参与创新创业活动，能够锻炼其实践能力、团队协作能力和创新意识，培养自己的领导力和创业精神。评价学生的参与度，可以反映学生对于创新创业教育的热情和投入程度，为学校和教师提供调整教学策略和改进教学方法的建议。教育管理部门和学校应该致力于建立健全的茶专业学生创新传承思想教育评价指标体系，以科学、客观、全面地评估学生的表现和成绩。建立健全的奖惩机制、制定科学合理的评价标准体系，是确保评价体系有效运行和提升教育质量的基础。评价体系应该从教育者和教育对象两个视角出发，做到既考虑教学过程的有效性，又兼顾学生成长发展的全面性，保证指标体系具有层次性、关联性和有效性。

本书采用 A、B、C 表示三级指标，用阿拉伯数字表示每一层级指标的个数，其中指标的层级是相对概念，可以将 A、B、C 中任何层级作为第一指标，相应的下一级指标便成为二级指标，以此类推（见表 13-1）。

表 13-1　茶专业学生创新传承思想教育评价的指标

一级指标（A）	二级指标（B）	三级指标（C）
创新传承教师队伍指标（A1）	教师人数指标（B1）	专职教师（C1）
		兼职教师（C2）
		创业导师（C3）
	教师素质指标（B2）	思想政治素质（C4）
		知识能力素质（C5）
		个性心理素质（C6）

表13-1(续)

一级指标（A）	二级指标（B）	三级指标（C）
大学生思想成果指标（A2）	创新传承意识（B3）	政治意识（C7）
		机遇意识（C8）
		创新意识（C9）
		竞争意识（C10）
		忧患意识（C11）
		诚信意识（C12）
		传承意识（C13）
	创新传承理想（B4）	家国理想（C14）
		公共利益（C15）
	创新传承观念（B5）	价值观（C16）
		实效观（C17）
	创新传承精神（B6）	吃苦精神（C18）
		勇闯精神（C19）
		务实精神（C20）
		共赢精神（C21）
	创新传承思维（B7）	辩证思维（C22）
		战略思维（C23）
		系统思维（C24）

13.4　茶专业学生创新传承思想教育评价的方法

13.4.1　综合测评法

茶专业学生创新传承思想教育评价的方法是决定了对学生综合能力和发展情况全面把握的重要手段。在茶专业这一特殊领域，培养学生的创新传承思想是十分重要的，因此采用综合测评法对学生在这一领域的表现进行评价，既科学又全面，有助于更好地促进学生成长和教学质量的提升。

首先，综合测评法的全面性体现在对多个方面因素的考量。评价茶专业学生创新传承思想教育时，不仅要看学生的学业成绩，还要考虑他们参与创新创业项目的数量与质量、在竞赛中的表现、实际应用能力和技能水平、创新意识和思维能力等。这些因素层层叠加、相辅相成，能够更全面地了解学生在创新传承思想教育中的发展情况，有利于帮助学校和教师根据实际情况制订有效的教学计划和辅导方案。其次，综合测评法强调评价指标的科学性，这意味着评价指标必须建立在科学的基础上，具备客观性和可量化性。在评价茶专业学生的创新传承思想教育时，评价指标的设定应该基于科学的理论和实践经验，以确保评价的公正和客观。最后，实施综合测评法时，需要运用科学的统计方法和评价工具，对学生的表现进行精准的测量和分析，为评估提供可靠的数据支持，从而更准确地反映学生在创新传承思想教育方面的真实水平。此外，综合测评法还注重评价的纵向性和综合性。纵向性评价意味着评价贯穿学生整个学习过程，从入学起直至毕业，全面追踪学生在创新传承思想教育中的发展，及时发现问题并采取有效措施予以改进。综合性评价则要求不仅仅关注学生在单一方面的表现，还要综合考虑学生在各方面的综合表现，避免片面或主观的评价，确保评价的全面性和客观性。采用综合测评法对茶专业学生创新传承思想教育进行评价，有助于全面了解学生在创新创业方面的发展情况，为学校和教师提供科学依据，促进教学质量的不断提升。同时，综合测评法也能够激发学生的学习热情和创新意识，推动学生在创新传承思想教育中取得更好的成绩。因此教育管理部门和学校应该重视综合测评法在茶专业学生创新传承思想教育评价中的应用，建立科学、客观、全面的评价体系，从而更好地促进学生在这一领域的全面发展和提高。

13.4.2 对比分析法

在茶专业学生创新传承思想教育评价的方法中，对比分析法作为一种评价手段，扮演着探索学生在不同方面表现间联系与差异的重要角色。对比分析法可以分为横向对比与纵向对比两个维度，通过比较不同对象、不同时间点或不同情况之间的差异与联系，为教育管理者和教师提供更全面的评估信息，有助于制订更合理有效的教学计划和改进措施。

首先，横向对比是通过比较不同对象或样本之间的差异和联系来进行评估。在茶专业学生创新传承思想教育的评价中，横向对比可以帮助教师分析不同学生、不同班级或不同专业之间在创新传承思想教育方面的表现和成绩差距。通过对比分析的结果，可以辨别出不同学生群体之间的差异和优势，让评价者更好地了解学生在创新传承思想教育中的发展状况，找出存在的问题和改进的方向，为采取相应措施提供参考。其次，纵向对比则是对同一对象在不同时间点或不同情况下的表现和发展趋势进行比较。在茶专业学生创新传承思想教育的评价中，纵向对比可以通过分析同一学生在不同学期或不同年级的成绩和发展情况，或者追踪同一学生在不同阶段的表现变化，来了解学生在创新传承思想教育中的成长轨迹和进步情况。这种对比分析的方法可以为学校和教师提供更准确的评估和指导，有助于他们制订更科学的教学策略和个性化教学计划。

对比分析法在茶专业学生创新传承思想教育评价中的应用具有重要意义。通过对不同对象或不同时间点的对比分析，能充分了解学生在创新传承思想教育中的优势和不足，为学校和教师提供针对性的教学改进和指导建议。此外，对比分析也能够帮助教师发现学生在创新传承思想教育方面的潜在问题，并及时采取相应措施加以改进，以促进学生全面发展和提高综合素质。在实施对比分析法时，需要重视数据的准确性和充足性，确保比较对象和数据来源的科学性和可靠性。同时，对比分析的结果应结合实际情况进行综合评估，避免主观片面的评价，保证评价的客观性和科学性。教育管理部门和学校应重视对比分析法在茶专业学生创新传承思想教育评价中的应用，建立科学的评价体系，持续改进评价方法，以促进学生在这一领域的全面发展和提高。

13.4.3 过程分析法

茶专业学生创新传承思想教育评价的方法之一是过程分析法。教育对象的思想转变和提升需要长期的反复积累，这一过程中包含了意识、理想、观念、精神、思维等方面的培养和树立。通过量的积累，可以实现质的飞跃，这是茶专业学生创新传承思想教育过程中十分重要的一环。

过程分析法实际上是唯物主义辩证法在大学创新创业思想教育中的具体运用。它强调了在评价创新创业思想教育效果时，需要将其置于思想发展的长期过程中进行考察，以求全面、客观地了解教育的实际效果。过程分析法强调了教育的长期性和渐进性。在茶专业学生创新传承思想教育中，学生的思想转变和提升是一个渐进的过程，需要经过长时间的反复积累和磨炼。这一过程包括了学生意识形态的转变、理想的确立、观念的更新、精神境界的提升和思维方式的改变等方面。只有通过长期的教育过程，才能让学生逐步树立创新传承思想，实现对知识、技能和态度的全面提升。

在茶专业学生创新传承思想教育中，过程分析法还强调了对学生在思想领域的量的积累。这种量的积累可以是学习经验、实践活动、心理素质的培养等方面，通过这些积累，学生可以逐渐实现对创新传承思想的深刻理解和内化，从而实现质的飞跃，即对创新思维和传统文化的传承能力有了质的提升。过程分析法实际上是唯物主义辩证法在大学创新创业思想教育中的具体运用。唯物主义辩证法强调了事物发展的辩证统一性，强调了事物发展的渐进性、曲折性和量变到质变的转化过程。在茶专业学生创新传承思想教育中，过程分析法运用了唯物主义辩证法的观点，强调了教育的渐进性和发展阶段性，以及思维方式的转变和质的飞跃。

通过对教育过程中学生思想发展的长期观察和分析，可以更全面地了解学生在创新传承思想教育中的实际效果，为今后的教学和指导提供科学依据和指导。在实际应用过程分析法进行评价时，需要重视教育的长期性和渐进性，关注学生在思想领域的积累和转变过程，避免急功近利的评价方式。同时，评价过程中要进行全面观察和分析，注重定量和定性相结合，确保评价结果的客观性和科学性。只有这样，才能更好地了解学生在创新传承思想教育中的实际表现，为教育实践的改进和学生思想能力的提升提供有益的参考与指导。通过过程分析法对茶专业学生创新传承思想教育进行评价，可以更加全面地考查学生的思想成长轨迹和发展情况，为学校和教师提供有效的改进措施和指导建议，促进学生在创新传承思想教育中的全面发展和突破。

13. 4. 4 追踪反馈法

追踪反馈法是茶专业学生创新传承思想教育中重要的评价方法之一。这种方法的根本目的在于通过持续追踪学生思想教育领域的成长和发展过程，及时获取学生的反馈信息，评价之前教育工作的效果，以便对接下来的教学和指导工作进行调整和改进。在茶专业学生的创新传承思想教育领域，追踪反馈法不仅强调了对学生整体成长过程的关注，也注重对教育工作连续性和系统性的评估，从而推动学生在创新传承思想教育中的全面提升和发展。

追踪反馈法的应用有助于教育管理者和教师及时了解学生在思想领域的成长状况。通过持续收集和分析学生在创新传承思想教育过程中的反馈信息，教育管理者和教师可以更准确地评估教育效果，识别可能存在的问题，并及时调整教学策略和方法，以更好地满足学生的需求，提高教育的质量和效果。这种持续的反馈机制有助于在教学过程中进行及时的优化和调整，从而更好地引导学生的学习和成长。追踪反馈法的核心特点在于持续性和循环性。在茶专业学生创新传承思想教育中，教育工作者需要持续跟踪学生的学习和成长情况，及时获取他们的反馈信息，并将这些信息有针对性地应用于后续的教育工作中。通过不断追踪和反馈，可以建立一个良性循环，不断优化教育过程，提高教育的有效性。这种持续的追踪和反馈机制能够帮助教育工作者及时发现问题，及时做出调整，有效地推动学生的成长和发展。

此外，追踪反馈法强调了周期性评价的重要性。创新创业思想教育是一项长期性的工程，需要经历多个阶段和周期来完成学生的全面发展。因此追踪反馈法可以作为每个周期结束和下一个周期开始的重要环节。通过对上一个周期教育工作的总结评价，教育工作者可以为下一个周期的教育工作做出准备和调整，确保教育目标的顺利实现。这种周期性评价有助于教育工作者全面、系统地了解教育工作的成效，及时调整教学策略，为学生提供更好的学习体验和成长环境。在茶专业学生创新传承思想教育中，追踪反馈法是一种有效的评价方法，可以帮助教育工作者更好地了解学生的成长情况，及时调整教育工作，提高教育质量和效果。通过持续跟踪和反馈，可以实现教育工作的优化和创新，促进学生的全面发展和提高。持续的反馈和周期性的评价将为茶专业学生的创新传承思想教育提供更有针对性和有效性的评价和指导，为学生的成长与发展铺平道路。

14　新中式茶饮视角下茶专业教学与创新创业教育的融合

14.1　茶专业创新创业教育与专业教育融合的必要性

在当下，新中式茶饮市场呈现出蓬勃发展的态势，以创新的茶饮产品、独特的文化氛围和时尚的消费体验，迅速吸引了大量年轻消费者，成为饮品行业的新热点。茶专业作为培养茶文化传承与创新人才的专业领域，其教育目标不仅要传授传统茶文化知识与制茶技艺，更要顺应时代发展，满足市场对创新型茶产业人才的需求。在此背景下，新中式茶饮视角下，茶专业的创新创业教育与专业教育的融合已成为一种必然趋势。通过这种融合，能够让学生在掌握扎实专业知识的基础上，培养创新思维和创业能力，更好地适应新中式茶饮行业对复合型人才的需求，推动茶产业在创新中实现高质量发展。

14.1.1　适应数字经济创业新样态的必然趋势

随着数字经济的兴起，越来越多的毕业生选择在数字经济领域进行就业创业，这种新的就业趋势需要高校培养更多具备数字经济应用能力的创业人才。2023 年 3 月，东北师范大学就业创业教育研究院与阿里研究院共同发布的《高校毕业生数字经济就业创业专项调研》报告显示，数字经济领域就业创业比例已达 11.68%，并且呈逐年上升的趋势。这表明数字经济领域的创业就业机会正不断增加，高校应紧跟时代的步伐，培养符合市场需求的人才。

数字经济的蓬勃发展给传统的就业形态带来了新的变化，高校需要调整自身的教育体系，更好地适应数字经济发展的新趋势。在这样的大环境下，新中式茶饮视角下茶专业的创新创业教育与专业教育融合显得尤为重要。茶饮行业作为中国传统文化的重要组成部分，在数字经济时代同样需要不断创新。新中式茶饮将中国传统茶文化与现代科技相结合，推动了茶行业的创新发展。在这一背景下，传统茶专业的教育也需要与时俱进，结合现代创业理念和数字经济的发展趋势，为学生提供更多创新创业的机会和平台。茶专业的创新创业教育主要包括对茶文化的深入了解和传承、对茶饮行业的市场调研和创新意识培养等方面。通过培养学生对于茶文化的热爱和理解，激发学生对于茶行业发展的激情和创新精神。同时，结合数字经济的发展趋势，学校可以引入更多数字技术和互联网思维，拓宽学生在茶饮行业创业的视野，培养学生的数字化营销能力和创新意识，让学生能够更好地适应数字经济时代的创业环境。茶专业的教育与创新创业教育的融合不仅能够促进学生对于传统茶文化的传承和发展，还能够培养学生在数字经济领域的创业能力和竞争力。在数字经济时代，传统行业也需要不断创新和发展，茶饮行业作为传统文化产业中的重要一环，也需要与时俱进，不断适应市场需求和发展趋势。综上所述，新中式茶饮视角下茶专业的创新创业教育与专业教育的融合已经成为必然趋势。高校应该不断调整教育体系，结合数字经济的发展趋势，为学生提供更多创新创业的机会和平台，培养更多具备数字经济应用能力的创业人才。

14.1.2 加强高校综合型人才培养的迫切需要

茶专业的创新创业教育与专业教育的融合不仅帮助学生更好地适应数字经济创业新样态的趋势，也加剧了高校综合型人才培养的迫切需要。高校作为综合性人才培养的重要机构，需要在不断调整教育理念和培养模式的同时，紧跟社会发展的步伐，以满足社会对创新能力和复合型专业素养人才的需求。

在社会经济结构和科技发展模式发生深刻变革的背景下，高校培养学生不仅是为了传授知识，更是为了培养他们具备适应未来社会的能力和素养。在数字经济时代，创新能力和复合型专业素养成为关键。传统的专业教育往往强调专业知识的传授，而忽视了学生创新思维、实践能力和跨学科的综合素养。因此将茶专业的创新创业教育与专业教育融合起来，有助于学生在学术知识和实践技能上都能得到全面发展，提升其适应未来社会发展的竞争力。

在新中式茶饮视角下，茶专业的创新创业教育与专业教育的融合不仅仅是对茶文化传承的重要一环，更是加强高校综合型人才培养的迫切需要。这种融合能够促进学生综合素质的提升，培养学生的创新精神和实践能力，让他们能够在未来的职场竞争中脱颖而出。在数字经济时代，创新能力和综合素养成为高校毕业生就业竞争力的核心。只有具备这些素质的学生才能适应社会发展的需求，获得更多的就业机会。因此高校需要重视茶专业的创新创业教育，将其与专业教育融合起来，提升学生的综合素质，使他们具备更强的适应能力和竞争力。茶专业的创新创业教育注重培养学生的实际动手能力和跨学科综合素质。通过创新创业项目的设计和实施，学生可以锻炼自己的创新思维，培养解决实际问题的能力，提升团队协作和沟通能力。专业教育则为学生打下扎实的专业基础，让他们具备更加全面和深入的专业知识。这种融合教育模式不仅使学生在学术研究和实践技能上能够全面发展，还能够培养学生的创造力和创新精神，为他们未来的发展打下坚实的基础。总体来说，在当前社会经济结构和科技发展模式发生深刻变革的背景下，高校加强综合型人才培养的迫切需要不言而喻。将茶专业的创新创业教育与专业教育融合起来，不仅有助于学生在综合素质上的全面提升，更能够培养学生具备创新能力和复合型专业素养，使他们能够适应未来社会的发展需求。

14.1.3 推进电子商务新业态发展的必然选择

茶专业的创新创业教育与专业教育的融合不仅有助于学生更好地适应数字经济创业新样态的趋势，同时也推动着电子商务新业态的发展。随着数字经济的冲击，传统电子商务信息交易功能再次被打破，新兴业态如“直播电商”“社交电商”和“同城零售”正在崛起。这些新业态的兴起催生了电子商务领域的创新和变革，而茶专业的创新创业教育与专业教育的融合则成为推动这些新业态发展的必然选择。

电子商务作为新型线上营销实践的数字职业，具有门槛低、效率高、迭代周期短等特点，使其迅速成为热门领域，并呈现出三大发展趋势。首先，直播电商逐渐崭露头角，通过直播形式展示产品、带货拼团等方式吸引消费者，成为电商领域的一大亮点。其次，社交电商以社交关系链为核心，通过社交平台进行商品销售和推广，为传统电子商务注入了更多社交元素。最后，同城零售则强调线上线下融合，通过线上平台实现同城配送和服务，提高购物体验和服务质量。在这一背景下，茶专业的创新创业教育与专业教育的融合具有重要意义。

茶饮作为中国传统文化的重要组成部分，结合电子商务的发展，可以开拓更广阔的市场空间。通过创新的营销策略和电子商务平台，可以让传统茶文化更好地走向世界，吸引更多消费者的关注和喜爱。此外，茶专业的学生经过创新创业教育的培养，可以更好地利用电子商务的新业态开展品牌推广和销售，提高茶饮行业的市场竞争力。新中式茶饮的发展与电子商务的新业态密切相关，通过融合茶专业的创新创业教育和专业教育，可以为电子商务的进一步发展提供新的动力和创新点。随着消费习惯和市场需求的变化，茶饮行业也需要不断创新，与电子商务新业态相结合是必然的选择。茶专业的学生在接受创新创业教育的同时，也需要具备电子商务相关知识和技能，以适应快速变化的市场环境，抓住新业态的机遇，实现茶饮行业的可持续发展。因此推进茶专业创新创业教育与专业教育融合，不仅有助于培养具备创新能力和商业思维的茶专业人才，还可以促进电子商务新业态的发展。通过电子商务平台，茶专业学生可以实践创新理念，拓展茶饮行业的营销渠道，提高品牌知名度和市场份额。这种融合教育模式不仅能为茶饮行业带来新的机遇和挑战，推动行业的创新发展，为茶文化的传承与发展注入新的活力。综上所述，在新中式茶饮视角下，将茶专业的创新创业教育与专业教育融合起来，不仅有助于学生适应数字经济创业新样态的趋势，还是推动电子商务新业态发展的必然选择。茶饮行业与电子商务的融合不仅能为传统文化的传承与发展带来新的机遇，而且能为茶专业学生提供更广阔的发展空间和职业选择。

14.1.4 提升学生就业创业胜任力的内在要求

茶专业的创新创业教育与专业教育的融合不仅有助于提升学生的综合素质和创新能力，更能够提升学生的就业创业胜任力，为毕业生解决综合能力和创业胜任力不足的问题提供关键支持。高校创新创业教育与专业教育的融合成为当务之急，不仅能够促进学生全面发展，还能够为他们的就业创业质量作出重要贡献。

随着社会经济的不断发展和就业市场的日益激烈的竞争，提升学生的就业创业胜任力已成为高校教育的内在要求。传统的专业教育往往注重学生对于专业知识的获取和掌握，而忽视了学生实际应用这些知识的能力和创新思维的培养。在这样的情况下，创新创业教育的融合便成为解决学生能力不足问题的有效途径。通过将创新创业理念融入茶专业的教育，激发学生的创造力、团队合作能力和解决问题的能力，使他们更具备应对未来就业创业挑战的实力。新中式茶饮视角下，创新创业教育与专业教育的融合有助于提高学生的就业创业胜任力和适应能力。茶饮行业作为传统文化产业的重要组成部分，同时又受到数字经济时代的影响，需要具备更多的创新思维和营销策略来适应市场的变化。通过创新创业教育的培养，学生可以更好地理解市场需求，提升产品设计和营销能力，从而为茶饮行业的发展注入新的活力。而专业教育则为学生打下坚实的专业基础，让他们具备更深入的专业知识和技能，以便学生在实践中更好地应用所学知识。

创新创业教育与专业教育的融合不仅能够培养学生的创新意识和实践能力，还可以提升学生的综合素质和团队合作能力，使他们更具备应对职场挑战的能力。在数字经济时代，创新和创业已经成为许多行业的发展关键，高校教育需要与时俱进，为学生提供更能适应实际就业创业需求的教育模式。只有通过创新创业教育与专业教育的融合，学生才能更好地适应社会发展的需求，提升其就业创业胜任力，实现自身的发展目标。在茶专业领域，创新创业教育与专业教育的融合不仅有助于学生更好地了解市场需求和行业发展趋势，还可以培养学生的创新思维和实践能力，提高其在就业创业中的竞争力。通过创新创业教育的培养，学生可以接触到最新的商业模式和营销策略，学习如何应对市场挑战和竞争，为未来在茶饮行业中实现个人发展打下坚实基础。专业教育则为学生提供更专业的知识和技能支持，在实践中更好地应用所学知识，提高工作实效和创造力。综上所述，新中式茶饮视角下，将茶专业的创新创业教育与专业教育融合起来，提升学生的就业创业胜任力已经成为高校教育的内在要求。

14.2 茶专业创新创业教育与专业教育融合的原则

14.2.1 互补性原则

在新中式茶饮的发展潮流中，互补性原则是茶专业创新创业教育与专业教育融合的关键要点。创新创业教育的核心在于培养学生创新精神和锻炼学生创新思维，这对学生的综合素质提升至关重要。创新思维被视为技术创新的动力，能够使学生创造性地运用知识，打破固有定式，提高学生创业能力和创造性解决问题的能力，最大限度地调动学生的热情和积极性。因此创新创业教育与专业教育之间存在相辅相成的关系，二者的融合是非常必要的。

在茶专业的教育中，创新创业教育与专业教育的融合原则中的互补性体现在多个方面。首先，专业教育为学生提供了坚实的专业知识和技能基础，让学生具备了在茶叶生产、加工、鉴赏等方面的基本能力；创新创业教育则注重培养学生的创造力、团队合作能力和市场洞察力，使学生能够更好地将专业知识应用到实际的创业实践中。通过将这两方面教育相结合，学生既能够掌握专业知识技能，又能够具备创新创业所需的能力，实现知识与实践的有机融合，使其更具竞争力。其次，创新创业教育与专业教育的融合还可以帮助学生拓宽视野，培养综合素质。在专业教育中，学生往往会深入研究某一领域的知识，掌握专业技能，但在实际的创业实践中，需要更广阔的视野和更全面的能力。创新创业教育注重培养学生的创新意识、团队协作和解决问题的能力，通过创业项目的设计和实施，让学生接触到更多的实践机会，从而提高他们的综合素质。两者的结合可以让学生既具备了专业知识和技能，又培养了创新能力和实践能力，使他们具备更强的适应能力和竞争力。再次，创新创业教育与专业教育的融合还可以促进学生的职业发展和个人成长。通过创新创业教育的培养，学生可以更好地了解市场需求、掌握商业运作技能，从而为未来的就业创业做好准备。同时专业教育为学生提供了行业背景和专业知识支持，让他们有更多的选择和机会。融合这两方面教育的原则，不仅可以满足学生个人追求成长的需求，还能够为他们在职业发展中提供更广阔的平台。最后，创新创业教育与专业教育的融合通过互补性原则，可以实现知识的传递和创新能力的培养。专业教育为学生提供了必要的理论基础和实践技能，而创新创业教育则激发学生的创新潜力和实践能力，促使其将所学知识转化为实际成果。两者之间相互补充，能够实现知识的创新和传递，提升学生的综合能力和竞争力。通过这种互补性原则的融合教育，学生可以充分发挥自身潜力，实现个人价值，为社会的发展和进步作出贡献。综上所述，在新中式茶饮视角下，将茶专业的创新创业教育与专业教育融合的原则之一是互补性原则。创新创业教育与专业教育之间相互促进、相互补充，能够提升学生的综合素质、拓展学生的视野、促进学生的职业发展和个人成长，实现知识传递和创新能力培养。通过互补性原则的融合教育，茶专业的学生可以更好地适应商业环境的挑战，提高自身的竞争力，为茶饮行业的发展注入新的活力，为社会的进步和繁荣作出贡献。

14. 2. 2 适应性原则

从新中式茶饮视角出发，适应性原则在茶专业这两种教育融合过程中不可或缺。高校在培养学生时需要深入研究学生的发展需求和成长规律，使学生能够准确把握所学学科的最新发展趋势、前沿技术以及发展成效，避免脱离专业进行盲目创业。为实现这一目标，创新创业教育与专业教育需要实现内在的统一，让所学、所教与所用形成有机联系，为学生提供更为贴近实际需求的教育。适应性原则的核心在于根据学生的具体情况和需求来调整教学内容和方式，使教育更加贴近学生的成长轨迹和未来发展方向。

在茶专业中，以适应性原则为基础，创新创业教育与专业教育的融合需要根据学生的学习背景、兴趣爱好和职业规划来设计教学内容，让学生在学习过程中更容易将知识与实践联系起来。只有教育内容与学生需求相匹配，才能真正激发学生的学习热情和创新潜力，提升其就业创业的能力。适应性原则要求高校教育者深入研究茶专业学生的发展需求和职业发展规律，从而针对性地提供创新创业教育和专业教育。茶饮行业作为一个传统文化产业，随着数字经济的发展，也面临着新的挑战和机遇。通过适应性原则的融合教育，学生可以更好地了解行业发展的趋势和需求，准确把握市场变化，提前规划自身的职业发展方向。通过了解学生的具体情况和职业规划，高校可以为学生量身定制课程和实践项目，帮助他们更好地适应行业发展的需求，提高就业创业的成功率。适应性原则还要求创新创业教育与专业教育之间形成有机联系，让学生在知识学习和实践经验中形成统一的视角。在茶专业中，学生需要掌握茶叶的种植、加工、品质评定等专业知识，同时也需要了解茶饮市场的发展趋势、消费者需求以及营销策略。通过将专业知识与创新创业能力相结合，学生可以在实践中更好地应用所学知识，开展创新的茶饮业务，提升行业竞争力。通过教育的适应性原则，学生可以更好地适应行业的发展要求，实现个人价值和职业目标。

因此，高校需要深入了解学生的发展需求和成长规律，根据学生的具体情况设计个性化的教育方案，帮助学生更好地适应行业发展的要求。通过适应性原则的融合教育，茶专业的学生可以充分发挥自身潜力，实现个人价值，为茶饮行业的发展注入新的活力，为社会的进步和繁荣作出贡献。高校应积极倡导这种融合教育模式，为学生提供更为全面和贴近实际需求的教育资源，促进茶专业学生的全面发展和职业成功。适应性原则的融合教育将激发学生的创新潜力，培养创业精神，为茶专业学生在竞争激烈的就业市场中脱颖而出，实现个人的职业发展目标。

14. 2. 3 渐进性原则

在新中式茶饮蓬勃发展的大背景下，渐进性原则是推动茶专业创新创业教育与专业教育融合的重要遵循。这一原则强调了学生在学习过程中逐步领悟创新创业教育的重要性，激发其主动性和探究性，从而使创新创业教育能够顺利融入专业教育的全过程。高校需要调整人才培养模式，将专业教育和创新创业教育融合到理念认知层面，为学生提供更为全面和贴近实际需求的教育。渐进性原则要求高校重视学生的主动性和探究性，引导学生逐渐领悟创新创业教育的重要性。

在茶专业教育中，学生需要通过实践和探索来理解创新创业的概念和意义，从而将创新的理念融入茶叶生产、加工和营销等方面。学生的主动性和积极性是创新创业教育成功的关键，通过渐进性原则，可以激发学生的学习热情和自我探究的意识，培养其创新创业的能力和思维。此外，高校也需要调整人才培养模式，将专业教育和创新创业教育的融合提升到理念认知层面。在传统茶叶产业面临数字化和市场化的挑战下，学生需要具备创新创业的能力和观念，才能适应行业发展的需求。通过将创新创业教育融入专业教育的理念认知层面，可以让学生在学习过程中深刻理解创新创业的重要性，并将其融入实际的专业实践。高校可以通过调整课程设置、教学方法和实践项目，让学生在学习过程中不断接触和体验创新创业的过程，培养其创新创业的意识和能力。渐进性原则的融合教育模式可以有效地促进茶专业学生的创新创业能力的培养。通过逐步引导学生对创新创业的认知和理解，激发其对创新的兴趣和积极性，培养其自主学习和探究的能力，为其未来的创业实践打下良好的基础。

在新中式茶饮视角下，茶专业学生需要不断适应市场变化和行业发展趋势，具备创新精神和创业意识，才能在竞争激烈的市场中脱颖而出。渐进性原则的融合教育模式可以帮助学生逐步领悟和实践创新创业的重要性，提升其就业创业的能力，为茶饮行业的发展注入新的活力。通过重视学生的主动性和探究性，逐步引导学生领悟创新创业的重要性，调整人才培养模式，将专业教育和创新创业教育融合到理念认知层面，可以有效提升学生的创新创业能力，帮助他们适应行业需求，实现个人发展目标。

14. 2. 4 系统性原则

立足新中式茶饮领域，系统性原则贯穿茶专业两种教育融合的始终。专创融合作为创新思维与专业知识的密切结合，创业能力培养和岗位实践的统一，人才培养目标由“技能型”向“创业型、复合型、综合型”人才的转变，必须遵循系统性原则。这意味着创新创业教育不仅是引进几个双师型教师或者开设几门创业课程，而是将创新创业理念贯穿于专业人才培养的整个系统中，从总体规划到具体实施，从课程体系到专业设置，从学校到社会实现两者的无缝衔接，以打造全方位、立体化的融合教育体系。

系统性原则要求将创新创业教育融入茶专业人才培养的全过程中，实现专创融合。作为传统文化领域的一部分，茶文化在当代社会依然具有重要意义，融合创新创业教育可以为茶专业学生提供更为全面的能力培养，使其在行业内具备竞争力。例如，学生不仅要掌握茶叶的生产加工技术，还要了解茶市场的营销策略、消费者需求等，从而实现创新的茶产品和服务。系统性原则强调了创新创业教育与专业教育之间的有机结合，通过跨学科的教学和实践项目，促进学生综合能力的提升，实现学生创业能力的培养和岗位实践的统一。

在系统性原则的指导下，创新创业教育应当贯穿于整个专业人才培养系统中。这需要学校从课程设置和教学方法上进行调整，将创新创业元素融入专业课程，为学生提供创新创业的知识和技能培训。例如，学生可以通过参与创业项目、实践活动等方式，锻炼创新思维和团队合作能力。同时，学校还需要与社会产业界进行紧密合作，为学生提供实践机会和行业资源，促进创新创业理念在实践中的应用。通过这种系统性的融合教育模式，学生可以更好地理解专业知识与创新创业之间的关联，为将来的职业发展打下坚实基础。系统性原则的融合教育模式要求学校和教育者深入思考如何将创新创业教育融入专业人才培养的全过程。这不仅仅是教育内容的更新和调整，更是一种教育体系和机制的变革。学校需要对教育资源和环境进行整体规划和协调，促进创新创业教育与专业教育的有机结合。只有实现系统性的融合教育，才能真正实现专创融合的目标，培养适应当代社会发展需求的复合型、综合型人才。

通过建立全方位、立体化的融合教育体系，将创新创业教育贯穿于专业人才培养的全过程中，可以有效提升学生的创新创业能力和综合素质，使其更好地适应现代社会的发展需求。系统性原则的融合教育模式可以激发学生的创新潜力，培养创业精神，为茶专业学生打开更广阔的职业发展空间，为茶饮行业的发展注入新的活力，为社会的进步和繁荣作出贡献。高校应积极倡导这种系统性的融合教育模式，为学生提供更为全面和贴近实际需求的教育资源，促进茶专业学生的全面发展和职业成功。通过系统性原则的融合教育，茶专业的学生将更好地适应市场的挑战，提高自身的竞争力，为茶饮行业的创新和发展作出贡献。

14.2.5　开放式原则

以新中式茶饮为视角，开放式原则为茶专业创新创业教育与专业教育的融合注入新活力。开放式原则强调了高校教育的创新精神，通过跨专业联合开放的方式，为学生提供更广阔的学习空间和机会，打破了传统专业教育中的学科限制，促进了不同学科间的融合和合作，开启了跨学科学习和创新的新篇章。

在传统的专业教育中，学生通常受限于所学专业的范畴，缺乏对其他学科知识和技能的接触和理解，这可能会限制他们的视野和创新能力。而跨专业联合开放的教育模式能够让学生跨越学科的界限，与其他专业的学生合作、交流、学习，拓展自己的学术视野和思维方式。在茶专业中，学生不仅需要掌握茶叶的种植、加工和品质评定等专业知识，还需要了解茶文化、市场营销、消费者行为等跨学科知识，以应对复杂多变的市场需求。开放式原则的教育模式提倡跨学科合作与融合，为学生提供了更为开放和自由的学习环境。通过与其他专业学生的协同学习和合作，学生可以从不同学科领域获取知识和技能，拓展自己的学习范围，增强综合应用能力。例如，茶专业学生可以与设计专业学生合作开展茶饮品牌设计，与商学院学生共同探讨茶饮市场策略，从而提高自身的设计能力和商业思维。这种跨学科合作不仅能够促进知识交流和共享，还可以激发跨界创新和创业的潜力，培养学生的团队合作和创新能力。

开放式原则的教育模式还强调了学校与社会、产业界的合作与开放。高校应当与企业、行业协会等外部机构进行紧密合作，为学生提供实践机会、行业资源，促进教育资源的跨界分享和整合。例如，学校可以与茶企合作举办创新创业大赛，邀请业内专家给予指导和评价，为学生创业提供更为实际的支持和指导。通过开放式的教育模式，学校与社会之间的联系更为紧密，学生可以更好地理解行业发展的需求和趋势，为将来的就业创业做好准备。

通过跨专业联合开放的教育模式，学生可以实现学科间的融合与合作，拓展自己的学术视野和知识广度，培养自主学习和创新能力，为茶饮行业的发展注入更多新鲜思维和创意。开放式原则的教育模式推动了学校教育的创新和发展，促进了专业教育与创新创业教育的有机融合，为茶专业学生提供更为丰富和多元的学习体验，助力他们实现个人职业发展目标，为社会的进步和繁荣作出贡献。高校应积极倡导这种开放式的教育模式，为学生提供更为开放和多元的学习环境，促进茶专业学生的全面发展和创新能力的提升。通过开放式原则的融合教育，茶专业的学生将更好地适应行业发展的需求，实现个人价值和职业成功。

14.3 茶专业创新创业教育与专业教育融合的表现形式

14.3.1 理念认知融合

在新中式茶饮的浪潮下，理念认知融合是茶专业创新创业教育与专业教育融合的关键起点。

当前，人们普遍认同“思想决定行动”，可见，要推进创新创业教育与专业教育融合，必须首先促使相关利益主体包括学校领导、教师、学生和社会各界对这一理念进行认同。只有当各方都认同创新创业教育和专业教育融合的重要性和必要性，才能形成合力，推动融合的深入发展，从而为茶专业学生提供更为全面和现实的教育体验。理念认知融合形式的创新创业教育与专业教育融合，旨在引导学校领导、教师、学生等相关利益主体认同融合的理念，并将这一理念融入教育实践和学习过程中。

在茶专业中，由于茶饮产业的快速发展和变革，学生需要具备创新创业思维和能力，以适应市场需求，掌握行业发展的先机。理念认知的融合形式将创新创业的理念融入专业教育的各个环节中，引导学生深刻理解和认同创新创业对于个人成长和行业发展的重要性，从而促进学生的综合素质和创新能力的提升。学校领导是推动创新创业教育与专业教育融合的关键力量。他们需要认识到新中式茶饮行业的发展趋势和需求，意识到创新创业教育对于学生就业和社会创新的重要性，从而制定相应的教育政策和目标。教师则需要更新教育观念，积极参与创新创业教育的课程设计和教学实践，引导学生培养创新思维和实践能力。学生则应当通过参与创新创业项目、实践活动等，体验创业过程，认识到创新创业对于个人成长和职业发展的重要性。同时，社会各界也需要支持并参与创新创业教育与专业教育融合，提供实践机会和合作资源，促进教育资源的共享和整合。理念认知融合的创新创业教育与专业教育融合，需要学校从教育理念、目标设定、课程设置、教学方法等方面进行全面的调整和优化。学校应当强调创新创业教育与专业教育的关联性和互补性，将创新创业的理念贯穿于专业教育的全过程。例如，在茶专业的课程设置中，可以增加创新创业相关的课程，开设创业导师制度，加强实践教学环节，引导学生从理论到实践的全面发展。通过这种理念认知融合的方式，学生可以更好地理解并认同创新创业的重要性，培养创新创业的意识和能力，为将来的就业创业做好准备。

理念认知融合形式的创新创业教育与专业教育融合，不仅是教育内容和形式的改革，更是一种教育理念和文化的传承。通过促使各方认同创新创业教育与专业教育融合的理念，构建共识和协作机制，实现理念的传播和实践，可以推动创新创业教育与专业教育的有效融合，为茶专业学生提供更为全面和贴近实际需求的教育资源，助力他们实现个人职业发展目标，为社会的进步和发展作出贡献。

14.3.2 师资建设融合

以新中式茶饮为切入点，师资建设融合成为推动两种教育融合的有力支撑。在高校内部，教师在推进创新创业教育与专业教育融合中扮演着至关重要的角色。教师不仅需要具备较强的专业胜任力，还需要不断提升创新创业教育的素养和能力，以引领学生走向创新和创业的道路，实现专业教育与创新创业教育的有机融合。师资建设融合的表现形式要求教师能够充分利用已有的教学成果和创新成果，将其效益最大化，将创新创业的理念融入专业教育。

在茶专业中，教师不仅要具备扎实的茶叶生产加工知识，还要了解茶业市场的动态、消费者需求和创新趋势，从而引导学生在专业知识的基础上进行创新和创业实践。教师不仅是传授知识的源泉，更是学生成长成才的引导者和启蒙者，需要激发学生的创新潜力，引导他们探索茶饮行业的未来发展方向。师资建设融合的表现形式还要求教师具备正确的创业价值观和择业观，潜移默化地将这些观念融入日常教学任务。教师应当注重培养学生的创业精神和团队合作能力，引导他们树立正确的创业理念和道德观。通过榜样力量和引导作用，教师可以影响学生的思想观念和行为习惯，帮助他们树立正确的职业目标和人生追求，为茶专业学生的创新创业之路铺平道路。在师资建设融合的模式下，学校可以通过培训、学习交流、团队合作等方式提升教师的创新创业教育能力和专业水平；还可以邀请行业专家和企业家来校举行讲座并进行指导，为教师提供创新创业的最新动态和案例分享，激发教师对创新创业教育的热情和兴趣。同时学校还可以建立创新创业教师团队，促进教师之间的交流合作，共同思考创新创业教育与专业教育融合的路径和方法，推动师资建设的共同发展。

师资建设融合的表现形式还强调了教师的角色转变和责任担当。教师不再是传统意义上的知识传授者，而是学生的引路人和榜样。教师需要具备跨学科的思维和全球化的视野，为学生打开创新创业的大门，帮助他们探索茶饮行业的未来发展方向。这就要求教师还要不断学习和提升自己的创新创业教育能力，与时俱进，与产业接轨，为学生提供最为前沿和实用的教育资源。总之，可通过提升教师的创新创业教育能力和专业水平，激发教师与学生之间的友好互动，促进师生共同成长和发展，推动创新创业教育与专业教育的融合。高校应该重视教师的师资建设，通过引入创新创业理念、提升教师的专业水平和能力，为茶专业学生提供高质量的教育资源和支持，助力他们实现个人职业发展目标，为茶饮行业的创新和发展注入新的活力。师资建设融合不仅是教育体系和机制的变革，更是教育文化和传统的传承，需要学校和教育者共同努力，为创新创业教育与专业教育的融合搭建坚实的师资基础。

14.3.3 课程体系融合

在新中式茶饮蓬勃发展的背景下，课程体系融合是实现教育融合的核心环节。为了更好地培养学生的创新精神和创业能力，课程体系的融合成为推动这一目标实现的关键举措。

在这一融合中，我们可以看到许多具体的表现形式，包括根据学生实际需求增设创新创业必修、选修等“X+创业”类课程、创办实践基地和实体实验室、鼓励学生积极参与教师的科研工作，以及整合调动各学院优势资源，建立跨专业动态创新创业团队等方法。课程体系融合的表现形式旨在通过优化课程设置，增强学生的实践能力和创新意识，打破传统学科之间的壁垒，为学生提供更全面、多元的学习体验。

在茶专业中，课程体系融合的关键在于将创新创业元素融入专业教育，旨在培养学生的综合素质和创新能力，使他们能够在竞争激烈的茶饮市场中脱颖而出。首先，课程体系融合的一项具体表现是根据学生实际需求增设创新创业必修、选修等“X+创业”类课程。这些课程旨在引导学生了解创新创业的基本理念和方法，培养其创业能力和创新思维。通过开设创业规划、市场营销、创新管理等相关课程，学生可以系统学习创业知识，了解市场趋势，规划创业方向，为将来的创业之路做好准备。这些课程不仅能够帮助学生建立创新创业意识，还能促进专业知识和实践技能的结合，提升学生的综合能力。其次，课程体系融合还表现为创办实践基地和实体实验室。为了加强学生的实践能力和创新意识，学校可以建立专门的实践基地和实验室，为学生提供创新创业的实践平台。在这些实践基地和实验室中，学生可以开展茶叶加工、产品研发、营销推广等实践活动，体验创业全过程，锻炼团队合作和解决问题的能力。通过参与实践活动，学生可以将课堂学习与实际操作相结合，提升自己的创新创业能力，为未来的创业之路做好准备。再次，课程体系融合还鼓励学生积极参与教师的科研工作。学校可以组织学生参与教师的科研项目，让学生亲身体验科研的乐趣和挑战，培养他们的科学精神和实践能力。通过参与科研项目，学生可以加深对茶叶行业的理解，拓展研究领域，锻炼解决问题的能力，促进学术与实践的结合。教师与学生共同参与科研项目，不仅可以促进师生之间的互动和交流，还能更好地引导学生将创新创业理念融入实际研究中，培养他们的创新意识和实践能力。最后，课程体系融合还强调整合调动各学院优势资源，建立跨专业动态创新创业团队。为了促进不同专业之间的交流与合作，学校可以组建跨学科的团队，由不同专业的学生共同参与创新创业项目，分享知识和经验，共同探讨解决问题的方案。通过跨专业团队合作，学生可以充分利用各自的优势资源，学习借鉴其他领域的创新经验，培养团队协作和创新思维，为未来的创业发展奠定基础。总体来说，通过课程体系融合，可以增强学生的实践能力和创新意识，学校也可以为学生提供更为全面、实用的教育资源，助力他们实现个人职业发展目标，为茶饮行业的创新和发展注入新的活力。课程体系融合不仅可以促进学生的综合素质和创新能力的提升，还可以加强学生与教师之间的互动和交流，构建融洽的师生关系，共同推动茶专业创新创业教育与专业教育的融合发展。学校应该不断探索和完善课程体系融合的方式和方法，为茶专业学生提供更为丰富和多元的学习体验，助力他们成为具有创新意识和创业能力的新时代人才。

14.3.4 教学内容融合

立足新中式茶饮领域，教学内容融合让教育更具针对性。教学内容融合旨在将创新创业教育理念和实践经验完全融入专业教学内容中，以促进学生的创新意识和实践能力的全面发展。

融合创新创业元素的教学内容将有助于学生更好地适应茶饮行业的发展需求，培养具有创新精神和创业能力的专业人才。实现第一课堂融合意味着在强化基础学科知识的同时，将创新创业教育的理念和实践经验融入专业教学内容。

在茶专业教学中，可以通过多种方式实现教学内容的融合。首先，学校可以增设创新创业相关的专业课程，如茶叶创新技术开发、茶叶品牌推广与营销、茶饮文化创新等，将创新创业知识融入具体的专业教学内容之中。通过这些课程，学生可以系统学习创新创业的理论知识和实践技能，理解行业发展的需求和挑战，为未来的创业和就业做好准备。其次，教学内容融合还可以体现在课程设计和教学方法上。学校可以通过项目化教学、案例教学、实践教学等方式，引导学生在学习过程中注重实际操作和创新实践，培养他们的创新意识和解决问题的能力。例如，学生可以通过参与创新创业项目、实地考察、模拟经营等活动，锻炼自己的团队合作能力和创业思维，将理论知识应用到实际中，加深对行业的认识和理解。最后，教学内容融合还可以体现在教师的教学思想和教学方法上。教师在课堂教学中要注重启发式教学、案例分析、讨论互动等教学方式，激发学生的学习兴趣和创新潜力。教师应当及时更新教学内容，关注行业动态，引导学生关注创新创业领域的最新发展，培养学生的创新思维和创业意识。通过教师的榜样作用和引导，学生可以更好地理解行业发展的趋势，具备创新创业的能力和胸怀，为未来的职业发展做好准备。教学内容融合的重点在于将创新创业的理念融入专业教育的全过程，从而激发学生的创新潜能，培养其成为具有创新精神和创业能力的专业人才。在茶专业中，教学内容的融合可以帮助学生更好地把握茶饮行业的发展方向，掌握行业的前沿技术和趋势，为未来的创新创业奠定坚实基础。只有通过教学内容的融合，学生才能真正理解并应用创新创业的理念，将其内化为自己的职业素养，为茶饮行业的发展注入新的活力。综上所述，通过教学内容融合，学校可以为学生提供更为全面、前沿的教育资源，促进学生的创新创业意识和实践能力的全面发展，助力他们在茶饮行业中实现个人职业发展目标。教学内容的融合需要学校、教师和学生共同努力，倡导创新创业的理念，引领行业发展的潮流，为茶专业学生的素质提升和终身发展奠定坚实基础。

14.3.5 组织平台融合

从新中式茶饮视角出发，组织平台融合为教育融合提供了广阔空间。在这一融合过程中，学校与企业、科研机构等各方资源会进行深度融合，共同打造产学研合作的平台，为学生提供更广阔的实践机会和发展空间。这种产学研深度融合的模式不仅有利于学校提升教学水平，还有助于地方产业升级，实现了教育与产业双赢的局面。

校企合作平台还为企业提供了智力资源和技术资源，可以在企业项目推进中检验专创融合教育的实施效果，促进实践与理论的紧密结合，为学生提供更加贴近实际的创业实践机会。首先，组织平台融合的表现形式在于建立校企合作平台。学校与茶叶企业建立紧密合作关系，共同打造茶饮产业链的教学实践平台。通过与企业合作开展课程实训、项目研究等活动，学生可以直接参与企业实践项目，了解行业需求和市场动态，培养实践能力和创业意识。校企合作平台还可以为学生提供实习就业机会，促进学生与企业之间的深度对接，为学生的职业发展铺平道路，推动学校人才培养与企业需求的有效对接。其次，组织平台融合的表现形式包括建立科研合作平台，如学校与科研机构合作开展茶叶创新技术研究、产品研发等项目，为学生提供参与科研项目的机会，培养学生的科研意识和创新能力。通过参与科研项目，学生可以深入了解行业前沿技术和发展趋势，提升专业能力和创新水平，为未来的创业实践打下坚实基础。科研合作平台既促进了学术研究和科技创新的交流合作，又为学生提供了探索科学研究的机会，激发他们的创新潜力，推动专业教育与创新创业教育的深度融合。再次，组织平台融合的表现形式还可以体现在校内创业孵化平台建设上。学校可以建立茶饮创新创业孵化基地，为有创业意愿的学生提供创业指导、资源支持和项目孵化服务。通过创业孵化平台，学生可以结合专业知识和创新创业理念，开展创业实践活动，探索创新商业模式，推动创业项目的落地与成长。创业孵化平台不仅可以帮助学生实现创业梦想，还可以促进创新创业教育与专业教育的有机融合，激发学生的创业热情，推动校园创新创业氛围的形成和发展。最后，组织平台融合的表现形式还包括建立行业联盟合作平台。学校可以与茶叶行业协会、企业集团等建立联盟合作关系，共同推动茶饮行业的发展和创新。通过行业联盟合作平台，学校可以获取行业资源和信息，为学生提供更多的实习实践机会和就业岗位。行业联盟合作平台还可以促进校企之间的深度合作和交流，共同解决行业发展中的问题和挑战，推动产业转型升级，实现教育与产业互利共赢的局面。总体来说，组织平台融合就是通过建立校企合作平台、科研合作平台、创业孵化平台和行业联盟合作平台等多种组织平台，为学生提供更广阔的实践机会和发展空间，促进专业教育与创新创业教育的深度融合，为培养具有创新精神和创业能力的专业人才奠定基础。组织平台融合不仅可以促进学校的教学水平提升和地方产业升级，还可以为学生提供更为丰富和实用的教育资源和支持，助力他们实现个人职业发展目标，为茶饮行业的创新和发展注入新的活力。学校应该不断探索和完善组织平台融合的方式和方法，为茶专业学生提供更加全面和个性化的学习体验，促进产学研深度融合，实现教育与产业的有机结合。

14.3.6 保障机制融合

着眼于新中式茶饮发展，保障机制融合是教育融合持续推进的重要保障。为了有效满足学生日益增长的创业需求，高校应通过整合和优化保障机制，为学生提供更加全面、灵活和有效的创业支持和保障。这些保障包括扩大创业实践平台的规模，提供更多、更广泛的创业资源和支持，完善创业学分的成果认定程序，改革人才培养的考核标准等方面，以便激发学生的创新创业动力，促进专业教育与创新创业教育的深度融合。

首先，在保障机制融合方面，学校可以通过扩大创业实践平台的规模，提供更多更广泛的创业资源和支持，帮助学生更好地实现创业梦想。学校可以建立创业孵化中心、创业基地等多种创业实践平台，为学生提供实践机会和资源支持。在这些平台上，学生可以参与创业项目、接触创业导师、了解市场需求，锻炼创业能力和实践技能。通过实践活动，学生可以将所学知识与实践结合，解决实际问题，增强自信心和创业意识，为日后的创业之路做好准备。其次，为了更好地保障学生的创业需求，学校还可以提供创业辅导、资金支持、创业导师等资源。创业辅导可以帮助学生梳理创业思路、规划创业路径，解决创业过程中的问题和困难，提高创业成功率。资金支持可以为学生提供启动资金、项目资助等支持，降低创业风险，促进项目的落地和发展。创业导师可以为学生提供指导和建议，分享创业经验，指引学生在创业道路上不断前行，助力其实现创业梦想。再次，完善创新创业学分的成果认定程序，改革人才培养的考核标准，也是保障机制融合的重要举措之一。学校可以设置创新创业学分，并建立相应的评定体系，对学生在创新创业实践中取得的成果进行认定与评价，激发学生的创新创业动力。最后，学校还可以改革人才培养的考核标准，将创新创业能力、实践经验等因素纳入考核范围，综合评价学生的专业素养和创业能力，提高学生的综合素质和就业竞争力。在保障机制融合的过程中，学校需要与企业、社会资源建立良好的合作关系，充分利用外部资源和平台，为学生提供更加丰富的创业支持和保障，推动学生的创新创业教育和实践。通过保障机制融合，学校可以激发学生的创新创业热情，提高他们的创业成功率，促进专业教育与创新创业教育的深度融合，为茶专业学生的创业发展和职业成就提供有力支持。综上所述，保障机制融合是指学校通过扩大创业实践平台、提供创业资源和支持、完善创新创业学分的成果认定程序、改革人才培养的考核标准等措施，为学生提供更加全面、灵活和有效的创业保障，激发学生的创新创业动力，推动学生的创业发展和个人成长。保障机制融合需要学校、企业和社会资源的共同参与和合作，共同努力打造创业生态系统，为茶专业学生的创新创业教育提供更加良好的支持和保障。

15　产教融合背景下茶专业学生创业就业竞争力探究

15.1　核心概念界定

15.1.1　产教融合

在产教融合背景下探究茶专业学生创业就业竞争力，需要先深入理解产教融合的核心概念。产教融合不仅仅是企业与学校间的合作，更是一种多方参与的合作模式，涵盖了高等院校、企业、政府有关部门、社会组织等各方，以促进高等职业教育的发展与提升学生创业就业竞争力。

在政策层面上，产教融合与国家整体发展规划密切相关，并得到了一系列政策文件的支持和指引，为深化高等职业教育的产教融合提供了指导。随着社会经济的快速发展和产业结构的不断调整，人才培养的需求也日益多样化和复杂化。在这种背景下，产教融合作为一种新型的教育合作模式应运而生。产教融合不仅关注学生的专业知识和技能培养，更注重培养学生的实践能力、创新能力和创业精神，以适应社会发展的需要。产教融合的核心概念在于建立高校、企业、政府和社会各方的共同合作机制，促进资源共享、优势互补，实现产教融合的良性发展和深度融合。近年来，国家相继发布了一系列关于发展高等职业教育的政策文件，其中《国务院关于加快发展现代职业教育的决定》等文件对深化高等职业教育产教融合做出了指导和规划。这些政策文件从国家宏观发展的角度，提出了深化产教融合的发展方向和目标，为学校以及相关行业的发展指明了方向。

产教融合不仅是企业与学校间的合作，更是各方共同参与其中，构建起一种比传统"校企合作"更为紧密的合作模式。在茶专业学生创业就业竞争力的探究中，产教融合的核心概念是促进学校教育与企业需求的紧密结合，实现人才培养的需求对接。通过产教融合，学校可以更好地了解行业需求，调整专业设置与课程内容，培养符合市场需求的高素质人才。同时，企业可以介入学生的培养过程，提供实践机会、实习就业岗位，帮助学生更好地适应职业发展需要。政府和社会组织的参与也能为产教融合提供政策、资源等方面的支持，促进教育与产业的良性互动。在产教融合的实践中，学校可以通过建立产学研合作机制、开展产业导师制度、建设产教融合实践基地等方式，促进教育资源与产业资源的融合共享，实现学校教育与企业需求的动态平衡。茶专业学生在产教融合的实践中可以获得更多实践机会、行业导向的培训和指导，提升创业就业竞争力。通过参与产教融合实践，学生可以深入了解行业发展趋势、积累实践经验，培养创新创业精神和团队合作能力，为未来的职业发展做好准备。总体来说，产教融合是推动高等职业教育与产业发展紧密结合的重要方式，有助于提升学生的创业就业竞争力。在茶专业学生的教育中，产教融合的核心概念是构建高校、企业、政府和社会组织之间的合作共赢机制，促进教育资源与产业资源的有机整合，为学生提供更为全面、实用的教育培养环境。

15.1.2　创业就业竞争力

在产教融合背景下探究茶专业学生创业就业竞争力，必须深入理解创业就业竞争力的核心概念。政策上的“职普相当”提出了一定的指引，为职业教育系统的学生及其发展带来了新的机遇。然而，如何真正改善技术技能型人才的就业状况及其社会地位，仍然是一个重要且艰巨的任务。

创业就业竞争力是指个体在创业或者就业过程中，凭借自身的能力、素养、资源、技能等方面的优势，与他人进行竞争，争取获得更好的创业机会或就业岗位的能力和水平。对于茶专业学生来说，提升创业就业竞争力是他们实现个人职业发展目标、实现社会价值的重要途径。在产教融合的背景下，创业就业竞争力的核心概念包括但不限于技能技术水平、创新能力、团队协作能力、市场意识、社会责任感等方面。在当前政策环境下，“职普相当”政策提出了将职业教育和普通教育相当对待的理念，强调了技能人才的重要性和价值，为职业教育系统的学生提供了更为广阔的发展空间和机遇。这一政策的出台，为培养技术技能型人才、提升其就业竞争力以及提高社会地位提出了更高的要求和标准。然而，要真正改善技术技能型人才的就业状况及社会地位，需要从多个方面入手，包括教育体制改革、产学研深度融合、人才培养模式创新等方面进行综合推进。

在茶专业学生的创业就业竞争力探究中，技能技术水平是其核心竞争力之一。茶专业学生需要具备扎实的茶叶生产加工技术、茶文化和茶事业发展趋势等方面的专业知识和技能，以应对日益激烈的市场竞争。在产教融合模式下，学校可以与企业合作开展技能培训、实践教学，为学生提供更加实用和有针对性的技术培训，提升其技能技术水平，增强其市场竞争力。除了技能技术水平，创新能力也是茶专业学生创业就业竞争力的重要方面。茶叶行业正面临着转型升级、品质提升、营销创新等挑战，需要大量具备创新思维和实践能力的人才。学校可以通过开设创新创业课程、组织创业实践活动，培养学生的创新意识和创业精神，提升其创新能力和市场竞争力。此外，团队协作能力、市场意识、社会责任感等方面的能力也是茶专业学生创业就业竞争力的核心要素。在产教融合模式下，学校可以通过开展团队项目合作、实践活动、社会实践等方式，培养学生的团队协作精神、市场敏感度和社会责任感，提升其综合素质和竞争力。总体来看，在产教融合背景下，茶专业学生创业就业竞争力的核心概念是全面提升学生的技能技术水平、创新能力、团队合作能力、市场意识和社会责任感等方面的综合素质。政策上的“职普相当”提出了为技术技能型人才提供更多发展机遇的指导，但真正改善技术技能型人才的就业状况及社会地位仍然需要教育机构、企业和社会各方的共同努力和支持。通过深入探究创业就业竞争力的核心概念，学校可以更好地为茶专业学生的创业就业发展提供有力支持，推动学生在竞争激烈的市场环境中脱颖而出，实现个人职业发展目标。

15.2 理论基础

15.2.1 利益相关者理论

（1）利益相关者理论的基本内容。

利益相关者理论是组织管理领域中的重要理论框架，用于识别和分析与组织相关的各种利益相关者，并基于这些利益相关者的特点制定有效的管理策略。1997 年，美国学者米切尔提出了利益相关者理论中有关利益相关者的基本划分条件，包括合法性、权力性和紧急性。这些划分条件为我们提供了理解和识别利益相关者的基本依据，有助于组织更好地管理与利益相关者的关系。

首先，合法性是指某一集体或个人在法律上具有地位承认。这意味着该利益相关者在法律框架下被认可，其权益和利益享有法律保护。在茶专业学生创业就业竞争力探究的背景下，利益相关者中可能包括政府部门、教育机构、企业、学生及其家长等。这些利益相关者在茶专业学生的创业就业过程中扮演着不同的角色，并拥有不同的利益诉求和权益。通过利益相关者理论的视角，可以更清晰地认识到各利益相关者之间的关联和依赖关系，从而更好地平衡各方利益，实现共赢发展。其次，权力性是指利益相关者在组织或决策中具有的影响力和控制力。权力性较强的利益相关者往往能够通过其影响力来推动或阻碍组织的决策和行动，对组织的发展产生重要影响。在茶专业学生创业就业竞争力探究中，企业雇主、行业协会、教育机构等利益相关者可能拥有不同程度的权力，影响着学生的职业发展和就业机会。通过利益相关者理论的分析，可以更好地了解各利益相关者的权力结构和影响范围，有针对性地制定管理策略，更好地应对各方利益冲突和协调各方关系。最后，紧急性是指利益相关者的利益与组织目标之间的关联程度和迫切程度。紧急性较高的利益相关者往往直接影响到组织的核心利益和发展方向，需要优先考虑和应对。在茶专业学生创业就业竞争力探究中，社会对人才培养的需求与茶业发展的紧密联系，使得教育机构、行业协会等利益相关者的意见和需求显得尤为紧迫。通过利益相关者理论的应用，可以更清晰地识别出对学生创业就业竞争力影响最为关键和紧迫的利益相关者，制定相应的应对策略，更有效地推动学生的职业发展和就业机会。

在产教融合的背景下，利益相关者理论的应用对于促进茶专业学生创业就业竞争力的提升具有重要意义。通过识别和分析各利益相关者的合法性、权力性、紧急性等特征，学校可以更好地制定相关的管理策略和措施，协调不同利益相关者之间的关系，最大限度地实现各方的共赢与可持续发展。利益相关者理论的运用可以帮助学校更全面地关注学生的需求和利益，更好地为学生提供创业就业支持，推动茶专业学生的职业发展和就业竞争力的提升。

（2）利益相关者理论与研究主题的关系。

在当下产教融合背景下，茶专业学生创业就业竞争力的探究已经成为一项备受关注的研究主题，即利益相关者理论的运用对于深入探讨茶专业学生职业竞争力的提升，以及促进产教融合政策的顺利实施具有重要意义。

利益相关者理论强调多方利益关系的平衡与协调，认为只有各利益相关者的利益得到有效表达和满足，才能形成共同合力，推动产教融合政策的有效实施。在提升高校学生的就业竞争力方面，各相关利益方需要共同努力，实现产业资源的有机整合，以满足学生的职业发展需求。茶专业学生创业就业竞争力的探究涉及多个利益相关者，包括学生、教师、企业、政府、行业协会等。这些利益相关者在学生的职业发展和就业机会中扮演着不同的角色，具有不同的利益诉求和影响力。在这种情况下，利益相关者理论的应用可以帮助我们更好地理解和平衡各利益相关者之间的关系，促进各方之间的沟通和合作，解决潜在的利益冲突，推动茶专业学生的创业就业竞争力提升。

利益相关者理论的具体运用可体现在以下四个方面：一是利益相关者的定位和分析，即要先明确茶专业学生创业就业竞争力研究中的相关利益相关者，并对其进行准确定位和详细分析。通过深入了解各利益相关者的利益诉求和影响力，为后续研究提供基础和方向。二是利益相关者的利益识别和权力分析，即利益相关者的利益识别和权力分析是研究的核心内容。需要对各利益相关者所追求的利益目标进行深入分析，同时考量他们在产教融合进程中的实际影响力和权力地位。这将有助于厘清各方在协作和实施中的地位和作用。三是利益相关者间的合作与协调机制，即利益相关者间的合作与协调关系直接影响到产教融合政策的实施效果和学生创业就业竞争力的提升。研究应关注各利益相关者之间的互动关系和合作机制，探索如何通过有效协作实现利益的最大化，促进共同发展。四是利益相关者理论在政策制定和实施中的应用，即研究应探讨利益相关者理论在政策制定和实施中的具体应用路径。考虑不同利益相关者的需求和诉求，制定更加全面和符合实际情况的政策措施。通过综合各方的意见和建议，可以制定更为合理和有效的政策框架。在深入研究中，利益相关者理论的应用有助于更好地理解茶专业学生创业就业竞争力的形成机制和影响因素，为促进产教融合政策的有效实施提供理论指导和决策支持。

只有在全面考虑和平衡各利益相关者的需求和利益的基础上，产教融合政策才能获得更为广泛的支持和合作，为茶专业学生的创业就业竞争力提升提供更为有力的保障。通过深入研究和应用利益相关者理论，可以有效促进茶专业学生创业就业竞争力的全面提升，为学生的职业发展和未来之路开辟更广阔的可能性。

15. 2. 2　胜任力理论

（1）胜任力理论对研究主题的影响。

在茶专业学生创业就业竞争力的探究中，胜任力理论能够为研究者和相关利益相关者提供一个框架，帮助他们更好地了解学生在创业就业过程中所需具备的技能和素质，从而有针对性地进行培养和培训，提升学生的竞争力和适应能力。茶专业学生的胜任力理论包括以下基本内容：一是技能，它是胜任力理论中的重要组成部分。技能包括专业知识、技术能力以及操作技能等方面。在茶专业学生创业就业竞争力的背景下，学生需要具备相关茶叶加工、营销、管理等方面的专业技能，才能更好地适应市场需求，实现创业和就业的目标。二是知识，它是另一个重要的胜任力要素。学生需要具备丰富的茶叶行业知识，包括茶叶种类、生产工艺、市场趋势等方面的知识。只有了解行业动态并具备必要的专业知识，学生才能在创业和就业中发挥优势，取得成功。三是行为特征，除了技能和知识，胜任力还包括个体的行为特征。这包括责任心、抗压能力、团队合作精神、创新意识等。在茶专业学生创业就业竞争力的过程中，这些行为特征将对学生的绩效和表现产生深远影响，决定着学生能否胜任工作并取得成功。四是胜任力的应用，胜任力理论强调了能力和素质在工作绩效中的重要性，对于公司招聘、员工培训与发展、绩效评估等方面具有指导意义。在茶专业学生创业就业竞争力的研究中，可以通过胜任力理论的应用，帮助学生了解自身的优势和不足，明确提升的方向和目标，从而更好地适应市场需求，提高竞争力。胜任力理论的研究和应用不仅有助于评价个体在工作中的表现，还可以指导相关机构和学生在提升职业竞争力方面制定有效的培训和发展计划。

在茶专业学生创业就业竞争力的研究中，胜任力理论的应用将为学生提供一个更加清晰和系统的职业发展路径，使他们能够更加有针对性地提升自身的能力和素质，实现事业的成功和发展。通过深入研究和应用胜任力理论，将有助于推动学生职业发展，促进茶产业的创新与发展，实现产教融合背景下茶专业学生创业就业竞争力的全面提升。

在茶专业学生创业就业竞争力的探究中，胜任力理论的“素质冰山模型”具有深远的启示意义。针对学生而言，培养和发展显性素质和隐性素质都至关重要。显性素质包括专业技能、沟通能力、团队协作等方面，这些技能和行为特征直接关系到学生在工作中的表现；而隐性素质如人际关系能力、创新能力、自我管理能力等则更多地影响个体的整体绩效和发展潜力。在实践中，学校和企业可以通过多种方式来帮助学生全面提升胜任力。例如，学校可以通过调整课程设置，增加实践机会和项目案例教学，帮助学生提升专业技能和应用能力；同时，学校也可以开展个性化辅导，帮助学生提升自我认知、领导能力等隐性素质。而企业则可以提供实习机会和职业导师指导，让学生在真实的工作环境中锻炼和发展自己的胜任力。政府和社会也应积极参与胜任力的培养，通过政策支持和资源投入，为学生提供更多的发展机会和平台。建立完善的评估体系，可以明确学生的优势和改进点，为个体量身定制培训计划；同时，企业和社会组织也可以通过举办行业讲座、专业交流活动等方式，促进学生的综合素质和人际网络的建立，有助于提升学生的创业就业竞争力。

在产教融合的大环境下，胜任力理论的“素质冰山模型”为我们提供了一个更全面和深入的视角来理解个体在工作中表现的因素。在茶专业学生创业就业竞争力的探究中，学生需要注重发展显性素质和隐性素质，全面提升自身的胜任力，以应对激烈的竞争和快速变化的市场环境。通过深入研究和应用胜任力理论，可以为学生提供更为系统和科学的指导，帮助他们实现职业目标，为茶产业的创新和发展注入新的活力。只有充分发展显性和隐性素质，才能在茶产业这片蓝海中掌握更多机会，实现个体与产业的共同发展。

在茶专业学生的创业就业竞争力探究中，胜任力的理论意义尤为重要。茶业作为一个具有悠久历史和独特文化的产业，要求从业者具备丰富的专业知识和技能，同时也需要具备创新精神、领导力和团队合作能力等隐性素质。通过“洋葱模型”的引导，学校和企业可以更好地培养和引导学生的胜任力，使其在茶业创业就业领域具备竞争力。在实践中，学校可以通过优化课程设置和实践项目，帮助学生培养专业技能和应用能力，同时也要注重心理素质和领导力的培养，促进学生的内在潜力的发掘和发展。企业可以提供实习机会和职业导师指导，让学生在实际工作中锻炼自己的能力和素质。同时，政府和社会也可以通过政策支持和资源投入，为学生提供更多的发展机会和平台，促进茶专业学生胜任力的全面发展。总体来说，胜任力理论的“洋葱模型”为我们提供了一个更为全面和深入的视角来理解个体的胜任力素质。在产教融合的大背景下，将胜任力理论运用于茶专业学生的创业就业竞争力探究中，不仅可以帮助学生全面发展自身的素质和能力，也有助于推动茶产业的创新和发展。

（2）胜任力理论与研究主题的关系。

胜任力理论作为一种被广泛应用于人才管理与招聘领域的理论，可以为高职学生群体提供一种综合性的自我认知和能力发展框架，帮助他们更好地适应快速变化的社会环境，并在激烈的竞争之中脱颖而出。每个个体都具有自己的特质和能力，而每个用人单位也都存在着不同的用工需求。因此，为了更好地实现个体与企业之间的匹配、缩小个体与企业之间的供需差异，成了极为关键的一环。通过运用胜任力理论，学生可以更清晰地认识自己的优势和短板，进而有针对性地提升自身的胜任力。这种个体化的素质塑造不仅有助于学生更好地适应创业就业市场的需求，也为企业提供了更为合适的人才选择，实现了双赢的局面。

胜任力理论的运用对于研究主题“产教融合背景下茶专业学生创业就业竞争力”具有深刻的影响。首先，胜任力理论强调个体的多维素质和能力，提醒我们不仅要关注学生的专业技能，更要重视其综合素质和综合能力。在茶业这一领域，创业者和从业者不仅需要具备扎实的茶叶知识和工艺技能，还需要具备创新意识、市场营销能力、团队合作精神等多方面的素质。通过胜任力理论的引导，可以帮助茶专业学生全面提升自身的素质，更好地适应产业发展的要求。其次，胜任力理论的应用还可以帮助学生更好地了解自身的定位和职业规划。胜任力理论强调个体的内在动机和特质对于职业发展的影响，通过深入分析个体的核心素质和能力，可以帮助学生找准自己的定位，从而更有针对性地制定职业规划和发展路径。在茶业的创业就业领域，了解自身的优势和劣势，明确自己的职业目标，将有助于学生更好地探索个人职业发展的可能性，提高找工作、创业的成功率。最后，胜任力理论的运用也有助于搭建学校、企业和学生之间更加紧密的合作桥梁。通过评估学生的胜任力，学校可以更好地为学生提供专业化的职业指导和辅导，帮助他们实现自我提升和发展。同时，企业也可以更加精准地招聘和培养符合自身需求的人才，实现人才与用人单位的良性互动。胜任力理论所提倡的个性化发展和匹配也有助于学校和企业之间的深度合作，共同推动学生的职业发展。总体来说，在产教融合背景下，胜任力理论与研究主题“茶专业学生创业就业竞争力”之间存在着密切的联系和互动。通过运用胜任力理论，可以帮助学生全面提升自身的素质和能力，增强在创业就业市场中的竞争力。同时，也有助于促进学校、企业和学生之间更紧密的合作和交流，共同推动茶产业的发展和壮大。胜任力理论的深入研究和应用将为茶专业学生的职业发展提供更为全面和科学的指导，为学生的未来之路铺平道路。通过不断探索和实践，可以更好地实现产教融合、学生职业发展的良性循环，为茶业的繁荣与创新注入新的动力和活力。

15.2.3 社会资本理论

（1）社会资本理论的基本内容。

在当今产教融合的背景下，对茶专业学生的创业就业竞争力进行探究时，社会资本理论的应用将提供一种新的视角和理解框架。

社会资本理论最早由法国思想家布尔迪厄进行系统分析，后来又受思想家科尔曼和帕特南等人的深刻影响。这一理论的核心观点包括：社会资本是在人际交往中形成并积累的一种资源，能够带来实际收益；个体是嵌入在各种社会网络中的，而社会资本则存在于这些互相联系的社会网络中，个体可以通过这些网络获得所需资源。个体能够获得多少社会资本取决于其在社会关系网络中所处的位置。社会资本理论的主要观点之一是认为社会资本是个体在人际交往中形成和积累的一种资源，并能够为个体带来实际利益。这里所说的社会资本并非指金钱或物质财富，而是指通过人际关系、互助合作等方式所获得的资源，包括信息、支持、信任、合作等。

在茶专业学生的创业就业过程中，拥有良好的社会资本可以帮助他们更容易地获取市场信息、人脉资源、创业支持等，从而提高创业成功的可能性。通过在社会关系网络中建立积极的人际关系，茶专业学生可以借助他人的经验、技能和资源，实现个人的职业发展目标。

然而，个体的社会资本并非独立存在，是通过与他人的互动和联系而得到形成和发展。茶专业学生在求职、创业过程中，处于不同的社会关系网络中，包括学校、家庭、朋友、同学、导师、行业内部人士等。这些社会关系网络为他们提供了各种资源和支持，有助于拓展个人视野、获取新的机会和提升竞争力。通过主动参与社会活动、建立良好的人际关系，茶专业学生可以扩大自己的社会资本，为未来的创业和就业打下坚实基础。此外，个体在社会关系网络中的位置对其获取社会资本的多少具有重要影响。一个人所处的社会网络越广泛、密切，其能够获得的社会资源就越丰富。在茶专业学生的创业就业竞争中，那些能够与各界人士建立良好关系、拓展社会联系的学生，往往能够获得更多的支持和资源，从而更加顺利地实现个人职业目标。通过参与社团组织、参加学术会议、实习工作等途径，茶专业学生可以不断扩展自己的社会关系网，提高自身的社会资本积累，从而增强个人的创业就业竞争力。

在探究产教融合背景下茶专业学生创业就业竞争力时，社会资本理论的应用具有重要意义。通过社会资本理论的引导，可以帮助学生更好地理解和利用人际关系网络，提高自身的社会资源获取能力，增强创业就业的成功机会。同时，学校和企业也可以根据社会资本理论的指导，推动学生与外部资源的对接与沟通，促进学生与社会各界的合作与交流，为学生的职业发展和产业融合提供更多机遇和可能性。通过深入研究和应用社会资本理论，可以为产教融合背景下茶专业学生的创业就业竞争力提供更为深入、全面的分析和指导。学校可以通过创新课程设置、促进学生参与社会活动等方式，培养学生的人际交往能力和社会资源获取能力；企业可以通过提供实习机会、与学校建立合作关系等途径，为学生提供更多的社会资源和支持。政府和社会也可以通过政策扶持、资源整合等方式，共同促进学生的社会资本积累，推动茶业人才的培养和产业发展。通过共同努力，可以实现学校、企业、学生和社会的融合发展，为茶专业学生的创业就业打造更广阔的前景。

（2）社会资本理论与创业就业竞争力的关系。

在当今产教融合的背景下，通过探究社会资本理论与茶专业学生创业就业竞争力之间的联系，我们可以深入了解社会关系对个体成功的重要性。社会资本理论强调了人际关系在个体职业发展中的关键作用。

在现代社会，个体的创业和就业竞争力不仅取决于其个人知识技能，还取决于他们在社会关系网络中的地位、影响力和资源获取能力。特别是在茶业这样一个涉及广泛社会交往和合作的行业中，社会资本的价值愈发凸显。社会资本理论认为，社会资本是在人际交往中形成并积累的一种资源，可以为个体带来实际利益。对于茶专业学生而言，他们的社会资本可以体现在多个方面。

首先，家庭条件可以被视为一种社会资本。在中国传统文化中，家庭关系扮演着重要的角色，其在社会网络中的地位和资源对学生的创业就业发展具有积极的影响。例如，有关系网的学生可能更容易获得创业资金、合作伙伴，或者得到潜在客户的认可和支持。这种社会资本的积累有助于为学生创业的道路清除障碍，提高其在竞争激烈的就业市场中脱颖而出的机会。其次，社会关系网络的扩展也是茶专业学生提升创业就业竞争力的重要途径。通过建立良好的人际关系，茶专业学生能够扩大自己的社会资本，增加与他人的交流与合作机会，为个人职业发展打开更多的可能性。比如，通过参加行业活动、加入专业组织、参与社会实践等方式，学生可以拓展自己的社会关系网，从而获取更多的创业资源、知识信息和市场机会。这种积极的社会资本积累有助于提高学生在创业就业中的竞争力，让他们更具备应对未来挑战的能力。再次，社会资本还能够为茶专业学生提供情感支持和帮助。在创业和就业过程中，面临挑战和困难是不可避免的，这时得到家人、朋友、老师等社会关系网络的支持和鼓励能够给学生带来积极的心理影响，增强他们的抗压能力和自信心，促进创业就业的顺利进行。因此，建立和维护良好的人际关系，充分利用社会资本的支持和帮助，对于茶专业学生创业就业过程中心理健康和职业发展起着重要的作用。

在探究产教融合背景下茶专业学生创业就业竞争力时，懂得利用社会资本是至关重要的。茶专业学生应该注重扩大自己的社会关系网络，主动与同学、老师、行业专家等建立联系，不断拓展人脉资源，积极参与社会活动，提高社交技能和沟通能力。同时，学校和企业也可以通过推动学生参与实习、创业大赛、行业交流等活动，为学生提供建立社会资本的机会和平台，促进学生的职业发展和创业成功。总体来说，通过认识和应用社会资本理论，学生可以更好地理解和利用社会关系网络中的资源和机会，提高个人的职业竞争力。学校、企业和社会应该共同努力，为茶专业学生提供更多的社会资源和支持，搭建起学习、交流、合作的平台，促进学生的社会资本积累和创业就业能力的提升。通过不断地拓展社会资本，茶专业学生将能够更好地适应产业发展的需求，实现个人职业目标，为茶业的繁荣与创新贡献力量。

16　新中式茶饮视角下
高职茶专业教学实践探索与创新方向

16.1　教学实践探索

16.1.1　校企合作开展新中式茶饮实践教学

如今，新中式茶饮作为一种结合传统茶文化和现代消费需求的创新产品，受到越来越多消费者的青睐。为了更好地培养适应市场需求的新中式茶饮从业人才，高职院校的茶专业教学需要与企业合作，开展相关实践教学，帮助学生学习掌握新中式茶饮的制作技艺和经营管理知识。

通过校企合作开展新中式茶饮实践教学，不仅可以提升学生的实践能力和就业竞争力，还能促进产教融合，助力新中式茶饮产业的发展。例如，有一所高职院校与当地知名茶饮连锁品牌合作，开展新中式茶饮实践教学项目。通过该项目，学生可以实地参观连锁店的经营模式和饮品制作流程，了解新中式茶饮的特点和市场需求。学生还可以参与店内的实际工作，亲自体验新中式茶饮的制作过程，熟悉原料配比、操作技巧和服务流程。同时，学生还有机会参与店铺的营销活动和顾客互动，了解销售技巧和顾客需求，培养与顾客沟通和服务的能力。通过与企业的实际合作，学生可以将课堂所学理论知识与实践技能相结合，提升自身的专业素养和实际操作能力。另一所高职院校与当地新兴茶饮品牌联合开展新中式茶饮实践教学项目。这家品牌注重传统茶文化的传承和创新，将新鲜水果、花草茶等元素融入茶饮制作中，推出独具特色的新中式茶饮产品。在实践教学项目中，学生可以参与该品牌的产品研发和试制，学习新中式茶饮的配方设计和调制技巧。此外，学生还可以了解品牌的市场定位、营销策略和消费群体，从中学习品牌运营和市场推广的经验。通过与这家新兴茶饮品牌的合作，学生能够接触到最新的茶饮潮流和消费趋势，培养市场敏感度和创新意识，为将来的创业和就业做好准备。还有一所高职院校则与茶园合作，开展新中式茶饮实践教学项目。通过实践教学，学生可以亲自参与茶叶的采摘、加工和制作，了解传统制茶工艺和茶叶品质要求。学生还可以学习新中式茶饮的饮品创意与推广，探索如何将传统茶叶与现代调味和包装相结合，推出符合消费者口味的新产品。同时，学生还可以了解茶饮文化的传承与创新，学习如何传播茶文化，提高群众对传统茶文化的认知度和接受度。通过与茶园的合作，学生不仅能够学习到茶叶种植、加工和饮品制作的技术知识，还能感受茶文化的魅力和悠久历史，激发对茶文化的热爱和传承。这些真实案例展示了高职院校与企业合作开展新中式茶饮实践教学的积极意义和丰富内容。通过校企合作，学生能够接触到最前沿的新中式茶饮行业信息和技术，学习并掌握相关的制作和经营管理技能，提高实践能力和职业竞争力。与此同时，企业也能够通过与高职院校的合作，发掘和培养人才，推动新中式茶饮产业的发展和创新。产教融合不仅促进了学生的职业发展，同时也为企业提供了人才保障和业务合作的机会，实现了双方的共赢和校企合作的良性发展。

在新中式茶饮市场不断壮大的背景下，开展校企合作的新中式茶饮实践教学具有重要意义。高职院校可以根据市场需求与企业合作，开展实践教学项目，为学生提供更加贴近实际的学习体验和职业培训，帮助他们更好地适应行业发展需求，并为茶文化的传承和创新作出贡献。同时，企业也可以通过与高职院校的合作，发现和培养潜在人才，推动企业的创新和发展。通过不断深化校企合作，可以促进产教融合，推动行业的繁荣与创新，为新中式茶饮行业的未来发展注入更多活力和动力。

16. 1. 2 引入茶专业技能比赛提升学生技能

在新中式茶饮行业不断发展壮大的当下，高职院校的茶专业教学如何更好地培养学生的实践技能和创新能力，已经成为一个亟待探索和解决的问题。引入茶专业技能比赛作为一种教学实践探索的方式，可以有效提升学生的专业技能水平，培养学生的竞争意识和自我提升能力。

通过参与技能比赛，学生可以接触到行业最前沿的技术和趋势，激发学习的热情和积极性，促进学生的综合素质提升和职业发展。在高职院校茶专业教学实践中可以通过引入茶叶制作技能比赛，由学校茶学专业教师和行业专家共同组织，鼓励学生通过比赛展示自己在茶叶制作方面的技能和创新能力。例如，比赛可设置茶叶杀青、揉捻、干燥等环节，要求参赛学生在规定的时间内完成各项制作任务，并根据评委的要求展示出色的制茶技巧和品质。通过这种比赛，学生在真实的茶叶制作场景中，锻炼自己的操作技能和创新意识，增强对茶叶制作工艺的理解和掌握。又如，开展茶艺表演比赛，提升学生的茶艺技能和服务意识，培养学生在茶文化传播和客户服务方面的能力。参赛学生要展示经典的茶艺表演，包括泡茶、斟茶、茶道讲解等环节，评委则根据参赛学生的表现技巧、服务态度和专业知识水平进行评分和排名。通过此类比赛，学生不仅能提高自己的茶艺技能，还能锻炼自己的沟通能力和客户关系维护能力，为将来从事茶饮行业的服务工作打下坚实基础。再如，茶叶品鉴比赛。这个比赛的目的在于培养学生对茶叶品质和特点的鉴别能力，提升学生的茶叶品鉴技能和专业素养。学生需要在比赛中通过闻香、品饮、辨色等环节，对茶叶的品质、产地、年份等方面进行综合评价，并给出专业的品评意见。通过这类比赛，学生不仅能够加深对茶叶品质的认知和了解，还能够提高自己的品鉴技巧和专业水平，为今后从事茶叶鉴定和销售工作奠定坚实基础。通过参与技能比赛，学生可以接触到茶饮行业最新的制作工艺和服务模式，提高自己的专业技能水平和实践经验，激发学习的积极性和主动性。此外，通过比赛竞争，学生可以锻炼自己的团队合作能力、抗压能力和创新能力，培养自信心和竞争意识，为未来的就业和创业做好准备。

16.1.3 开设茶文化体验课程增强文化认同

在当今社会，茶文化作为中国传统文化的重要代表之一，承载着丰富的历史文化内涵和人文精神。茶文化不仅代表了中国人对生活的热爱和追求，还体现了中华民族的智慧和审美。

在新中式茶饮兴起的背景下，如何更好地传承和发扬茶文化，引导学生深入了解和体验茶文化的魅力，已成为高职茶专业教学实践的一项重要任务。开设茶文化体验课程是一种有益的教学实践探索方式，可以帮助学生感知、理解和体验茶文化的魅力，增强学生的文化认同感和自信心。茶文化体验课程通常会结合茶文化的历史、礼仪、艺术、哲学等多方面内容，让学生全面感受和体验茶文化的博大精深。通过课堂讲解、实地考察、茶艺表演等形式，学生可以了解茶文化的起源、发展历程和传统仪式，深入体验茶文化的优雅与静谧。参与茶文化体验课程的学生不仅可以学习茶叶的品种特点和制作工艺，还可以亲自动手制茶、品茶、斟茶，并了解茶具的使用方法和礼仪规范。通过亲身体验茶文化，学生能够感受传统茶道的优雅与静谧，体会茶禅文化的内涵与智慧，从而增强对茶文化的认同感和理解深度。

例如，某高职院校茶专业教学实践中成功开设了“茶文化体验课程”。该课程不仅涵盖了茶文化的历史、地理、制作工艺等基础知识，还特别注重学生的实践体验和感悟。在课程中，学生除了学习茶文化的理论知识外，还需要参与茶艺表演、茶道讲解等实践活动。学生在实地考察古老的茶园、品茶名家的茶庄、参观茶叶博物馆等活动中，深入了解和感受茶文化的魅力。通过体验茶文化，学生逐渐建立起对传统文化的认同感和自信心，激发了学习的兴趣和热情，为未来的学习和职业发展打下了坚实基础。同时，该院校还推出了“茶文化传承与发展课程”，该课程结合了茶文化的传承和发展，通过专家讲座、学术研讨、茶文化展览等形式，引导学生深入思考和探讨茶文化在当代社会的意义和价值。学生还通过参观茶博物馆、名家茶庄等茶文化场所，了解茶文化的传统精髓和现代创新，从而更好地理解和感悟茶文化的深层内涵。通过课程学习和讨论，学生逐渐树立起对茶文化的文化认同感和传承责任意识，为传承和发扬茶文化贡献自己的力量。

不难看出，开设茶文化体验课程在高职茶专业教学实践中具有重要作用。茶文化不仅是中国传统文化的重要组成部分，更是代表着中华民族的智慧和审美，承载着中华文化的精髓和精神。通过体验传统茶文化，学生可以更好地传承和弘扬传统文化，增强文化认同感和自信心，从而培养出更多热爱传统文化、传承文化的人才。高职院校在教学实践中应该注重培养学生对传统文化的尊重和理解，通过开设茶文化体验课程等形式，为学生提供更多的文化认同感和传统文化的体验机会，共同推动茶文化的传承与发展。

16.1.4 茶专业师资队伍建设

（1）培养具备新中式茶饮知识的教师。

在当代社会，随着茶文化的复兴和茶饮产业的崛起，新中式茶饮作为传统茶文化与现代消费需求的结合体，逐渐成为人们日常生活中的一种时尚选择。在这一背景下，高职院校的茶专业教学也面临着新的挑战和机遇，如何培养具备新中式茶饮知识的教师，成了一项急需探索和实践的重要课题。

新中式茶饮具有浓厚的中国传统文化底蕴和现代时尚气息，融合了传统茶艺和现代设计理念，注重品质、创新和体验。要培养具备新中式茶饮知识的教师，需要教师具备扎实的传统茶艺基础，这包括对茶叶种类、制作工艺、泡茶技巧等传统茶道知识的掌握。唯有深入研习并扎根于传统茶文化的教师，才能深度领悟新中式茶饮在传承经典与创新融合中的精髓，进而以丰富的知识储备和深刻的理解，生动且准确地向学生传授新中式茶饮所蕴含的独特魅力。教师还需要不断学习和了解新中式茶饮的发展趋势和特点，了解新中式茶饮的文化内涵、品牌定位、市场需求等方面的知识。这样教师才能更好地指导学生学习新中式茶饮的理论和实践，培养学生适应市场需求的能力和素养。此外，教师还应具备良好的教学能力和沟通能力，能够有效地组织教学活动，激发学生学习的兴趣和积极性，引导学生掌握专业知识和技能，提升教学效果和质量。

在高职院校茶专业教学实践中，培养具备新中式茶饮知识的教师是一项具有挑战性的任务。为了实现这一目标，学校可以采取多种措施。首先，通过组织师资培训和学术交流活动，提升教师的专业素养和行业认知水平。学校可以邀请行业专家和资深茶艺师举办讲座并开展培训，引导教师了解新中式茶饮的概念、发展历程和市场需求，推动教师更新教学理念和拓宽专业视野。其次，学校可以建立新中式茶饮教学实践基地，为教师提供实践机会和场地。通过实地考察、实践操作等方式，让教师亲身体验新中式茶饮文化的魅力，增进对新中式茶饮的理解和领悟。最后，学校还可以鼓励教师参与学术研究和教学创新项目，激发教师的学术热情和教学激情，提升教学质量和效果。例如，某高职院校的茶专业教学实践中就成功开展了“新中式茶饮教师培训项目”，该项目结合了传统茶艺和新中式茶饮理念，为教师提供了系统的培训和学习机会。教师通过参加课程学习、实践操作和实地考察等活动，逐步提升自身的新中式茶饮知识和技能水平，增强教学实践能力和专业素养。通过这一项目的实施，学校成功培养了一批具备新中式茶饮知识的专业教师，为学生提供了更优质的教学资源和服务。

我们可以看到，培养具备新中式茶饮知识的教师在高职院校茶专业教学中的重要性和必要性。教师作为学生的引路人和示范者，具有重要的示范效应和影响力。只有教师具备了最新的行业知识和技能，才能更好地指导学生学习和实践，培养学生适应市场需求的能力和素养。因此，高职院校应该重视教师的专业培训和成长规划，建立健全教师团队和管理机制，为学生提供更优质的教学资源和服务，共同推动高职茶专业教学的发展和进步。

（2）引进茶艺大师参与教学实践。

新中式茶饮是中国传统茶文化与当代消费需求相结合的产物，它融合了传统茶艺的精髓和现代生活的时尚元素，成为越来越受人喜爱的茶饮方式。在这样一个背景下，高职院校的茶专业教学迎来了一项重要的挑战，即如何培养具备新中式茶饮知识的教师，以适应行业发展的需要，为学生提供更高质量的教学和指导。

培养具备新中式茶饮知识的教师，首先需要教师具备扎实的传统茶艺基础，这包括对茶叶的种类、品质、制作工艺以及冲泡技巧等传统茶道知识的全面掌握。传统茶艺是新中式茶饮的源头和灵魂，只有具有扎实的传统茶艺基础，教师才能更好地理解和传授新中式茶饮文化的精髓和内涵。其次，教师还需要不断学习和了解新中式茶饮的发展趋势和特点。了解新中式茶饮的文化内涵、品牌定位、市场需求等方面的知识，有助于教师更好地引导学生学习新中式茶饮的理论知识和实践技能，培养学生适应市场需求的能力和素养。最后，教师还应该具备优秀的教学能力和沟通技巧，能够有效地组织教学活动，激发学生学习的兴趣和积极性，引导学生深入掌握相关专业知识和技能，提升教学效果和教学质量。

在高职茶专业教学实践中，培养具备新中式茶饮知识的教师是学校发展的重要战略，也是高职教育对接产业需求的一项重要举措。高职院校可以通过多种方式来实现这一目标。首先，学校可以组织专业培训和学术交流活动，提升教师的专业素养和产业认知水平。邀请业内专家和茶艺大师举办讲座并开展培训，帮助教师了解新中式茶饮的概念、发展历史以及市场需求，推动教师更新教学理念，拓宽专业视野。其次，学校也可以建立新中式茶饮教学实践基地，为教师提供实践机会和场地。通过实地考察、实践操作等方式，让教师亲身体验新中式茶饮文化的魅力，增进对新中式茶饮的理解和体验。再次，学校还可以鼓励教师参与学术研究和教学创新项目，激发教师的学术热情和教学激情，提升教学质量和效果。在实际操作中，针对培养具备新中式茶饮知识的教师这一目标，高职院校可以制订专门的教学计划和教师培训方案，明确目标和内容，有针对性地提升教师的专业水平。通过结合课程设置和实践教学，引导教师深入了解新中式茶饮的文化底蕴和行业需求，增强教师的专业素养和实践能力。最后，学校还可以建立行业合作和交流平台，邀请行业专家和企业代表参与教学评估和教学指导，借助外部力量提升教师的实践能力和行业认知。要培养具备新中式茶饮知识的教师，学校还需要注重教师团队的建设和管理。建立多层次、多方向的师资培训机制和教师评价体系，激发教师的学习热情和创新潜力，提升教师的专业水平和教学效果。通过建立教师发展档案和个人成长规划，帮助教师明确自身发展方向和目标，促进师资队伍的持续成长和提升。综合而言，在新中式茶饮视角下，高职茶专业教学实践的探索和发展，旨在培养具备新中式茶饮知识的教师，提高教学质量和教学效果，促进茶文化的传承和创新。通过多方位的教学改革和师资培养计划，高职院校能够不断提升教师的专业素养和实践能力，为学生提供更优质的教学资源和服务，推动高职茶专业教育的深入发展和不断创新。

（3）完善教师职业发展通道。

目前，新中式茶饮作为中华传统茶文化与现代消费需求的结合体，正逐渐成为茶饮市场的一大亮点。在这一背景下，高职院校的茶专业教学也面临着新的挑战和机遇，尤其是在如何完善教师职业发展通道的探索方面。

教师作为学生成长道路上的引路人和示范者，其专业水平和发展空间直接影响着学生的学习成果和专业素养。因此，完善教师职业发展通道，培养具备新中式茶饮知识的教师，成为高职院校茶专业教学实践的关键所在。要完善教师职业发展通道，首先需要建立起一套科学合理的教师评价体系。通过明确教师的教学目标和职责，制定具体的教学评价标准和指标，既能帮助教师清晰了解自身的定位和发展方向，也能激励教师不断提升教学水平和专业素养。在这一评价体系中，应该综合考量教师的教学效果、学生综合素质提升情况、科研成果以及师德师风等方面的因素，全面评估教师的工作表现和发展潜力。其次，为了完善教师职业发展通道，学校层面还应推出更多措施：一是建立起完善的师资培训机制。通过制定个性化的师资发展规划，为教师提供系统的培训和学习机会，帮助教师不断提升自身的新中式茶饮知识和技能水平，增强自身的专业实践能力和创新能力。二是鼓励教师积极参与学术研讨会、行业交流会等活动，拓展教师的专业视野和学术背景，促进校际合作和学科交流，提升教师的学术研究水平和国际交流能力。三是通过推动教师职称评定和激励机制的改革，完善教师的职业发展通道。建立起符合新中式茶饮教学实践需求的教师职称评定体系，既可以激励教师不断提高自身的专业水平和教学素养，也可以促进校内师资队伍的结构优化和专业化发展。四是设置教师奖励制度和专项资助项目，为教师提供发展契机和支持，鼓励教师积极投入到教学科研工作中，促进教师的职业发展和成长。五是通过开展教师评职称、评优教学成果、评先进个人等活动，进一步激发教师的工作热情和创新活力，树立典范教师的榜样效应，推动教师队伍的整体发展和提升。六是开展教师职业发展规划和辅导工作，为教师提供个性化的职业指导和发展支持，帮助教师树立正确的职业发展理念和目标，规划自身的职业生涯和发展方向。总体来说，完善教师职业发展通道是高职院校茶专业教学实践中非常重要的一环。只有建立起科学合理的评价体系、完善的师资培训机制、激励机制和评定体系，才能更好地培养具备新中式茶饮知识的教师，提高教学质量和教学效果。

16.2　教学创新方向

16.2.1　优化育人目标，培养学生职业可持续发展能力

在新中式茶饮视角下高职茶专业教学创新方向中，优化育人目标、培养学生职业可持续发展能力是至关重要的。不同职业等级和不同岗位的需求对学生的技能标准提出了差异化的要求，因此政府、学校和家长都需要共同努力，为学生提供更全面的教育支持。

（1）政府层面。

政府可以通过政策制定和指导，调动各方资源，支持学校在职业技能培养方面的实践探索，推动高职教育的创新发展。

（2）学校层面。

各院校根据国家职业技能标准设计具有逐级递增特点的职业能力掌握水平是至关重要的。学校可以根据学生的年级和专业要求，设定不同的育人目标，帮助学生逐步提升职业技能和实践能力。通过明确的学习目标和评估标准，学生可以更清晰地了解自己的发展方向，教师也能更有针对性地制订教学计划和教学方法，从而提高教学效果和学生满意度。

（3）家长层面。

家长作为学生的重要后盾，其态度和关注点对学生的学习发展至关重要。学校可以加强家校合作，通过家长会、家庭访问等形式，加强和家长的沟通与合作。学校可以向家长介绍学生的学习情况和个人表现，帮助家长更好地了解学生的需求和困难，为学生提供更多的支持和指导。家长的关注和支持可以对学生的学习态度和学习效果产生积极的影响，促进学生的全面发展和职业可持续发展能力的提升。

（4）学生层面。

学生自身也需要正确认识专业学习和职业生涯发展中的压力和矛盾，了解学业和职业所带来的压力的积极和消极影响。学业和职业发展中的压力可以促使学生不断提升自身能力，追求更高的目标，但过度的压力也可能导致焦虑和压抑情绪。因此学生需要学会将压力转化为动力，激励自己更加努力地学习和成长。在这个过程中，学校和教师可以通过心理辅导和职业规划指导，帮助学生正确认识压力，学会应对挑战，更好地实现个人的职业发展目标。

此外，学生还需意识到学习一门专业知识和技能的收获是具有时效性的，需要不断调整学习观念，持续学习和适应新知识。随着社会的快速发展和技术进步，职业技能也在不断更新和升级，学生需要具备终身学习的意识和能力。终身学习的理念意味着学生不仅需要在校内学习期间掌握专业知识和技能，更需要在职业生涯中持续不断地学习、成长和适

应变化，以保持竞争力并不断提升自身职业能力。

16.2.2 开展专业课程群建设，促进“岗课”深度融通

在新中式茶饮视角下高职茶专业教学创新方向中，开展专业课程群建设并促进“岗课”深度融通是为了拓展学生的全面能力和实践经验，以适应茶饮行业的发展需求和提升职业竞争力。教师在这一过程中扮演着关键的角色，相关教师需要跨学科合作、从实际需求出发设计课程、开发新颖课程内容以及建立评价机制，以全方位支持学生的学习和发展。

首先，在新中式茶饮视角下，学生需要接受全方位的培育，不仅需要具备茶艺技能，还需要了解茶文化、营养学知识以及茶饮市场等多方面内容。为了实现这一目标，教师们应该跨学科合作，与其他专业教师共同探索如何将不同专业的优势进行整合，打破学科壁垒，为学生提供更全面的学习体验。例如，茶艺专业的学生可以与饮食营养学专业的学生合作开展项目，探讨茶饮与健康饮食之间的关系，从而拓展学生的视野和知识面。其次，教师们应该注重从实际生产和岗位需求出发，设计符合实际需要的课程内容。通过了解行业需求和市场趋势，教师可以开发实用性强、有针对性的课程，帮助学生更好地掌握所需的实践技能。举例而言，可以开设茶饮市场营销课程，让学生学习如何根据市场需求调整茶饮产品和服务，从而提高市场竞争力。同时，模块化的实训课程体系可以帮助学生逐步掌握各种实践技能，并在实际操作中提升自己的专业实践能力。再次，教师们还可以开发适合新中式茶饮发展的课程，如品茶技巧、茶艺表演、茶文化传承等。通过这些课程的学习，学生不仅能够深入了解新中式茶饮的内涵与魅力，还能培养自己的专业技能和创新潜力。最后，教师们可以采用多样化的教学方法，如互动式教学和案例教学，激发学生的学习兴趣，提高课程的深度和实用性。同时，可通过课程资源共享和课程评价机制的建立，助推教师们进行不同专业之间的“岗课”深度融通，确保课程质量和教学效果。

总体来说，新中式茶饮视角下高职茶专业教学创新方向的专业课程群建设和深度融通“岗课”举措旨在为学生提供更全面、更贴近实际需求的教育培养，帮助他们更好地适应茶饮行业的发展趋势，提升自身职业竞争力。

16.2.3 推进新教材开发，建立教学资源持续性动态更新机制

在新中式茶饮视角下，高职茶专业教学创新方向之一是推进新教材开发，建立教学资源持续性动态更新机制。随着数字媒体技术领域知识与技术的不断更新和职业结构的升级，教育机构需要积极跟进行业需求变化，及时更新教学内容，以确保学生在学习过程中接触到最新的知识和技能。为了实现这一目标，茶专业的教学资源开发需要从多方面进行综合考量，建立特色化的教学内容更新机制，以确保教学资源的新颖性和实用性。

（1）推进教材开发。

推进新教材的开发是教学内容更新的重要一环。教师们应及时关注行业发展的最新趋势和需求，结合自身实践经验和学科研究，不断开发具有前瞻性和实用性的新教材。通过新教材的开发，学生将能够接触到最新的行业知识和技能，为他们的职业发展提供更好的支持。

（2）借助数字技术建设平台。

借助数字技术建设平台，各高校可以建立一个立体多样的教学资源库，包括课件、案例、教学视频、虚拟实验室等多种形式的教学资源，以满足不同学生的学习需求和提供更加生动形象的教学内容。

（3）建立动态更新机制。

建立动态更新机制是确保教学资源持续性更新的关键。教育机构应设立专门的机制，定期对教学资源进行评估和调整，以确保资源的时效性和有效性。通过动态更新机制，教师便可以及时跟进行业发展变化，不断调整教学内容，确保学生接触到最新、最有效的知识和技能。这样的机制不仅能够提高教学质量，也可以激发学生的学习积极性，促进其更好地掌握和应用所学内容。

（4）探索多元化的教学形式。

除了传统的课堂教学外，教师还可以引入在线教育、远程教学、实践教学等多种方式，以满足学生的不同需求和学习习惯。通过多元化的教学形式，可以提高学生的学习兴趣和参与度，增强他们对知识的记忆和理解，促进更好的知识应用能力的培养。这样的教学形式创新不仅能够提升教学效果，还可以激发学生的创造力和实践能力。

综上所述，在新中式茶饮视角下，高职茶专业教学创新方向中，推进新教材开发，建立教学资源持续性动态更新机制是为了确保教学内容与行业需求同步更新，为学生提供最新最有效的知识和技能。教育机构和教师们应密切关注行业发展动态，积极开发新教材，建立完善的教学资源更新机制，不断提升教学质量，培养更加适应市场需求的茶文化人才。通过这些努力，学生将能够更好地适应职业发展变化，成为茶行业的优秀从业者，并为行业的健康发展贡献自己的力量。

16.2.4 拓展赛事平台，构建“共建众享”的职业技能竞赛新生态

在新中式茶饮视角下高职茶专业教学创新方向中，拓展赛事平台，构建“共建众享”的职业技能竞赛新生态是为了激发学生的学习兴趣，提升他们的职业竞争力，让他们在比赛中得到锻炼和成长。

搭建数字化赛事资源共享平台是一项关键举措。这一举措将通过整合多元主体的实际需求，利用先进的数字技术和国家职业教育智慧教育平台，充分挖掘和整合现有大量茶专业相关赛事资源，并将其转化为更具吸引力、更受师生欢迎的优质教学资源，以打造优质

的课程资源。同时利用虚拟现实应用技术打造高质量的仿真实训平台，建立培训学分的认证、存储、积累、转化等机制，以促进学生成果的积累和获取实践习得的机会。

首先，搭建数字化赛事资源共享平台是为了整合茶专业相关赛事资源，使其能够得到更广泛的传播和应用。这样的平台可以汇聚各类茶专业相关的竞赛、挑战赛、实践赛等资源，为师生提供更多元化、更丰富的学习和竞赛机会。通过数字化平台，学生可以更便捷地获取各类竞赛信息和资源，积极参与各项赛事，锻炼自己的职业技能，提升自身的综合素质。同时，教师可以借助这一平台更好地指导和辅导学生，促进学生的全面发展。其次，数字化赛事资源共享平台的建立将推动数字技术在教育教学中的应用和发展。通过利用先进的数字技术，如虚拟现实技术和智能教育平台，可以打造更加生动、更易互动的教学环境，提升学生的学习效果和参与度。学生可以通过平台参与虚拟仿真实训，在模拟的环境中学习和实践，提升技能水平和积累工作经验。教师可以利用平台资源开发更具创新性和趣味性的教学内容，激发学生的创造力和实践能力。最后，数字化赛事资源共享平台也将为师生提供更多的学习和交流机会。通过平台的共享和互动，学生可以与来自不同学校、不同地区的同学进行竞赛和交流，拓宽自己的视野，认识更多的同行，共同学习成长。教师们也可以借助平台资源开展专业交流和教学研究，促进教学水平的提升和教育教学理念的交流，从而推动茶专业教学的不断创新和发展。总体来说，构建“共建众享”的职业技能竞赛新生态是为了促进教学内容的更新与提升，激发学生的学习热情和动力，提高他们的职业素养和竞争力。通过数字化赛事资源共享平台的建立，学生将获得更多的学习机会和实践体验，教师们也将更好地指导和辅导学生。这一举措将为茶文化行业的人才培养和发展提供更为全面和深入的支持，促进茶文化产业的持续繁荣和发展。通过共建的努力和共享的资源，茶专业教学将进入一个更加开放、多元、创新的新阶段，为学生的未来发展带来更多的机遇和可能性。

16.2.5 深化协同育人共同体，完善多元立体质量保障制度

在新中式茶饮视角下的高职茶专业教学创新方向中，深化协同育人共同体，完善多元立体质量保障制度被视为促进教育质量提升和学生综合素质培养的关键举措。这一举措的实施需要政府相关部门尽快出台相关标准和管理办法，并建立健全科学的动态管理机制。与此同时，地方教育行政部门也应扮演重要角色，它们既是“开拓者”又是“守护者”，要根据区域产业特色，设立专门团队或智库，指导并研究“岗课赛证”综合育人模式的实施，为规划与设计提供支持。

首先，政府相关部门在推动协同育人共同体建设和完善多元立体质量保障制度过程中，需要制定明确的标准和管理办法。这意味着需要建立一套科学、规范的教育管理制度，明确各方责任、评价标准和监督机制，以确保教育质量和教学效果的持续提升。政府可以借鉴国际先进经验，结合国内实际情况，制定相应政策和措施，为高职茶专业教学创

新提供制度保障和政策支持。其次，地方教育行政部门作为推动协同育人共同体发展的主体之一，应积极参与并发挥重要作用。在“岗课赛证”综合育人模式的实施中，地方教育行政部门可以根据当地产业特色和需求，组建专门团队或智库，负责指导和研究相关工作。这些团队可以包括教育专家、行业专家、企业代表等多方参与者，共同探讨如何更好地实施综合育人模式，促进校企合作、教学实践和学生就业等方面的发展。地方教育行政部门的支持和管理将有助于协同各类资源，推动教育改革创新，提高教学质量和学生综合素质。最后，建立健全的科学动态管理机制是深化协同育人共同体和完善质量保障制度的重要环节。这一管理机制应该具备灵活性和前瞻性，能够随着教育需求和时代发展不断调整和完善。政府部门需要设立专门机构或委员会，负责监督和评估教育改革措施的执行情况，及时发现问题并提出改进措施，保障教育质量和效果的持续改善。同时，地方教育行政部门也应该加强对学校和教师的支持与指导，提供必要的资源和政策支持，激励教育教学改革的积极性和创造性。总体来说，深化协同育人共同体，完善多元立体质量保障制度是为了促进高职茶专业教学创新和学生综合素质的培养，需要政府相关部门和地方教育行政部门共同努力，制定相关政策和管理办法，建立科学动态的管理机制，为教育质量提升和教学改革提供有力支持和引领。只有通过各方的共同努力和协同合作，才能实现教育体系的改革创新，培养更多适应时代需求的优秀人才。

16. 2. 6 搭建高职大数据与茶专业“平台+模块”课程体系

在新中式茶饮视角下高职茶专业教学创新方向中，搭建高职大数据与茶专业“平台+模块”课程体系被视为推动教学质量提升和学生职业素养培养的关键举措。这一改进方向旨在将课程设置与企业实际需求、行业发展趋势相结合，打破传统课程设置的束缚，以实践为导向，为学生提供更贴近职场需求的教育体验，培养符合市场需求的高素质茶专业人才。

搭建高职大数据与茶专业“平台+模块”课程体系，就需要设计一套系统完备的课程架构，其应以行业前沿的大数据与茶专业领域为基础，结合企业需求和市场趋势，构建一系列涵盖理论基础、实践技能、专业知识和职业素养等方面的课程模块。首先，搭建高职大数据与茶专业“平台+模块”课程体系需要以市场需求和行业发展趋势为导向进行课程设置。根据茶饮行业对人才的需求和未来发展趋势，结合大数据技术在茶业中的应用，设立相关课程模块，应涵盖从茶叶生产、加工到销售的全产业链，以及数字化营销、数据分析、信息安全等相关内容。通过与行业企业的合作，确定实际岗位所需的能力要求，并将这些需求和技能要求融入课程设置中，确保学生毕业后具备市场竞争力。其次，课程体系的设计应该注重实践教育和跨学科融合。通过“平台+模块”的设置，可以将课程拆分为多个模块，每个模块都包含一定的理论知识和实践技能。学生可以通过参与模块化的实践性课程，提升自己在茶叶行业中的实际操作能力和解决问题的能力。同时，跨学科融合也是课程体系设计的重要部分，可以将大数据技术、市场营销、茶艺文化等不同学科内容融入课程中，培养学生的综合素质和跨领域能力。再次，搭建高职大数据与茶专业“平台+模块”课程体系还需要注重师资队伍建设和教学资源支持。学校可以邀请行业内资深专家和企业技术人员参与课程设计和教学，确保课程内容与行业实际接轨。同时，学校应该提供必要的实验室设施和技术支持，为学生的实践教学提供良好的条件。此外，学校还应建立校企合作机制，与茶饮企业建立紧密联系，共同开发实践性课程和项目，为学生提供更多的实践机会和职业发展支持。最后，课程体系的持续改进和评估也是搭建高职大数据与茶专业“平台+模块”课程体系的重要环节。学校应该建立完善的课程评估机制，定期对课程设置和教学效果进行评估，根据评估结果调整和优化课程内容，不断提升教学质量和学生满意度。同时，学校还应该鼓励教师参加行业内的培训和学术交流活动，不断更新教学内容和教学方法，保持与行业发展的同步性。总体来说，搭建高职大数据与茶专业“平台+模块”课程体系是为了促进高职茶专业教学的创新和发展，培养更符合市场需求的专业人才。通过与行业企业的紧密合作，结合大数据技术与茶业的融合，设计实践性强、前沿性强的课程模块，学生将能够在学习的过程中获取更多的实践经验和职业技能，为未来的职业发展打下坚实的基础。通过不断改进和优化课程体系，学校将能够更好地适应市场需求和行业发展，为学生提供更加优质的教育资源和更广阔的就业前景。

17 新中式茶饮视角下高职茶专业实训基地建设

17.1 打造校内新中式茶饮实训中心

在当前茶饮市场中，新中式茶饮作为中华传统茶文化与现代时尚的结合体，具有独特的魅力和市场潜力。在新中式茶饮流行的背景下，高职院校的茶专业教学也受到了关注，特别是在如何更好地培养学生对新中式茶饮文化的理解和实践能力方面。

为了提高学生的实践技能和培养具备新中式茶饮知识的专业人才，高职院校可以着重在校内建设新中式茶饮实训基地，从而打造校内新中式茶饮实训中心。在高职院校中建设新中式茶饮实训基地，实质上是为了提升实践教学质量，加强学生的专业技能培养。新中式茶饮实训基地是学生进行实际操作和模拟情境练习的场所，通过这样的实践教学环境，学生可以更深入地了解新中式茶饮文化的内涵和实际操作技巧，提升自身的专业素养和实践能力。

实训基地应该根据校内教学需求和实践教学特点，结合新中式茶饮的特色和市场需求，进行规划和设计，创造出一个符合教学要求和学生学习需要的实践环境。建设校内新中式茶饮实训中心需要考虑多方面因素。首先，实训基地的位置应该选择在便于学生和教师参与的地点，便于实践教学的开展和管理。其次，实训基地的设施和装备要先进完备，包括茶具设备、茶叶品种、茶室环境等方面，以确保学生能够在实践操作中获得良好的体验和教学效果。最后，实训基地应该考虑人文因素，如营造温馨幽雅的园林式茶文化氛围，让学生身临其境感受新中式茶饮的文化魅力。为了打造校内新中式茶饮实训中心，高职院校可以借鉴行业先进经验，结合自身的特色和需求进行规划和建设。通过与茶叶企业或品牌合作，引入优质的茶叶资源和专业技术支持，为实训基地提供更全面的服务和支持。此外学校还可以组织行业专家和茶艺大师进行实训讲座和指导，提升实训基地的教学水平和实践效果。通过持续不断地探索和优化，将实训基地打造成为一个集教学、实践、交流于一体的综合性实训中心，为学生提供更加优质的教育资源和学习体验。

除了建设实训基地，实训中心的运营和管理也是关键。学校可以设立专门的管理团队和教学指导机构，负责实训基地的日常管理和教学计划的制订。通过建立科学合理的教学体系和实践教学模式，提升教学效果和学生满意度。同时，学校还可以加强实训基地与企业之间的合作和交流，开展行业实践项目和校企合作，为学生提供更广阔的实习和就业机会，促进学校教学资源和市场需求的对接。校内新中式茶饮实训中心的建设是高职院校茶专业教学实践中的一项重要举措。通过打造优质的实训环境和教学平台，学校能够为学生提供更加全面的学习体验和职业发展支持，培养出更多具备新中式茶饮知识和实践能力的专业人才。实训中心的建设也有助于推动高职茶专业教学的不断创新和发展，提升教育质量和市场竞争力。

17.2 建立校企共建的产教融合实训基地

随着新中式茶饮在市场中的兴起和逐渐受欢迎，高职院校的茶专业教育也面临着新的挑战和机遇。为了培养符合市场需求的新中式茶饮人才，学校可以建立校企共建的产教融合实训基地，促进教学实践与产业需求的有机结合，培养具备新中式茶饮知识和实践能力的专业人才。

在建立校企共建的产教融合实训基地方面，学校可以与茶叶生产企业、茶饮连锁品牌等茶饮行业企业进行合作，共同打造符合市场需求和教学要求的实训基地。通过与企业的合作，学校可以引入行业最新的技术设备和茶叶资源，为学生提供更加真实的学习环境。同时，企业可以通过参与实训基地的建设和管理，了解学生的学习情况和实际操作能力，为企业招聘人才提供更为有力的参考依据。建立校企共建的产教融合实训基地，可以有效地满足学生对实践教学的需求，提升他们的专业素养和实际操作能力。实训基地应该根据市场需求和教学计划制定相应的培训项目和实践课程，应涵盖新中式茶饮的制作技艺、茶叶品种鉴别、茶艺表演等内容，让学生能够全面了解和掌握新中式茶饮文化的精髓和实践技巧。

通过校企合作的模式，学校可以结合企业的实际需求和市场趋势，调整教学内容和实践活动，为学生提供更为贴合行业实际的教学资源和学习机会。同时校企共建的产教融合实训基地还可以带动学校的教学研究和科研工作。通过与企业的合作，学校可以深入了解行业的发展趋势和技术需求，开展产学研合作项目，促进教师的科研水平和教学能力的提升。在实训基地中，教师可以与企业专家和技术人员开展深入合作，共同探讨茶饮领域的创新技术和研究成果，为学生提供更为前沿的教学内容和学习资源。通过校企合作的模式，学校的教学和科研工作可以更加贴近市场需求和行业发展，实现产教融合、学研结合的目标。在校企共建的产教融合实训基地中，学校还可以加强学生实习实践和就业指导工作，促进学生的职业发展和就业竞争力。

通过与企业建立联系和合作关系，学校可以为学生提供更多实习机会和行业实践项目，让学生在实践中积累经验、提升能力，更好地适应市场需求和就业竞争。学校还可以与企业共同开展就业招聘会、行业交流活动等，为学生搭建求职平台和拓展职业网络，提升他们的就业机会和职业发展空间。通过校企共建的产教融合实训基地，学校可以为学生提供更多的实践机会和职业指导，助力他们顺利就业和发展。

17.3 构建虚拟仿真的新中式茶饮实训环境

随着新中式茶饮在市场中崭露头角，高职院校的茶专业教育也面临着转型升级的机遇。为了更好地培养学生对新中式茶饮文化的理解和掌握，学校可以考虑构建虚拟仿真的新中式茶饮实训环境，以提升学生的实践技能和专业素养。

虚拟仿真技术作为一种融合了计算机科学、教育学和心理学等多学科知识的创新教学手段，已经在教育领域得到了广泛应用。通过虚拟仿真技术，学生可以在模拟的环境中进行实际操作和实践练习，获得与现实场景相似的学习体验，提高其实践技能和应变能力。

在新中式茶饮领域，构建虚拟仿真的实训环境，不仅可以丰富学生的学习资源、创造更多的实践机会，还可以提升教学效果和教学质量。构建虚拟仿真的新中式茶饮实训环境需要综合考虑多方面因素。首先，学校可以借助现有的虚拟仿真软件和技术，搭建一个模拟的茶饮制作和服务环境，包括茶具、茶叶、茶室布局等方面的模拟。通过虚拟仿真技术，学生可以在仿真环境中学习茶饮的制作过程、冲泡技巧和茶艺表演，达到与实际操作相似的学习效果。其次，学校可以结合虚拟现实（VR）和增强现实（AR）技术，打造更加沉浸式的学习体验，让学生身临其境地感受新中式茶饮文化的魅力。通过构建虚拟仿真的新中式茶饮实训环境，学校可以为学生提供更加便捷和高效的学习平台。学生可以通过虚拟仿真技术，在任何时间、任何地点进行茶饮实训的学习和练习，免受场地和时间限制的影响，提高了学习的自主性和灵活性。再次，通过虚拟仿真技术，学生可以进行反复练习和实践，加深对茶饮制作和服务流程的理解和掌握，提升实践技能和专业水平。最后，在构建虚拟仿真的新中式茶饮实训环境的过程中，学校还应该注重教师队伍的建设和教学管理的规范。教师可以利用虚拟仿真技术，设计丰富多样的实训课程和模拟场景，引导学生进行实际操作和思维训练，提高学生的实践能力和创新意识。同时，学校还需要建立健全的教学评估机制和实训管理体系，对学生的实训过程和成果进行及时跟踪和评估，保障实训效果和教学质量。通过全面协调教学资源和管理措施，构建虚拟仿真的新中式茶饮实训环境，将为学生提供更加优质的教育资源和学习体验。在虚拟仿真的新中式茶饮实训环境中，学校还可以结合多样化的教学方法和资源，打造更具创新性和实用性的教学模式。通过引入多媒体教学、在线学习平台、实践项目等教学手段，学校可以激发学生的学习兴趣和潜能，培养学生的创新能力和团队合作意识。学校还可以开展茶艺比赛、实践活动等，为学生提供展示才华和交流经验的机会，促进学生的学习动力和成长发展。

通过综合运用各种教学资源和教学方法，构建虚拟仿真的新中式茶饮实训环境，将为学生带来更为丰富的学习体验和职业发展支持。综上所述，构建虚拟仿真的新中式茶饮实训环境是高职院校茶专业教学实践中的一项重要举措。通过虚拟仿真技术，学校可以为学生提供更为灵活便捷的学习平台和实践机会，促进学生的实践技能和专业素养的提升。虚拟仿真的新中式茶饮实训环境还可以激发学生的学习兴趣和创新能力，推动教学质量和教育效果的提升。

18　新中式茶饮视角下
高职茶专业学生发展路径研究

18.1　培养学生的新中式茶饮认知能力

随着新中式茶饮在市场上迅速崛起，其热度持续攀升，高职院校的茶专业教育迎来了全新的发展契机，同时也面临着前所未有的挑战。新中式茶饮的独特魅力和文化内涵需要学生具备扎实的茶文化知识和实践技能，因此如何设计合理的学习路径，以培养学生对新中式茶饮的认知能力，成为高职院校茶专业教育的关键问题。

首先，培养学生的新中式茶饮认知能力需要从知识学习入手。学生应该全面了解新中式茶饮的历史渊源、文化内涵、制作工艺等方面的知识，以建立对新中式茶饮的基本认知框架。通过开设相关的课程和讲座，学校可以向学生传授茶文化知识，让他们深入了解新中式茶饮的魅力所在，激发学生对茶文化的兴趣和热爱。同时学校还可以组织学生参观茶博物馆、茶园等场所，让学生亲身感受和体验新中式茶饮文化的魅力，加深对茶文化的认知和理解。其次，培养学生的新中式茶饮认知能力需要注重实践训练。只有通过实际操作和实践练习，学生才能真正掌握新中式茶饮的制作技艺和服务技能。学校可以设置茶艺表演、茶点制作等实践课程，让学生在实践中熟练掌握新中式茶饮的制作流程和技巧，提升其实践能力和应变能力。同时，学校还可以组织学生参加一些茶艺比赛和实践活动，让学生在实践中展现自己的能力和创新精神，进一步提升其认知水平和实践能力。再次，培养学生的新中式茶饮认知能力还需要注重实践与理论相结合。学校可以通过设计多样化的教学活动和课程，将新中式茶饮的理论知识与实践操作相结合，让学生在理论学习中获得启发，在实践中巩固所学知识，从而全面提升其认知水平和实践能力。例如，学校可以开设茶艺理论课程和实践课程相结合的课程体系，让学生在理论知识的指导下进行实践操作，实现理论与实践的有机融合，提升学生的学习效果和实践能力。最后，培养学生的新中式茶饮认知能力还需要关注学生的综合能力和创新意识。在新中式茶饮领域，学生不仅需要掌握茶文化知识和茶艺技能，还需要具备创新意识和综合应用能力，才能在竞争激烈的市场中脱颖而出。学校可以通过设计开放性实践项目和创新实训课程，引导学生开展茶饮品牌策划、新产品开发等实践活动，培养学生的创新意识和团队合作能力，提升其综合能力和竞争力。

18.2 培养学生的新中式茶饮实践技能

当下，新中式茶饮已成为饮品市场的热门宠儿，在这样的背景下，高职院校的茶专业教育迫切需要直面挑战，把握机遇，着重培养学生的新中式茶饮实践技能，以满足市场对专业人才的需求。

培养学生的新中式茶饮实践技能旨在让学生掌握茶饮制作的工艺流程、茶艺表演的技巧和茶品鉴的方法，以满足市场对高水平茶饮人才的需求。首先，培养学生的新中式茶饮实践技能需要注重理论知识的学习和实践技能的训练相结合。学校可以通过设置茶艺理论课程和实践课程相结合的课程体系，让学生在了解茶饮文化的基础上，通过实际操作来掌握茶饮制作的技艺。学生可以通过模拟茶饮制作过程、实践茶艺表演等活动，逐步提升自己的实践技能和操作能力。通过实践技能的训练，学生可以更加熟练地掌握茶饮的制作流程和茶艺的表演技巧，为将来从事相关行业做好准备。其次，培养学生的新中式茶饮实践技能需要注重实践场景的模拟和真实的环境的体验。学校可以建立模拟的茶饮制作场景和茶室环境，让学生在模拟的情境中进行茶饮制作和茶艺表演的实践训练。通过模拟场景的搭建，学生可以在接近真实环境下进行实践操作，提升自己的实际操作的能力和应变能力。同时，学校还可以组织学生参加真实的茶会、茶文化活动等，让学生在真实场景中体验新中式茶饮文化的魅力，加深对茶饮实践的认知和理解。再次，培养学生的新中式茶饮实践技能还需要注重个性化的实践项目和创新活动。每位学生都有自己的特点和擅长领域，学校可以根据学生的兴趣爱好和特长，设计个性化的实践项目和创新活动，激发学生的创造力和创新意识。通过开展茶饮创新比赛、独特茶品制作等活动，学生可以展示自己的才华和创新精神，培养自信心和创造力。个性化的实践项目和创新活动不仅可以提升学生的实践技能，还可以激发学生的学习热情和探索精神，为其未来发展打下坚实基础。最后，培养学生的新中式茶饮实践技能还需要注重团队合作和跨学科交流。在新中式茶饮领域，团队合作和跨学科交流是非常重要的能力。学校可以组织学生进行团队实践项目和跨学科合作活动，让学生在合作中学会倾听、协作和沟通，培养团队合作的精神和能力。通过跨学科交流，学生可以从不同学科领域获取新的思维和启发，促进学生的综合素质和跨界能力的提升。

综合上述所述，培养学生的新中式茶饮实践技能是高职院校茶专业教育中的一项重要任务。通过多方面的教学方法和实践项目，学校可以全面提升学生的实践技能和操作能力，为他们未来的职业发展和就业竞争提供坚实支持。同时，学校还应该注重个性化的实践项目和创新活动的设计，激发学生的创新潜力和实践能力。

18.3 培养学生的新中式茶饮创新思维

随着新中式茶饮在市场中蓬勃发展，受青睐程度日益提高，高职院校的茶专业教育应及时转变思路，将培养学生的新中式茶饮创新思维作为重要目标，为学生在新兴茶饮领域的发展筑牢根基。

新中式茶饮不仅是一种饮品，更是一种文化和生活方式的体现，学生的创新思维对于推动新中式茶饮产业的发展至关重要。首先，培养学生的新中式茶饮创新思维需要注重知识积累和思维拓展。学校可以通过设置茶文化、茶史、茶道等相关课程，让学生了解新中式茶饮的起源、发展历程和文化内涵，从而建立对新中式茶饮的基本认知。同时，学校还可以引导学生关注新中式茶饮行业的最新趋势和发展动态，启发学生的思维，激发其对新中式茶饮的创新热情。通过知识积累和思维拓展，学生可以从不同角度了解新中式茶饮，为创新思维的培养奠定基础。其次，培养学生的新中式茶饮创新思维需要注重实践操作和实践项目的开展。学校可以通过设计创新实践项目，让学生在实践中体验和探索新中式茶饮的创新可能性。例如，学生可以参与新产品研发、茶饮搭配创意等实践活动，从而提升其创新思维和实践能力。通过实践项目的开展，学生可以从实践中获得经验和启发，激发创新潜力，为新中式茶饮领域的创新发展作出贡献。再次，培养学生的新中式茶饮创新思维还需要注重跨学科交流和合作。新中式茶饮行业涉及茶文化、饮食文化、设计等多个领域，学生需要跨学科交流和合作，才能获得更多新颖的创意和思维。学校可以组织跨学科讨论、合作项目等活动，搭建合作平台，促进不同专业学生之间的交流和合作。通过跨学科交流和合作，学生可以拓宽视野，汲取不同领域的创新灵感，提升创新思维和实践能力。最后，培养学生的新中式茶饮创新思维还需要注重市场需求和消费趋势的关注。学校可以引导学生关注市场需求和消费趋势，了解消费者的喜好和需求，从中发现创新的机会。学生可以通过市场调研、案例分析等方式，掌握市场动态，为新中式茶饮的创新提供参考和支持。通过关注市场需求和消费趋势，学生可以根据实际情况进行创新设计和方案制订，提升自身的创新能力和市场竞争力。

综上所述，培养学生的新中式茶饮创新思维是高职院校茶专业教育中的一项重要任务。通过知识积累、实践项目、跨学科交流和市场关注等多方面的培养方式，学校可以全面提升学生的创新思维和实践能力，为其未来的职业发展和创业创新打下坚实基础。同时，学校还应不断创新教学方法和手段，激发学生的创新潜力和实践热情，促进学生在新中式茶饮领域的创新发展和探索。通过共同努力，学校和学生将共同推动新中式茶饮行业的创新与发展，实现行业的可持续发展。

19　新中式茶饮视角下高职茶专业教学质量保障机制研究

19.1　构建基于新中式茶饮的教学标准体系

随着新中式茶饮在饮品市场大放异彩和热度的不断飙升，高职院校茶专业的教学质量保障机制亟待优化与完善。只有这样，才能契合新中式茶饮产业的发展走向，为行业输送优质人才。

构建基于新中式茶饮的教学标准体系被认为是提升教学质量和培养高水平新中式茶饮人才的关键所在。首先，构建基于新中式茶饮的教学标准体系需要注重教学内容的优化和更新。学校可以通过梳理新中式茶饮的相关知识体系和行业标准，构建符合行业需求和发展趋势的教学内容体系。教学内容应涵盖新中式茶饮的历史渊源、文化内涵、制作工艺、品鉴技巧等方面的知识，同时结合新中式茶饮市场需求和消费趋势进行更新和优化。通过不断更新教学内容，学生可以及时了解行业变化和发展动向，为将来从事相关职业做好准备。其次，构建基于新中式茶饮的教学标准体系需要注重教学方法的创新和多样化。除了传统的课堂授课和实验操作，学校还可以引入多种教学方法，如案例教学、项目实践、行业实习等，以促进学生的综合能力和实践技能的提升。通过多样化的教学方法，学生可以在实践中学习、在探索中成长，从而更好地掌握新中式茶饮的知识和技能。教学方法的创新和多样化可以激发学生的学习兴趣和创新潜力，提升教学效果和质量。再次，构建基于新中式茶饮的教学标准体系需要注重实践环节的强化和拓展。实践是学习新中式茶饮不可或缺的环节，学校应该加强实践教学的设置和安排，让学生在实践中不断学习和提升。学校可以与茶企合作，开展实践项目和实习计划，让学生接触真实的新中式茶饮行业，了解行业运作和实践操作。通过实践环节的强化和拓展，学生可以将理论知识应用到实际操作中，培养实践技能和应变能力，为未来的就业和创业打下坚实基础。最后，构建基于新中式茶饮的教学标准体系还需要注重教师队伍建设和师资培养。教师是教学质量的关键，学校应该注重培养具有新中式茶饮专业知识和教学经验的教师队伍，为学生提供优质的教学资源和服务。学校可以组织教师参加行业研讨会、培训班等活动，更新教师的专业知识和教学技能，提升其教学水平和素质。通过教师队伍的建设和师资培养，可以保障教学质量和教学效果的持续提升，为学生提供优质的教育资源和支持。

由此可见，构建基于新中式茶饮的教学标准体系是高职院校茶专业教育中的一项重要任务。通过优化教学内容、创新教学方法、强化实践环节和加强教师队伍建设，学校可以提升教学质量和教学效果，培养出更多高水平新中式茶饮人才。同时，学校还应密切关注行业需求和发展趋势，及时调整教学内容和方法，保持教学体系的前沿性和实用性。通过不懈努力，学校可以不断完善教学标准体系，为学生的学习和成长提供更好的支持和指导。

19.2 建立新中式茶饮教学质量监控体系

新中式茶饮在饮品市场强势崛起，发展态势愈发强劲，高职院校茶专业教学质量保障机制也成为众人关注的焦点。其关乎人才培养质量，对茶专业的长远发展起着关键作用。

建立新中式茶饮教学质量监控体系是确保教学质量和提升教学效果的重要举措。通过建立监控体系，学校可以及时发现教学问题并提出改进措施，提升教学质量和培养优秀新中式茶饮人才的能力。首先，建立新中式茶饮教学质量监控体系需要关注教学目标和评估标准的设定。学校可以通过明确教学目标和评估标准，建立科学合理的教学质量监控体系。教学目标应该与新中式茶饮行业需求和发展趋势相符，评估标准应该包括知识掌握、技能操作、创新能力等多个方面的内容。通过设定明确的教学目标和评估标准，可以使监控体系更加具有针对性和有效性，为教学质量的监控和提升提供有力支持。其次，建立新中式茶饮教学质量监控体系需要注重数据收集和分析的重要性。学校可以通过设立教学质量数据收集点，收集学生学习情况、教师教学效果、实践环节操作情况等相关数据，建立完善的数据统计和分析系统。通过数据的收集和分析，学校可以了解教学过程中存在的问题和瓶颈，及时进行调整和改进。同时，学校还可以借助数据分析工具，挖掘潜在的教学问题和提升空间，为教学质量的监控和优化提供科学依据。再次，建立新中式茶饮教学质量监控体系需要注重教学过程的评估和反馈机制的建立。学校可以通过组织教学评估和反馈活动，收集学生、教师和企业的意见和建议，了解教学过程中存在的问题和改进方向。通过教学过程的评估和反馈，学校可以不断改进教学方法和内容，提升教学效果和质量。学校还可以建立教学效果展示平台，分享教学成果和经验，促进教师间的交流和合作，提高整体教学水平。最后，建立新中式茶饮教学质量监控体系还需要注重师资队伍建设和教育资源的整合利用。教师是教学质量的重要保障，学校应该重视教师队伍的建设和培训，提升其教学水平和专业素养。学校还可以整合校内外的教育资源，建立多方位的教学支持系统，为教学质量的监控和提升提供更多的支持和保障。通过师资队伍建设和教育资源整合利用，学校可以提高教学效果和质量，培养更多高水平新中式茶饮人才。

综上所述，建立新中式茶饮教学质量监控体系是高职院校茶专业教育中的一项关键举措。通过设定教学目标和评估标准、数据收集和分析、教学过程的评估和反馈、师资队伍建设和教育资源的整合利用等多方面的工作，学校可以建立起科学合理的监控体系，为提升教学质量和培养优秀新中式茶饮人才提供有力保障。同时，学校还应密切关注新中式茶饮行业的发展动向，根据行业需求不断调整和优化教学内容和方法，保持教学质量的前沿性和实效性。在各方的共同努力下，学校可以不断完善教学质量监控体系，为学生的学习和成长提供更好的支持和指导。

19.3 完善新中式茶饮教学质量评价体系

新中式茶饮于饮品市场逐步崭露头角，高职院校茶专业教学质量保障机制也需紧跟时代步伐。特别是完善新中式茶饮教学质量评价体系，从课程设置、实践教学到学生成果考核等多维度，精准衡量教学成效，推动教学质量稳步提升。

建立健全的评价体系可以帮助学校更好地了解教学的实际效果、发现问题并及时改进，提高教学质量和培养优秀的新中式茶饮人才。首先，完善新中式茶饮教学质量评价体系需要关注评价指标的科学性和全面性。评价指标应该包括学生的知识掌握程度、技能运用能力、创新能力、实践能力等多个方面，以全面反映学生在新中式茶饮领域的学习和发展情况。评价指标的设定应该与行业要求和教学目标相一致，具有科学性和实用性，能够客观地评估学生的综合能力和素质。通过科学、全面的评价指标，学校可以更准确地了解学生的学习情况，为教学改进和优化提供有力支持。其次，完善新中式茶饮教学质量评价体系需要注重评价方法的多样性和灵活性。除了传统的考试和论文评价外，学校还可以引入多种评价方法，如实际操作评估、项目作品展示、实习表现评价等，以更全面地评估学生的学习成果和综合能力。不同的评价方法能够从不同角度展现学生的学习情况，有助于教师发现学生的优势和不足，为个性化教学和师生共同成长提供更多可能性。通过灵活多样的评价方法，学校可以更全面地了解学生的学习情况，为个性化指导和教学改进提供依据。再次，完善新中式茶饮教学质量评价体系需要注重评价结果的运用和反馈机制的建立。评价结果不仅是对学生学习成果的总结，更应该是教学过程的反馈和改进的起点。学校可以通过定期组织评价结果的分析会议，和教师一起讨论评价结果，找出存在的问题和改进的方向，并及时调整教学方案和措施。同时学校还可以根据评价结果，为学生提供个性化的学习指导和建议，帮助其充分发挥潜力，提升学习效果和成就感。通过评价结果的运用和反馈机制，学校可以不断提高教学质量和学生成绩，促进教学改进和优化。最后，完善新中式茶饮教学质量评价体系还需要注重教师评价和发展的重要性。教师是教学质量的关键，他们的教学水平和教学态度直接影响学生的学习效果和发展。学校应该建立起科学合理的教师评价体系，包括教学效果评估、教学态度评估、教学创新评估等多个方面。通过教师评价，学校可以了解教师的优势和不足，为其提供个性化的专业发展指导和培训，提升其教学水平和教育质量。同时，学校还可以通过教师评价，鼓励和激励教师更好地投入到教学工作中，提高教学质量和学生成绩。

总之，完善新中式茶饮教学质量评价体系是高职院校茶专业教育中的一项重要课题。通过科学全面的评价指标、灵活多样的评价方法、评价结果的运用和反馈机制、教师评价和发展等多方面的工作，学校可以建立起健全的评价体系，为提升教学质量和培养优秀的新中式茶饮人才提供有力保障。学校还应不断完善评价体系，根据行业需求和教学实际调整和优化评价内容和方法，保持评价体系的前沿性和实用性。

20 新中式茶饮视角下高职茶专业就业创业支持研究

20.1 新中式茶饮行业人才需求分析

随着人们对于传统茶文化的重新认可和新中式茶饮的受欢迎程度不断攀升，新中式茶饮行业对于人才的需求也日益增加。在这一背景下，高职院校的茶专业毕业生在新中式茶饮行业就业和创业的机会也随之增多。因此，对新中式茶饮行业人才需求进行深入分析，对于高职院校茶专业的就业创业支持意义重大。

首先，新中式茶饮行业人才需求分析需要从行业发展趋势和特点入手。新中式茶饮行业不仅要求从业人员具备传统茶文化的积淀和传承，更需要具备现代商业、营销、品牌运营等方面的知识和技能。因此，新中式茶饮行业人才需求不仅包括茶文化专才，还涉及市场营销、创意设计、管理运营等多个方面的人才。了解行业的发展趋势和特点，可以帮助高职院校更准确地把握人才需求的方向和重点，为毕业生提供更贴近实际需求的就业和创业支持。其次，新中式茶饮行业人才需求分析需要从不同职业角色和职能需求入手。在新中式茶饮行业中，除了传统的茶艺师、茶叶采购员等职业，还涌现出茶品经理、茶品设计师、茶品店长等新职业。这些新职业要求从业人员具备跨界、综合能力，能够兼顾茶文化传统和现代商业要求。因此，了解不同职业角色的具体需求和技能要求，可以帮助高职院校更有针对性地设置教学内容和培养目标，提升毕业生的就业和创业竞争力。再次，新中式茶饮行业人才需求分析需要结合行业发展阶段和市场需求进行考量。随着新中式茶饮行业的不断发展和壮大，市场需求也在不断变化，人才需求也呈现出多样化和个性化的趋势。对于高职院校来说，要能够及时了解行业市场的变化和人才需求的发展，灵活调整教学内容和方法，提升毕业生的适应能力和创新能力。通过结合行业发展阶段和市场需求进行人才需求分析，可以使高职院校的教育培训更贴合实际需求，为毕业生提供更多就业和创业的机会。最后，新中式茶饮行业人才需求分析还需要注重行业未来发展趋势和创新需求。新中式茶饮行业作为一个融合传统文化和现代商业的新兴行业，未来的发展趋势更多将涉及数字化、智能化、国际化等方面。因此，新中式茶饮行业对于创新、科技、跨界合作等方面的人才需求也会逐渐增加。高职院校需要关注行业的未来发展趋势和创新需求，加强与企业的合作和交流，为毕业生提供更多的就业和创业机会。

综上所述，对新中式茶饮行业人才需求进行深入分析对于高职院校茶专业的就业创业支持至关重要。通过了解行业发展趋势和特点、不同职业角色的需求、行业发展阶段和市场需求、未来发展趋势和创新需求等多个方面的考量，高职院校可以更准确地把握人才需求的方向和重点，为毕业生提供更贴近实际需求的就业和创业支持。同时，高职院校还应不断完善教育培训体系，灵活调整教学内容和方法，提升毕业生的适应能力和创新能力，为他们的就业和创业搭建更广阔的发展平台。

20.2 新中式茶饮创业模式与路径探索

20.2.1 模式分析

（1）学术型合作模式分析。

在新中式茶饮创业模式与路径的探索进程中，学术型合作模式发挥着不可替代的关键作用。它依托高校、科研机构的学术资源，为新中式茶饮创业注入前沿理论与创新思维，助力创业者深入挖掘茶饮文化内涵，创新产品研发思路，精准把握市场发展趋势，实现从理论到实践的转化，推动新中式茶饮创业朝着专业化、创新化方向迈进。

通过与产业界和科研机构的合作，学术界可以获得最新的行业动态和技术发展信息，从而及时调整课程设置和教学大纲，保证教育内容的前沿性和实用性。同时，学术型合作模式还注重为学生提供项目实践的机会和平台建设，为他们提供更多的创新创业项目和实践机会，从而促进学生实际操作能力的提升，培养学生的创新创业精神。

首先，通过学术型合作模式，学术界可以与产业界建立起紧密的合作关系，实现产学研深度融合。产业界作为新中式茶饮行业的主体，拥有丰富的市场经验和资源，可以为学术界提供行业前沿信息和实践案例，帮助学术界更好地了解行业现状和未来发展趋势。学术界则可以通过科学研究和教学实践，为产业界提供技术支持和人才培养，促进产业的升级和创新。通过产学研合作，学术界可以紧密跟进行业动态，及时调整教学内容和课程设置，提高教学的实用性和前瞻性，为学生提供更贴近市场需求的教育支持。其次，学术型合作模式强调项目实践的机会和平台建设，为学生提供更多的创新创业项目和实践机会。通过与科研机构的合作，学生可以参与实际的科研项目和技术开发，拓宽视野、积累经验，提升实际操作能力和创新意识。在新中式茶饮创业模式的探索中，学生可以通过市场调研、产品设计、营销策略等项目实践，深入了解行业需求和市场竞争，锻炼解决问题的能力和团队合作精神。这种实践性的教学模式可以让学生在实践中学习、在探索中成长，为未来的创业和就业奠定坚实基础。最后，学术型合作模式还可以促进学术界和产业界的资源共享和交流合作，实现优势互补，推动产业发展和人才培养。在新中式茶饮行业的发展中，产业界往往面临技术创新和人才培养的挑战，而学术界则拥有丰富的教学和科研资源，可以为产业界提供技术支持和人才储备。通过合作交流，学术界可以了解产业界的需求，为学生提供更贴合市场需求的教育培训；产业界也可以获取学术界的最新研究成果和人才储备，推动企业的创新和发展。资源共享和交流合作可以促进双方的共同进步，为产业的可持续发展和学生的个人成长提供更多支持。

总体来说，学术型合作模式在探索新中式茶饮创业模式与路径中发挥着重要作用。通过与产业界和科研机构的合作，学术界可以及时了解行业动态和技术发展，调整教学内容和课程设置，为学生提供更实用的教育支持。同时，学术型合作模式还注重项目实践的机会和平台建设，能为学生提供更多的实践机会，培养其创新创业精神和实际操作能力。通过资源共享和交流合作，学术界和产业界可以互相促进，实现优势互补，推动新中式茶饮行业的发展和人才培养。通过持续深化学术型合作模式，在新中式茶饮创业领域形成更加良性的产学研合作生态，为行业发展和学生成长提供更好的支持和保障。

（2）产业型合作模式分析。

产业型合作模式在当下茶饮行业的蓬勃发展中，占据着举足轻重的地位。这种模式整合上下游产业链资源，涵盖原料供应、产品研发、品牌运营、市场销售等各个环节，通过企业间的协同合作，实现资源共享、优势互补，有效降低创业成本，提升运营效率，为新中式茶饮创业搭建起完整的产业生态，为创业者提供全方位的产业支持，有力推动新中式茶饮在市场中的广泛传播与持续发展。

通过与产业界的合作，创业者可以深入了解行业内部运行机制和市场需求，获取行业资源和支持，搭建起更为稳固的创业平台。产业型合作模式的分析可以帮助创业者更好地把握市场机遇，拓展创业路径，实现创业目标。

首先，产业型合作模式注重与行业内部合作伙伴的合作与沟通。在新中式茶饮行业中，创业者需要与茶叶供应商、设备制造商、原材料供应商等各产业链相关方建立起紧密的合作关系。通过与产业界合作伙伴的合作，创业者可以获取到更为精准的市场信息和资源支持，了解行业发展趋势和竞争态势，制定更为科学的经营策略和发展规划。同时，产业合作还可以帮助创业者优化资源配置，降低生产成本，提升产品质量和服务水平，增强市场竞争力，实现企业的可持续发展。其次，产业型合作模式强调产业链的协同发展和价值链的优化。在新中式茶饮行业的创业过程中，创业者需要与产业链上下游企业进行合作，实现产业链的互补和价值链的协同。通过与茶叶种植基地、生产加工厂、销售渠道等多个环节的合作，创业者可以实现资源共享、信息互通，优化供应链管理，提高生产效率和产品质量，降低运营成本，提升市场竞争力。产业链的协同发展可以实现全产业链的优化，推动整个行业的升级和发展，为创业者提供更为稳定和可持续的创业环境。再次，产业型合作模式还强调创业者与行业协会、行业组织、政府部门等各方力量的合作与支持。

在新中式茶饮创业过程中，创业者可以通过加入行业协会、组织参加行业展会、研讨会等活动，了解行业最新政策法规、技术发展动态，拓展行业人脉、建立企业形象。政府部门也可以通过政策扶持、资金支持等方式，为新中式茶饮创业提供政策支持和资源保障，促进行业的健康发展和创新引领。产业合作模式需要创业者与各方力量紧密合作，共同推动行业的发展，为创业者提供更为广阔的创业平台和支持。最后，产业型合作模式还需要注重品牌建设和市场营销的合作。在新中式茶饮创业过程中，创业者不仅需要注重产品质量和服务水平，还需要注重品牌宣传和市场推广。创业者可以通过与媒体合作、平台合作等方式，提升品牌知名度和美誉度，树立起良好的企业形象。创业者还可以与行业内知名品牌或企业进行合作，共同推出联合产品或服务，拓展市场份额，实现互利共赢。品牌建设和市场营销的合作可以帮助创业者更好地把握市场机遇，提升品牌价值和市场竞争力，实现企业的稳健发展。

综上所述，产业型合作模式在探索新中式茶饮创业模式与路径中具有重要意义。通过与产业界、行业组织、政府部门等多方力量的合作与支持，创业者可以获取更多的市场信息和资源支持，拓展创业路径，实现创业目标。产业型合作模式的实施可以促进产业链协同发展，推动行业的整体升级和发展，为创业者提供更为稳定和可持续的创业环境。同时，产业型合作模式还可以帮助创业者优化资源配置，降低生产成本，提高产品质量和服务水平，增强市场竞争力，实现企业的可持续发展。通过持续深化产业型合作模式，新中式茶饮创业者可以抓住市场机遇，拓展创业路径，实现创业梦想。

20.2.2 成功案例探讨

（1）新中式茶饮视角下的就业创业项目案例。

项目背景：随着中国经济的不断发展和人民生活水平的逐步提高，传统的饮茶习惯正逐渐被新式茶饮取代。新中式茶饮作为一种融合了传统茶文化和现代时尚元素的新型饮品，深受大量年轻消费者的青睐。这种新式的茶文化深入人心，为茶行业带来了全新的活力和发展机遇。

新中式茶饮的兴起不仅改变了人们的饮茶方式，也为相关专业学生带来了丰富的就业和创业机会。茶学专业的学生们正是其中的一群受益者。在新中式茶饮蓬勃发展、处处洋溢着无限可能的黄金时期，一群对茶文化满怀热忱与憧憬的学生，怀揣着滚烫的创业梦想，毅然以新中式茶饮为独特视角，开启了一项意义非凡的创业项目。他们决心深入探索茶文化与现代社会的契合点，试图打破传统与现代的界限，让古老的茶文化在当代社会绽放出全新的光彩。这群学生从事茶学专业多年，对茶文化有着深刻的理解和热爱。他们深知传统茶文化的珍贵性，同时也对现代消费者的需求有着清晰的把握。基于这些理解和认识，他们开始了一项旨在传承和创新茶文化的项目。

项目实施：在这个项目中，他们将茶叶的种植、加工及市场推广知识相结合，以新中式茶饮为核心，致力于将传统的茶文化与现代消费者需求相结合，推出了一系列健康、美味、环保的新中式茶饮。

通过深入了解当前新中式茶饮市场状况的市场调研，他们发现市场品牌众多，却缺乏独特性，因此在产品的独特性和品牌文化上下足功夫，以此吸引目标消费者。学生们结合自身专业知识，选用优质茶叶品种为基础，搭配水果、花草等自然原料，研发出几款新中式茶饮，既保留了茶叶原香，又融入了现代创新元素，迎合现代年轻人口味。在品牌定位方面，学生们确定了以“生态、健康、时尚”为核心理念，邀请专业设计师设计了兼具清新、简约和现代感的包装，并在包装材料上考虑了环保因素，选用可降解材料。接着，学生们利用社交媒体平台展开品牌推广，拍摄了短视频和宣传片，并通过网络红人以及关键意见领袖（KOL）进行营销推广，同时在校园内和当地举办了一系列线下试饮活动，吸引了大量关注和好评。最后，他们在大学城附近开设第一家店铺，将年轻大学生作为目标消费者，为他们提供免费 Wi-Fi 和充电服务，创造出适合学习、休闲和社交的环境，并与多家外卖平台合作，拓展销售渠道。这支学生团队通过运用自己的专业知识和创意，在大家的共同努力下成功打造了一个融合传统文化与现代时尚的新中式茶饮品牌，展现出了他们的创业潜力和创新精神。他们共同努力的故事体现了对传统文化的尊重和对现代社会需求的理解，为茶饮市场注入了新活力，彰显了青年学子的创新魄力与努力奋斗精神。

项目成果：经过一段时间的运营，这个新中式茶饮项目取得了显著的经济效益。在第一年，他们的营业额达到了预期目标的 150%，并实现了盈利。这不仅证明了他们的商业模式是可行的，也为未来扩展提供了充足的资金支持。同时，通过线上和线下的多渠道推广，该品牌在当地大学生中迅速建立了知名度和美誉度。许多消费者表示，品牌的产品不仅口感出众，还深受品牌文化和理念的吸引。这个项目不仅在经济上取得了成功，还为参与其中的学生们带来了宝贵的创业经验。他们不仅学到了创业的基本技能，还积累了深厚的实战经验。从市场调研、产品开发、品牌推广到店铺运营，学生们都得到了全面的锻炼和理解。此外，这个项目也产生了积极的社会影响。通过推广新中式茶饮文化，增强和激发了年轻人对传统茶文化的认同感和兴趣，为传统文化的传承和发展贡献了力量。项目的环保理念也得到了社会的认可和支持，进一步提升了品牌形象和社会声誉。这个项目的成功不仅为学生们提供了就业和创业的机会，也为茶饮行业带来了新的活力和创新思路，展现了年轻一代的创业潜力和社会责任意识。在未来，他们将继续秉承初心，不断探索和创新，为茶饮产业和传统文化的繁荣发展作出更大的贡献。

（2）新时代背景助力茶专业学生创业就业扬帆起航。

一是提供实践平台，增强实践能力。新时代背景下，要求创业者具备更强的实践能力和创新精神，能够适应市场需求的变化和行业发展的趋势。因此提供实践平台，增强学生的实践能力，已经成为茶专业学生创业就业的必备条件之一。

首先，提供实践平台可以让茶专业学生更好地将理论知识应用于实际操作中。在学习过程中，学生通常会接触到大量的理论知识，但如何将这些理论知识转化为实际的操作技能是一个关键的环节。通过提供实践平台，学生就有机会在真实的情境下运用所学理论知识，通过实践不断积累经验，提升实践能力。例如，学生可以参与实地茶园管理、茶叶加工、茶饮制作等实践项目，深入了解茶叶产业的各个环节，锻炼自己的操作技能和创新思维，为将来的创业或就业做好准备。其次，实践平台的提供可以让茶专业学生更深入地了解行业内部机制和市场需求。新时代的茶叶市场竞争激烈、行业发展迅速，要想在这个行业中脱颖而出，就必须具备对行业的深入了解和市场的敏锐洞察力。通过参与实践项目，学生可以与行业内部合作伙伴、相关机构建立联系，了解行业最新动态和发展趋势，把握市场需求和消费者偏好，为创业或就业提供更多的参考和支持。通过在实践中的积累和实践经验，学生可以更好地适应行业发展的需求，提前做好准备，增强自身竞争力。再次，实践平台的提供可以帮助茶专业学生建立起自信心和专业能力。在创业或就业过程中，自信心和专业能力是非常重要的素质。通过在实践项目中的表现，学生可以不断提高自己的实践技能和解决问题的能力，逐渐建立起自信心和专业自信。在实践中获得的成就感和经验积累，可以让学生更有勇气和信心面对未来的挑战和困难，将自己的理想和梦想变为现实。同时通过实践平台的提供，学生还可以不断完善自身的专业知识和技能，增强自身的竞争力，为未来的创业或就业打下坚实的基础。最后，实践平台的提供还可以促进学生的创新思维和团队合作意识。在实践项目中，学生通常需要解决各种问题和挑战，需要不断思考和创新。实践项目的开展可以激发学生的创新意识和创新能力，培养他们解决问题的能力和创业精神。在实践项目中，学生通常需要与团队成员合作，共同完成任务，这也有助于培养学生的团队合作意识和沟通协作能力。通过实践平台的提供，学生可以不断锻炼自己的创新思维和团队合作能力，逐渐成长为具有综合素质和创业潜力的人才。

总体来说，提供实践平台，增强学生的实践能力在新时代背景下对茶专业学生的创业就业起到了重要的促进作用。通过参与实践项目，学生可以将理论知识转化为实践操作能力，了解行业内部机制和市场需求，建立自信心和专业能力，培养创新思维和团队合作意识，为未来的创业或就业做好准备。实践平台的提供不仅可以帮助学生更好地适应市场的需求和行业的发展，也可以促进学生全面发展，提升就业竞争力，为茶专业学生的创业就业提供更为坚实的支持和保障。通过持续深化实践教育，为学生提供更多的实践机会和支持，可以更好地满足新时代茶专业学生创业就业的需求，促进人才培养与行业发展的良性互动。

二是促进知识与技术的转化，激发创业潜力。随着科技的不断进步和经济形势的变化，新时代对创业者的需求也在不断演变。在这一背景下，知识与技术的转化被认为是推动创业就业的关键因素之一，能够激发茶专业学生的创业潜力，提升其创业成功的可能性。

首先，创业者要拥有更加丰富的知识和技术储备。随着科技的飞速发展，茶叶产业也在不断进行创新和转型，对于创业者来说，掌握最新的知识和技术已经成为创业成功的必备条件。通过知识与技术的转化，茶专业学生可以更好地了解行业发展的趋势和市场需求，提出创新的创业理念和模式，避免陷入激烈的竞争之中。例如，通过学习最新的茶叶种植技术、茶叶加工工艺、茶饮制作方法等，茶专业学生可以不断提升自己的专业素养和技术水平，为创业提供坚实的基础。其次，知识与技术的转化有助于激发茶专业学生的创业潜力。在新时代的创业环境中，创业者需要不断进行创新和突破，寻找新的商机和发展空间。通过将学习到的知识和技术进行转化，茶专业学生可以开拓思维、激发创业潜力，找到适合自己的创业方向和创新点。例如，通过运用先进的科技手段进行茶叶生产和销售，或者结合传统茶文化与现代饮食文化进行产品创新，茶专业学生可以在创业中展现出自己的独特魅力和竞争优势，实现创业的成功与成长。再次，知识与技术的转化还可以帮助茶专业学生更好地应对市场挑战和行业变化。在新时代的市场环境中，竞争激烈、市场需求多变，而茶叶产业也在经历着转型升级的过程。通过将学习到的知识和技术进行转化，茶专业学生可以更好地把握市场的脉搏，提升市场竞争力，适应市场的变化。通过不断的学习、实践和创新，茶专业学生可以不断完善自己的产品和服务，满足消费者的需求，实现商业价值和社会效益的双赢。最后，知识与技术的转化可以促进茶专业学生的创新能力和创业精神的培养。知识的转化需要创新思维和创业意识的支持，通过将学习到的知识和技术进行转化，茶专业学生可以培养自己的创新能力和创业精神，勇于面对挑战，敢于冒险尝试，不断推动创新发展。通过创新的产品设计、营销策略和经营模式，茶专业学生可以在市场竞争中脱颖而出，实现创业的成功和成长。

总之，知识与技术的转化对于茶专业学生创业就业的促进作用在新时代背景下愈发重要。通过将学习到的知识和技术进行转化，茶专业学生可以更好地应对市场挑战，激发创新潜力，提升创业成功的机会。知识与技术的转化不仅可以帮助学生提升专业水平和创新能力，还可以培养学生的创业精神和团队合作意识，为茶专业学生的创业就业提供更为稳固的支持和保障。

三是获得来自企业的资源支持和专业指导。随着经济发展的变化和市场竞争的加剧，创业者在创业过程中需要面对各种困难和挑战，特别是对于刚刚步入社会的茶专业学生来说，缺乏实践经验和行业资源可能成为创业的障碍。在这种情况下，来自企业的资源支持和专业指导可以帮助茶专业学生更好地把握市场机遇，拓展创业路径，实现创业目标。

首先，来自企业的资源支持可以为茶专业学生提供更为广阔的创业平台和支持。在创业过程中，创业者通常需要面临资金、技术、市场等多方面的挑战，而这些挑战正是新时代茶专业学生创业就业面临的主要问题之一。通过与企业建立合作关系，茶专业学生可以获得企业的资源支持，包括资金、技术、人才等方面的支持，为创业提供更为稳定和可持续的发展环境。例如，企业可以提供创业资金、技术支持、市场推广等资源，帮助学生解决创业过程中的困难和挑战，降低创业风险，提高创业的成功率。其次，来自企业的资源支持可以帮助茶专业学生更好地了解行业内部机制和市场需求。在创业过程中，了解行业内部运行机制和市场需求是非常重要的，这有助于创业者根据市场需求制定相应的经营策略和发展规划。通过与企业合作，茶专业学生可以获得企业内部的行业信息和市场数据，了解行业的最新动态和发展趋势，掌握市场的需求和消费者偏好，从而更好地调整自己的产品和服务，提升市场竞争力。企业可以提供行业内部的专业指导和资源支持，帮助茶专业学生更好地把握市场机遇，实现创业目标。再次，来自企业的资源支持还可以帮助茶专业学生优化资源配置，降低生产成本，提升产品质量和服务水平，增强市场竞争力。在创业过程中，资源的有效配置和管理对于创业者来说至关重要，尤其是在新时代背景下，市场环境动态变化，资源配置的灵活性和效率性成为创业成功的重要保障。通过与企业合作，茶专业学生可以共享企业的资源和经验，优化资源配置，降低生产成本，提升经营效率和产品质量，增强市场竞争力。企业可以通过资源支持和专业指导帮助茶专业学生制定科学的经营策略，提升管理水平，实现企业的可持续发展。最后，来自企业的专业指导也对茶专业学生的创业就业起到重要的促进作用。在创业过程中，创业者通常会面临各种疑惑和困惑，这时候来自企业的专业指导可以帮助学生解决问题，指导学生规避风险，提供实用的建议和意见。企业可以根据自身的经验和专业知识，为茶专业学生提供专业的指导和咨询服务，帮助学生更好地理解行业发展趋势和市场需求，指导学生制定切实可行的发展规划和实施方案，帮助学生顺利实现创业目标。企业的专业指导可以有效降低创业的风险，提升创业的成功率，为茶专业学生的创业就业提供更为可靠的支持和保障。

总体来说，来自企业的资源支持和专业指导对于茶专业学生的创业就业具有重要的促进作用。通过与企业合作，茶专业学生可以获得更多的资源支持和专业指导，帮助学生优化资源配置，降低生产成本，提升产品质量和服务水平，增强市场竞争力，实现创业目标。企业的资源支持和专业指导可以帮助学生更好地把握市场机遇，拓展创业路径，实现创业梦想。

四是创建创新创业氛围，扩大就业和创业视野。在当今社会，创新和创业已经成为推动经济发展和社会进步的重要动力，而茶专业学生作为具有专业知识和技能的人才群体，如何在这一浪潮中把握机遇，发挥创新创业的潜力，成为摆在他们面前的一项重要任务。

首先，茶专业学生要具备创新创业的意识和能力。在一个不断变化和竞争激烈的市场环境中，创新创业已经成为创业成功的关键要素之一。茶专业学生作为行业内的人才，需要不断提升自己的创新能力和创业意识，积极面对挑战，勇于尝试创新的理念和方法。通过创建创新创业氛围，可以激发学生的创新潜力，培养他们具有创业精神和创新意识的能力，帮助他们更好地适应市场需求和行业发展的趋势，实现自身的创业梦想。其次，创建创新创业氛围可以拓宽茶专业学生的就业和创业视野。在创新创业的氛围中，学生可以接触到更多的创新创业信息和资源，开阔自己的眼界，了解更多的就业和创业机会，拓宽就业和创业的视野。创新创业不仅仅局限于传统的茶叶生产和销售领域，还涵盖了茶叶文化传承、茶文化体验、茶叶科技研发等多个方面。通过参与创新创业活动和项目，茶专业学生可以发现更多的创新创业机会，提升自己的创业能力和就业竞争力，实现个人价值和社会贡献的双赢。再次，创建创新创业氛围也有助于促进茶专业学生与企业、科研机构等相关机构的合作与交流，为学生提供更广阔的发展平台和资源支持。在新时代的背景下，产学研合作已经成为推动科技创新和产业发展的重要方式之一。通过与企业和科研机构的合作，学生可以获得更多的实践机会和资源支持，深入了解行业内部机制和市场需求，增强自身的创新创业能力。企业和科研机构可以为学生提供行业内部的专业指导和资源支持，帮助学生更好地把握市场机遇，拓展创业路径，实现创新发展。最后，创建创新创业氛围有助于培养茶专业学生的团队合作精神和综合素质。在创新创业的过程中，学生通常需要与团队成员合作，共同解决问题，实现项目的成功。通过创新创业活动，学生可以锻炼自己的团队合作意识和沟通协作能力，学会与他人有效地合作，实现资源共享和优势互补，提升团队的执行力和创新力。通过与团队成员和合作伙伴的合作，学生可以学习到不同的观点和经验，拓宽自己的视野，培养包容性和团队精神，为未来的创业或就业奠定坚实的基础。

总体来说，创建创新创业氛围对茶专业学生的创业就业起到了重要的促进作用。通过培养学生的创新能力和创业精神，拓宽学生的就业和创业视野，促进学生与企业、科研机构等相关机构的合作与交流，培养学生的团队合作精神和综合素质，可以帮助学生更好地适应市场的需求和行业的发展，提升学生的创业竞争力，为茶专业学生的创业就业提供更为有力的支持和保障。

五是提供创业孵化和资金支持，降低创业门槛。在当前竞争激烈的市场环境和经济形势下，创业者往往面临着资金短缺、市场不确定性等挑战，而茶专业学生作为创业的一部分，也需要面对这些挑战。通过提供创业孵化和资金支持，可以帮助茶专业学生减少创业风险，降低创业门槛，促进创业就业的繁荣发展。

首先，提供创业孵化和资金支持可以帮助茶专业学生更好地进行创业规划和项目准备。创业孵化机构常常提供创业指导、市场调研、商业计划书撰写等服务，帮助创业者全面了解市场环境和行业发展趋势，制订科学的创业计划，规避风险，提高创业成功率。对于茶专业学生来说，创业孵化机构的支持可以帮助他们梳理创业思路，明确目标和方向，准备充分，在创业过程中更具信心和准备，从而更好地应对市场挑战，实现创业目标。其次，提供创业孵化和资金支持可以帮助茶专业学生解决资金短缺的问题。创业初始阶段常常需要大量的启动资金，而茶专业学生通常缺乏足够的资金去实现自己的创业梦想。通过创业孵化机构提供的创业投资和融资支持，茶专业学生可以获得资金的支持，降低创业的经济风险，促进项目的顺利进行。同时，创业孵化机构还可以帮助学生了解各种融资渠道和政策支持，为学生提供多样化的资金支持形式，帮助他们更好地解决资金问题，实现创业梦想。再次，提供创业孵化和资金支持可以帮助茶专业学生获得更多的资源和网络支持。创业孵化机构通常会提供创业者与投资人、合作伙伴、行业专家等的对接服务，为创业者提供丰富的资源和网络支持，帮助他们扩展人脉和合作机会，促进项目的发展和实施。对于茶专业学生来说，通过与创业孵化机构合作，可以获得更多的行业资源和专业支持，了解行业内部机制和市场需求，拓展创业视野，提升创业竞争力，增强创业成功的可能性。最后，提供创业孵化和资金支持也有利于促进茶专业学生的创新创业能力和创业意识的培养。通过参与创业孵化项目和获得资金支持，茶专业学生可以更好地了解创业的整个流程和要点，学习创业的方法和技巧，培养自己的创新创业意识和能力。创业孵化机构通常会提供专业的培训和指导，帮助学生全面提升创业技能和知识，提高创业成功率。通过创业孵化和资金支持，茶专业学生可以不断完善自己的创业项目，实现创新发展，推动个人和团队的成长，为行业的发展和创新作出贡献。

总体来说，提供创业孵化和资金支持对于茶专业学生的创业就业具有重要的促进作用。通过创业孵化和资金支持，可以帮助学生更好地进行创业规划和项目准备，解决资金短缺问题，获得更多的资源和网络支持，培养创新创业能力和创业意识，降低创业门槛，提升创业成功的机会。创业孵化和资金支持不仅有助于促进茶专业学生的创业就业发展，还可以推动行业的创新和发展，为新时代茶专业学生创业就业提供更为强大的支持和保障。通过不断加强创业孵化和资金支持，为学生提供更多的实践机会和资源支持，可以更好地培养学生的创新创业能力，助力茶叶产业的创新发展，实现人才培养与行业发展的共赢。

20.3 新中式茶饮背景对茶专业学生创业就业能力的促进作用机制解析

20.3.1 教育资源整合机制

（1）资源共享与协同机制建立。

新中式茶饮是中国传统茶文化与现代饮品文化的结合，它融合了传统茶道的仪式感和现代时尚的饮品潮流，深受年轻人的喜爱。茶专业学生作为具有茶叶专业知识和技能的人才群体，可以通过创业就业在新中式茶饮领域发挥自己的专业优势，实现个人价值和事业发展。

在这一背景下，资源共享与协同机制的建立对于促进茶专业学生创业就业能力的提升具有重要的作用。首先，资源共享与协同机制的建立可以为茶专业学生提供更丰富的创业资源和支持。在新中式茶饮领域，创业者通常需要面对诸如原材料供应、产品研发、市场推广等多方面的挑战。通过资源共享与协同机制，茶专业学生可以与其他行业的创业者、企业、投资机构等建立合作关系，共享资源和信息，实现资源共赢。例如，茶专业学生可以与茶农、茶厂进行合作，获取优质的茶叶原料；与设计师、营销专家合作，打造品牌形象和市场推广策略；与投资机构、孵化器合作，获得资金支持和创业指导。资源共享与协同机制的建立为茶专业学生提供更广阔的创业资源，帮助他们更好地把握市场机遇，实现创业目标。其次，资源共享与协同机制的建立可以促进茶专业学生与行业内部的合作与交流，拓展创业视野和人脉资源。在新中式茶饮领域，创新和合作是推动行业发展的重要动力，而资源共享与协同机制可以帮助茶专业学生在行业内部建立良好的合作关系和人脉资源。通过与行业内部的企业、专家、机构进行合作与交流，茶专业学生可以了解行业内部的最新动态和发展趋势，获取专业的指导和支持，拓展自己的创业视野，结识更多的合作伙伴和投资者，为未来的创业发展积累宝贵的资源和经验。资源共享与协同机制的建立为茶专业学生提供了多样化的合作机会，促进行业内部合作与共赢，助力茶专业学生实现创业就业的成功。再次，资源共享与协同机制的建立还可以促进茶专业学生的创新创业能力和综合素质的提升。在新中式茶饮领域，创新和创业能力是创业成功的重要保障，而资源共享与协同机制可以为学生提供更多的创新创业机会和平台。通过与其他行业的专业人才合作，茶专业学生可以结合自身的专业知识和技能，不断探索创新的产品和服务，满足市场需求，实现自身的创业理想。同时，资源共享与协同机制也有助于培养学生的团队合作精神和沟通协作能力，促进学生与合作伙伴之间的交流与合作，实现资源共享和优势互补，提升团队的创新力和执行力。最后，资源共享与协同机制的建立为茶专业学生提供了更为广阔的创新创业平台，帮助他们不断拓展创业领域，实现个人与团队的创新发展。

总体来说，资源共享与协同机制的建立对于茶专业学生的创业就业能力提升具有重要的促进作用。通过资源共享与协同机制，茶专业学生可以获得更丰富的创业资源和支持，促进与行业内部的合作与交流，拓展创业视野和人脉资源，提升创新创业能力和综合素质。资源共享与协同机制的建立不仅有助于促进茶专业学生的创业就业发展，也为行业的创新和发展作出了积极的贡献。通过不断加强资源共享与协同机制的建立，促进行业内部合作与共赢，为茶叶产业的创新和发展注入新的活力与动力，实现人才培养与产业发展的良性互动。资源共享与协同机制的建立为新中式茶饮领域的茶专业学生创业就业提供了更为广阔的发展机遇，助力行业的繁荣与进步。

（2）教育成果转化与落地机制。

新中式茶饮巧妙融合传统茶文化的深厚底蕴与现代饮品文化的时尚活力，作为方兴未艾的新兴领域，它不仅为茶专业学生铺就了如茶饮研发、门店运营等多元化就业之路，还搭建起品牌创立、线上营销等创业大舞台，赋予学生无限发展可能。

在这一背景下，教育成果的转化与落地机制通过将学生所学的专业知识、技能和创新意识转化为实际的商业项目或产品，促进学生创业就业能力的提升，实现知识输出与产业转化的有机结合。首先，教育成果转化与落地机制为茶专业学生提供了将理论知识与实践能力相结合的平台。在传统的茶专业教育中，学生主要学习茶叶的种植、加工、品评等理论知识和技能，但如何将这些知识和技能应用于实际创业或就业中往往是一个挑战。通过教育成果的转化与落地机制，学校可以与企业、孵化器等合作，将学生所学的知识和技能转化为具体的商业项目或产品，让学生在实践中不断提升自己的实际操作能力和商业洞察力。这种机制能够帮助学生更好地将学到的知识应用于实际工作中，拓宽专业视野、提升实践能力，有力地支持了学生创业就业能力的提升。其次，教育成果转化与落地机制可以帮助茶专业学生更好地了解市场需求和行业趋势，促进创新创业的机会和能力。在新中式茶饮领域，不仅需要传统的茶叶知识和技能，还需要与时俱进的市场洞察力和创新意识。通过教育成果的转化与落地机制，学生可以与实际市场接轨，了解消费者需求，分析行业发展趋势，发掘创新创业的机会。学校与企业合作开展实践课程、创业比赛等活动，让学生深入到实际创业环境中，从中感受市场的脉搏，培养创新创业的意识和能力。通过这种机制，学生可以更好地把握市场机遇，开拓创业空间，实现自身的创业梦想。再次，教育成果转化与落地机制有助于搭建学生与企业、投资者等合作伙伴的桥梁，促进合作共赢与资源整合。在新中式茶饮领域，企业通常需要与高校专业人才合作，共同推动产学研合作，促进行业的创新和发展。通过教育成果的转化与落地机制，学生可以借助学校的资源平台与企业、投资者等建立合作关系，实现资源共享、技术整合，共同推进项目的落地和实施。学生结合自身的创业项目或创新成果，与企业进行合作开发，探索商业模式，实现技术转移和商业应用，促进产学研合作的深度融合。这种机制有助于学校与企业之间的合作共赢，为学生提供更多的发展机遇和资源支持，促进创业就业能力的提升。最后，教育成果转化与落地机制还有助于培养学生的创新创业精神和团队合作能力。在创新创业过程中，学生通常需要与团队成员合作，共同解决问题，实现项目的成功。通过教育成果的转化与落地机制，学生可以参与到实际项目开发与运营中，锻炼自己的团队合作意识和沟通协作能力，学会与他人进行有效合作，实现资源共享和优势互补，提升团队的执行力和创新力。学校通过开设创新创业课程、组织创业实践活动等形式，让学生在实际项目中实践，体验团队合作的重要性，培养创业精神和团队合作能力，为未来的创业就业打下坚实的基础。

综上所述，教育成果转化与落地机制对于茶专业学生的创业就业能力提升具有重要的促进作用。通过将学生的专业知识、技能和创新意识转化为实际商业项目或产品，帮助学生了解市场需求和行业趋势，促进创新创业的机会和能力，搭建学生与合作伙伴的桥梁，促进合作共赢与资源整合，培养学生的创新创业精神和团队合作能力，促进学生创业就业能力的全面提升。教育成果转化与落地机制为茶专业学生提供了更为广阔的发展平台和机遇，助力学生实现创业就业梦想，为新中式茶饮领域的发展注入新的活力与动力。通过持续深化教育成果转化与落地机制，为学生提供更多的实践机会和资源支持，可以更好地促进产学研合作，推动人才培养与行业发展的良性互动。

20.3.2 激励与培训机制

（1）学生激励政策设计。

新中式茶饮作为融合传统茶文化和现代饮品文化的兴起领域，为茶专业学生提供了广阔的创业就业机会。在这一背景下，通过设计合适的激励政策，可以激发学生的创业热情，提高创业积极性，促进学生的创业就业能力的全面提升。

首先，在学生创业激励政策设计中，可以通过设立奖学金和创业基金等奖励机制，鼓励茶专业学生积极参与创业活动。奖学金可以作为学生创业的一种激励手段，奖励那些在创业过程中表现突出的学生，激励他们继续努力，实现自身创业目标。创业基金则可以为有创业想法、项目的学生提供资金支持，帮助学生实现创业梦想、降低创业风险，从而促进茶专业学生的创业就业能力的提升。通过设立这些奖励机制，可以有效激发学生的创新创业潜力，增强其创业的积极性和动力。其次，学生创业激励政策设计可以包括创业指导和签约计划等辅导支持机制，帮助学生规划和实施创业计划。创业指导可以为学生提供专业的创业指导和咨询服务，帮助学生了解创业流程、市场趋势、项目管理等知识，提高创业的成功率。签约计划则可以让学生与行业内的成功创业者或领军人物签约，获得技术指导、资源分享和商业机会等支持，促进学生的创业就业能力的提升。通过这些辅导支持机制，学生可以获得更多的实践经验和行业洞察，提升创业技能和商业思维，有助于他们更好地应对创业挑战，实现创业成功。再次，学生创业激励政策设计还可以涵盖创业实习和企业合作等实践机会，帮助学生锻炼实际操作能力和行业交流能力。创业实习可以让学生在实际的创业项目中进行接触和实践，了解创业的实际操作流程和流程，培养学生的实际操作技能和创业意识。与企业合作可以让学生与企业建立合作关系，了解企业运作模式和市场需求，获取实际的行业经验和资源支持，提高学生的创业就业能力。通过提供这些实践机会，学生可以在实践中不断提升自己的实际操作能力和商业洞察力，更好地为未来的创业就业做准备。最后，学生创业激励政策设计还可以涉及创业成果转化和项目评估等机制，帮助学生实现创业成果的持续发展和价值实现。创业成果转化机制可以将学生的创业成果转化为实际的商业项目或产品，引导学生将创业理念转化为商业现实，实现创业项目的商业化运作，为学生提供更多的商业机会和发展空间。项目评估机制则可以评估学生创业项目的市场前景、风险预测等因素，帮助学生全面了解项目的潜力和可行性，提升项目的发展方向和效率，促进学生创业就业能力的持续提升。通过这些机制的设计，可以更好地推动学生的创业就业实践，促进创业成果的转化和项目的发展。

总体来说，学生创业激励政策设计对于茶专业学生的创业就业能力提升具有重要的促进作用。通过设立奖学金和创业基金等奖励机制、提供创业指导和签约计划的辅导支持、提供创业实习和企业合作的实践机会、建立创业成果转化和项目评估的机制等措施，可以激发学生的创业热情，提高其创业积极性，促进学生创业就业能力的全面提升。学生创业激励政策设计不仅有助于促进学生的创业就业实践，也为学生提供更多的创业机会和发展空间，助力学生实现个人创业梦想，为茶叶产业的创新发展注入新的活力与动力。通过不断加强学生创业激励政策设计，为学生提供更多的激励和支持，可以更好地促进学生创业就业能力的提升，为新中式茶饮领域的发展作出积极贡献。

（2）师资培训与指导机制。

新中式茶饮巧妙地将传统茶文化的深邃内涵与现代饮品文化的创新理念相融合，在消费市场中异军突起，已然成为极具潜力的新兴领域。其独特的发展模式，为茶专业学生打开了一扇扇通往广阔职业天地的大门，就业机会涵盖从产品研发、茶艺表演到门店管理、市场营销等多个维度，创业方向更是包括打造个性化品牌、拓展线上线下销售渠道等热门赛道。

然而，学生想要充分把握这些机遇，将所学知识转化为实际的创业就业能力并非易事。在此过程中，师资培训与指导机制就成了关键的助推器。经验丰富、专业素养高的教师团队，通过系统的培训课程，不仅能帮助学生夯实专业知识，还能传授行业最新动态与实战技巧。在创业指导方面，教师从商业计划书撰写、市场调研方法，到风险评估与应对策略，全方位为学生提供专业建议，助力学生在新中式茶饮领域的创业就业道路上稳步前行。

首先，在师资培训与指导机制中，专业师资可以为茶专业学生提供行业内最新的知识和技能培训，帮助学生更好地了解新中式茶饮领域的发展趋势和市场需求。专业师资通过丰富的实践经验和专业知识，可以为学生提供最新的行业动态和市场信息，指导学生了解市场需求和竞争格局，帮助他们把握创业机遇，规避市场风险，提升创业就业的成功率。通过师资培训与指导，学生可以有效地获取行业内部的专业指导和支持，拓展自己的创业视野，为未来的创业就业做好准备。其次，在师资培训与指导机制中，专业师资可以为学生提供个性化的创业指导和创新创业项目的培训，帮助学生发现和培养自己的创业潜力和创新能力。专业师资可以根据学生的实际情况和兴趣特长，为他们量身定制创业指导方案和创新创业项目的培训计划，帮助学生充分发挥自己的优势，实现个性化的创业目标。通过专业师资的指导和培训，学生可以系统地学习创业知识和技能，培养创新创业的意识和能力，提升自身的创业实力和竞争力，为未来的创业就业做好充分的准备。再次，在师资培训与指导机制中，专业师资可以为学生提供创业案例分析和实践指导，帮助学生在实际创业过程中掌握正确的方法和策略，提升创业就业的操作能力和实践经验。专业师资可以通过精心设计的创业案例和实践案例，让学生了解成功的创业经验和失败的案例教训，帮助他们从他人的经验中学习，避免重复他人的错误，更有效地规划和实施自己的创业项目。同时，专业师资还可以为学生提供实践指导和技术支持，帮助他们解决创业中的问题和困难，指导他们从实践中不断积累经验，提升创业的成功率和可持续发展。最后，在师资培训与指导机制中，专业师资还可以为学生提供创业网络和资源整合的支持，帮助学生与行业内部的合作伙伴和资源进行有效整合，实现资源共享和优势互补，提升创业的合作能力和市场竞争力。专业师资可以通过自身的关系网络和资源渠道，为学生搭建创业合作平台和资源整合平台，促进学生与合作伙伴之间的协作和交流，实现资源共享和优势互补，提升团队的综合实力和市场竞争力。通过专业师资的支持和指导，学生可以更好地与行业内部的合作伙伴建立合作关系，开展创业项目和实践活动，提升创业就业的整体效益和综合实力。

综上所述，师资培训与指导机制对于茶专业学生的创业就业能力提升具有重要的促进作用。通过专业师资的指导和培训，学生可以获取行业内最新的知识和技能，个性化的创业指导和创新创业项目的培训，实践案例分析和实践指导，创业网络和资源整合的支持等多方面的帮助，提升学生的创业就业能力和竞争力，助力学生实现创业梦想，为新中式茶饮领域的发展作出积极贡献。通过不断加强师资培训与指导机制的建设，为学生提供更全面的创业支持和指导，可以更好地促进学生的创业就业实践，实现人才培养与产业发展的良性互动。

20.4 茶专业学生创新创业团队建设机制

20.4.1 团队建设模式

（1）团队建设阶段与策略。

随着大学生创新创业热潮的不断升温，大学生创新创业团队的建设机制备受关注。然而，团队建设是一个漫长而复杂的过程，需要团队成员在不同阶段采取不同的策略和方法来促进团队的发展。

在新中式茶饮领域，团队建设尤为重要，因为这个行业需要团队成员之间密切合作、协同创新，共同打造出独具特色的茶饮品牌和文化。团队建设的第一个阶段，也是一个十分重要的阶段就是形成阶段，这个阶段通常是团队成员刚刚走到一起，彼此还不太熟悉，需要通过一系列的活动和策略来促进团队的凝聚力。首先，团队成员可以通过共同参与茶文化体验活动、分享茶饮品尝经验、进行团队合作游戏等方式，增进彼此的了解和信任，建立起团队的凝聚力和归属感。同时，团队成员可以共同探讨未来的发展方向和愿景，明确团队的使命和目标，制定出共同的价值观和规范，为团队的未来发展奠定坚实的基础。其次，团队领导者在团队建设的形成阶段起着至关重要的作用。团队领导者需要充当团队的引领者和榜样，发挥自己的激励和鼓舞作用，带领团队成员共同前行。团队领导者可以通过设立团队目标和任务，制订清晰的工作计划和分工，激发团队成员的工作热情和创造力，推动团队的发展和进步。团队领导者还可以制定有效的沟通机制和决策流程，促进团队内部的信息流通和决策效率，建立起良好的团队合作氛围和文化氛围，推动团队向着共同的目标迈进。最后，在团队建设的形成阶段，团队成员之间的协作和互相支持也是非常关键的。团队成员需要学会尊重彼此的意见和角度，建立起良好的沟通和协作机制，共同解决团队面临的问题和挑战。团队成员还需要发挥自己的专业优势和个人特长，相互补充、相互促进，实现团队整体实力的最大化。团队成员可以通过定期的团队会议、讨论和反馈机制，及时沟通和分享工作进展、困难和需要改进的地方，促进工作的顺利推进和团队的有效运作。在新中式茶饮背景下，团队建设形成阶段的成功将为团队的后续发展奠定坚实的基础。通过共同建立起团队的愿景和使命、明确团队的目标和方向，加强团队成员之间的信任和合作，实现团队整体实力的最大化，团队可以更好地应对市场的挑战和竞争，实现自身的成长和发展。团队建设阶段的策略和方法不仅有助于促进团队的凝聚力和团结力，还可以为团队成员提供更多的学习和成长机会，提升团队的创新创业能力和市场竞争力，助力团队在新中式茶饮领域的发展中取得更大的成功。

综上所述，团队建设阶段与策略对于茶专业学生创业就业能力的促进作用不可忽视。在新中式茶饮领域，团队建设的形成阶段是团队发展过程中至关重要的一环，需要通过合适的策略和方法来促进团队的发展和进步。通过形成阶段的团队建设，团队成员可以共同建立起团队的愿景和使命、明确团队的目标和方向，加强团队的凝聚力和团结力，为团队的持续发展奠定坚实的基础。通过团队领导者的引领和激励、团队成员之间的协作和互相支持，团队可以更好地应对市场挑战和竞争，实现自身的成长和发展。通过不断加强团队建设阶段与策略的设计和实施，为团队提供更多的发展机会和支持，可以更好地促进团队的创新创业能力和市场竞争力，为新中式茶饮领域的发展注入新的活力与动力。

（2）创新创业团队文化构建。

团队的使命和愿景是团队文化的核心价值所在，它可以把团队成员凝聚在一起，激发团队成员的创业激情和活力。在大学生创新创业教育中，指导学生树立正确的创业理念，树立可持续发展的使命和愿景，是构建创业团队文化的第一步。团队成员应该共同明确团队的目标和方向，明白自己在团队中的角色和责任，从而形成共同的价值观和行为准则。

创新创业团队文化的构建在新中式茶饮背景下具有特殊的重要性。在这个兼容传统茶文化和现代化饮品文化的领域中，团队的文化和价值观将直接影响团队的创业发展和成果。首先，团队的使命和愿景应该明确反映新中式茶饮领域的特点和发展方向，团队成员需要共同定义团队的未来愿景和价值追求。例如，团队的使命可能是推广中华茶文化、创新茶饮产品，以及为消费者带来健康美味的茶饮体验。团队的愿景可能是成为新中式茶饮行业的领军品牌，赢得消费者的认可和喜爱。这些使命和愿景将成为团队成员共同奋斗的目标，激发他们的创业热情和活力。其次，在新中式茶饮背景下，团队成员需要共同明确团队的核心价值观和行为准则，建立起统一的团队文化。团队的核心价值观可能包括团队合作、创新精神、服务意识、诚信守法等，团队成员需要遵守这些价值观，共同维护团队的文化氛围。团队的行为准则可能包括沟通协作、互相尊重、积极进取、勇于担当等，团队成员需要遵循这些准则，共同推动团队的发展和进步。通过共同明确和遵守团队的核心价值观和行为准则，团队文化将变得更加健康和稳固，促进团队成员之间的紧密合作和有效沟通。再次，在创新创业团队文化的构建过程中，团队领导者扮演着至关重要的角色。团队领导者需要发挥示范和引领作用，积极倡导团队的使命和愿景，树立榜样，引领团队成员迈向共同的目标。团队领导者还需要注重团队成员的激励和培训，提供必要的支持和资源，促进团队文化的建设和发展。通过团队领导者的带领和推动，团队成员将更加奋发向上，共同努力为团队的发展作出贡献。最后，创新创业团队文化的构建需要团队成员之间的共同努力和合作。团队成员应该积极参与团队文化建设的过程，共同制定团队的使命和愿景，讨论和明确团队的核心价值观和行为准则，建立起团队的认同感和凝聚力。团队成员可以通过团队建设活动、团队文化培训、团队沟通和反馈等方式，强化团队文化的塑造和传播，提升团队的凝聚力和创业效率。通过团队成员之间的共同努力和合作，创新创业团队的文化将得到有效的构建和传承，为团队的未来发展奠定坚实的基础。

总体来说，在新中式茶饮背景下，创新创业团队文化构建对茶专业学生创业就业能力的促进作用至关重要。通过明确团队的使命和愿景、共同建立核心价值观和行为准则、团队领导者的示范和引领、团队成员的共同努力和合作等方面的努力，可以打造出有活力、有凝聚力的创业团队文化，激发团队成员的创业激情和活力，提升团队的整体实力和市场竞争力。

20.4.2 团队协作机制建设

（1）任务分工与协作流程设计。

在新中式茶饮背景下，任务分工是创新创业团队协作机制中的关键环节。在一个团队中，成员之间的能力、兴趣和专业背景各不相同，因此合理的任务分工可以充分发挥每个团队成员的优势，使团队整体的执行效率得到提高。

在新中式茶饮领域，团队成员可能涉及产品研发、营销推广、渠道拓展、客户服务等多个方面的工作内容。针对不同成员的专业背景和个人能力，可以进行合理的任务分工，将整个创业项目拆分成不同的任务和子任务，分配给适合的团队成员负责。例如，茶叶专业学生可以负责产品研发和茶文化推广，市场营销专业学生可以负责品牌推广和市场调研，管理专业学生可以负责团队协调和项目管理。通过合理的任务分工，可以使团队成员各司其职，发挥自己的专业优势，提高工作效率和质量。

除了任务分工，协作流程设计也是创新创业团队协作机制中至关重要的一环。协作流程设计包括团队成员之间的沟通方式、信息共享机制、协作协调流程等，旨在促进团队的有效协作和高效执行。在新中式茶饮背景下，团队成员可以通过团队会议、在线协作平台、反馈机制等方式进行有效沟通，分享信息和意见，及时调整工作计划和任务进度。团队协作流程设计应该清晰明了，每个团队成员都应该清楚自己的任务和责任，知道如何与其他成员协作，做到各司其职、相互配合，共同推动项目的顺利进行。在协作流程设计中，团队领导者的角色尤为重要。团队领导者需要制订清晰的工作计划和任务分配方案，明确团队成员的职责和工作目标，指导团队成员按照规定的流程和步骤进行协作，确保项目的顺利实施和达成预期目标。团队领导者还需要定期组织团队会议和讨论，及时了解团队成员的工作进展和需求，协调解决团队内部的问题和矛盾，保持团队的凝聚力和向心力。另外，协作流程设计还需考虑团队成员之间的互信与支持。团队成员之间应建立起相互信任和支持的关系，共同面对挑战和困难，共享成果和荣誉。团队成员可以通过互相帮助、资源共享、团队建设活动等方式，促进团队内部的合作与协作，实现团队整体实力的最大化。同时团队成员也需要考虑团队目标的共同性和长远性，以团队利益为重，共同努力迈向成功的方向。

总体来说，任务分工与协作流程设计是新中式茶饮背景下促进茶专业学生创业就业能力的重要机制。通过合理的任务分工，团队成员可以充分发挥各自的专业优势，提高整体工作效率和质量；通过设计有效的协作流程，团队成员可以清楚明了地了解自己的任务和责任，协作顺利推进，确保项目的顺利实施和成功落地。

（2）冲突解决与团队凝聚力提升。

在新中式茶饮背景下，如何解决冲突、提升团队凝聚力成为当前大学生创新创业团队亟须解决的重要问题。要解决冲突，就需要了解冲突产生的原因。在大学生创新创业团队中，冲突可能源自成员之间的个人观念和工作方式不同，也可能是由于资源分配不均或利益分歧而产生的。为了有效解决这些冲突，团队成员需要建立起开放、平等的沟通机制。这样的沟通机制能够让每个成员表达自己的观点，听取他人意见，并通过协商达成一致，从而消解冲突，减少团队内部的摩擦。

在新中式茶饮背景下，冲突解决与团队凝聚力提升尤为重要。新中式茶饮领域融合了传统茶文化与现代饮品文化，涉及的领域复杂多样，团队成员之间存在不同的专业背景、工作方式和个人观念，很容易产生冲突。为了有效解决这些冲突，团队成员需要培养良好的沟通与协作能力，建立起相互理解和支持的关系，提升团队的整体凝聚力和协作效率。

首先，团队成员应当意识到冲突的本质与产生原因。在新中式茶饮背景下，团队成员之间可能存在的冲突主要源自对茶文化的理解差异、工作方法的不同、利益分配不均等方面。团队成员需要充分了解冲突的根源，客观分析问题，避免情绪化的处理方式，从而更好地解决团队内部的摩擦与分歧。其次，团队成员需要建立开放、平等的沟通机制，促进沟通与协作。团队成员可以定期举行团队会议、团队沟通训练或团队建设活动，营造一个良好的沟通氛围，让每个成员敞开心扉、畅所欲言。通过有效的沟通，团队成员可以表达自己的观点和需求，理解他人的立场和意见，找到共同点，并共同制定解决方案，化解冲突，增进团队的凝聚力和团队精神。再次，团队领导者在冲突解决与团队凝聚力提升中发挥着关键的作用。团队领导者应该主动介入冲突解决过程，发挥调解作用，促使团队成员进行建设性的对话和协商，化解分歧，促进团队达成一致。团队领导者可以设立冲突解决机制，明确冲突处理流程，引导团队成员积极参与，共同维护团队的和谐和稳定。最后，团队成员应建立相互信任和支持的关系，共同努力实现团队的共同目标。团队成员之间应该学会尊重他人，包容差异，团结协作，共同面对挑战与困难。团队成员可以通过团队建设活动、互相帮助、共同学习等方式，增进团队的凝聚力和归属感，从而更好地完成团队的使命和愿景。

综上所述，在新中式茶饮背景下，冲突解决与团队凝聚力提升是促进茶专业学生创业就业能力的重要机制之一。通过了解冲突产生的原因、建立良好的沟通机制、团队领导者的引领与调解、增进团队成员之间的信任和支持等方面的努力，可以有效解决团队内部的冲突，提升团队的凝聚力和协作效率，推动团队向着共同目标迈进。团队成员在解决冲突的过程中，也可以提升自身的沟通能力、协作能力和问题解决能力，为未来的创新创业道路积累宝贵的经验和能力。

21　新中式茶饮视角下
高职茶专业国际化发展研究

21.1　分析新中式茶饮的国际传播现状

随着新中式茶饮产业的兴起和中国传统茶文化的国际传播，新中式茶饮在国际市场上逐渐受到关注和认可，成为中国茶文化的一张新名片。通过深入分析新中式茶饮的国际传播现状，可以更好地了解其在国际市场上的地位和影响力，为高职茶专业的国际化发展提供宝贵参考。

新中式茶饮的国际传播现状可以从多个维度进行分析。首先，可以从产品出口情况来看。随着中国茶叶出口量的逐年增加，新中式茶饮作为中国茶文化的代表之一，也在一定程度上被引入国际市场。一些知名的茶饮品牌如喜茶、奈雪的茶等已经在海外开设分店，将新中式茶饮的魅力传播到了世界各地。这些产品的出口情况可以反映新中式茶饮在国际市场上的受欢迎程度和影响力。其次，可以从国际市场对新中式茶饮的接受程度来看。在一些国际大都市，如纽约、伦敦、东京等，新中式茶饮店已成为时尚潮流的一部分，吸引了众多本地人和外国游客前来品尝。新中式茶饮的精致外观、独特口味和文化内涵受到了国际消费者的喜爱，成为一种具有竞争力的饮品。国际市场对新中式茶饮的接受程度表明其在跨文化传播和消费需求方面的潜力。最后，可以从国际市场对中国茶文化的认知情况来分析新中式茶饮的国际传播现状。中国茶文化作为世界上最古老、最丰富的茶文化之一，具有独特的历史价值和文化内涵。新中式茶饮作为传统茶文化与现代饮品文化的结合，不仅承载着中国传统茶道的精髓，还融入了现代时尚元素，更贴合国际市场的消费需求。国际市场对中国茶文化的认知程度直接影响了新中式茶饮的国际传播与接受。在分析新中式茶饮的国际传播现状时，还需考虑一些挑战与问题。新中式茶饮在国际市场上的竞争激烈，需要不断提升产品品质与服务水平，丰富产品种类与风味，增强品牌影响力与竞争力。需要加强文化认知与传播，让国际消费者更深入地了解中国茶文化的渊源与内涵，提升新中式茶饮在国际市场上的文化认同度。

针对新中式茶饮的国际传播现状，高职茶专业在国际化发展中应抓住机遇，提升教学质量，加强师资队伍建设，培养适应国际市场需求的专业人才。高职茶专业可以积极开展国际合作交流，拓展国际视野，引入国际先进教学理念和技术手段，提升学生的国际视野与竞争力。通过不断深入研究新中式茶饮的国际传播现状，高职茶专业可以更好地把握时代脉搏，掌握市场需求，为茶专业学生的国际化发展提供更多的机遇与支持。

总体来说，新中式茶饮作为中国茶文化的现代化表现形式，正逐步走向国际舞台，受到国际市场的关注和认可。高职茶专业应加强对新中式茶饮的国际传播现状的研究，深入了解其市场需求和发展趋势，为学生的国际化发展提供更加有针对性的培养方案和支持措施。

21.2 探索新中式茶饮国际化人才培养路径

随着中国传统茶文化的国际传播和新中式茶饮产业的崛起，对于培养具有国际视野和跨文化背景的茶业专业人才提出了新的挑战和机遇。在新中式茶饮视角下，高职茶专业如何进行国际化人才培养，引领学生走向世界舞台，成为新时代的茶业领军人才，值得深入研究和探索。

首先，要探索新中式茶饮国际化人才培养的路径，就需要明确培养目标和需求。新中式茶饮作为中国传统茶文化与现代饮品文化的结合，既要传承和弘扬传统茶文化，又要适应当代消费需求和国际市场趋势。因此，针对国际化人才应该突出文化传承与创新能力的培养，注重对学生的跨文化沟通能力、国际市场拓展能力和全球视野的培养。培养学生具备国际化视野和综合能力，既能够在中国茶文化传统领域发展，也能够在国际市场上开拓新局面，对于学生职业发展和行业发展都具有重要意义。其次，新中式茶饮国际化人才培养的路径应该注重实践能力和专业技能的培养。学生除了需要具备扎实的茶艺、茶叶知识和技能外，还需要具备国际市场分析、市场营销、国际贸易、跨文化交流等方面的能力与素养。因此，高职茶专业应该通过设计多样化的实践教学项目、开展国际交流合作、组织实习实训等方式，帮助学生全面提升实际操作能力和行业背景知识，为未来国际市场的工作做好准备。再次，新中式茶饮国际化人才培养的路径应该注重跨学科综合能力的培养。新中式茶饮融合了茶文化、餐饮服务、市场营销、文化传播等多个领域的知识和技能，要求学生具备跨学科的视野和综合能力。高职茶专业可以通过拓宽课程设置、跨学科教学团队合作、开设双学位或联合培养项目等方式，引导学生跨越不同学科领域的壁垒，整合各方面的知识与技能，提升学生的综合素养与竞争力。最后，新中式茶饮国际化人才培养的路径还应注重学生的自主学习与创新能力的培养。在国际化背景下，学生需要具备不断学习、不断创新的能力，适应未来社会的快速变化和多元发展需求。高职茶专业可以通过开展科研实践、社会实践、创新创业项目等方式，培养学生的自主学习精神和创新思维，激发学生的创造力和创新能力，为他们未来职业发展与自我实现打下坚实基础。

综上所述，新中式茶饮作为中国传统茶文化与现代时尚饮品文化的结合，需要具有国际化背景和综合能力的人才来推动行业的发展与壮大。高职茶专业应当注重培养学生的文化传承与创新能力、实践能力与专业技能、跨学科综合能力和自主学习与创新能力，引领学生走向国际舞台，成为新时代的茶业领军人才。只有不断探索和实践，不断创新与突破，才能为高职茶专业的国际化发展和学生的职业发展提供更多的机遇与支持，助力中国茶业产业在世界茶道上展现出更加璀璨的光彩。

21.3　推动新中式茶饮教育国际合作交流

随着新中式茶饮产业的兴起和中国传统茶文化的国际传播，促进新中式茶饮教育与国际合作交流既能够提升高职茶专业的国际声誉和影响力，也能够丰富学生的学习体验、增加就业竞争力，同时还有助于推动中国茶文化在国际舞台上的传播与推广。因此，在新中式茶饮视角下，高职茶专业应当积极推动新中式茶饮教育与国际合作交流，不断提升教育水平和办学质量。

首先，推动新中式茶饮教育国际合作交流，有助于引进国际先进教学理念和技术手段，提升教学质量和培养能力。通过与国际知名茶业院校合作开展交流项目，高职茶专业可以借鉴国外先进的教学方法和实践经验，提升师资队伍的教学水平和科研能力，促进教学资源的共享与整合，为学生提供更加优质、多元化的学习资源和实践机会，激发学生的学习兴趣和创新潜能。其次，推动新中式茶饮教育国际合作交流，可以促进学生的国际化视野和跨文化交流能力的提升。通过组织学生参与国际交流项目、开展海外实习实训等方式，高职茶专业可以帮助学生更深入地了解国际茶业市场、不同国家的茶文化、消费习惯和行业发展动态，拓宽学生的国际视野，增强跨文化沟通和合作能力，提升学生适应国际化背景的就业竞争力和发展潜力。再次，推动新中式茶饮教育国际合作交流，可以促进学术研究与学科建设的深度合作与交流。高职茶专业可以与国际著名茶学研究机构及相关学科领域的高校进行学术交流合作，共同开展科研项目、举办学术会议、出版学术论文等活动，促进学术研究的深度合作与交流，推动学科建设与发展，为茶业领域的创新发展提供更多的学术支持和智力资源。最后，推动新中式茶饮教育国际合作交流，还可以促进师资队伍的国际化与能力建设。高职茶专业可以通过组织教师赴国外进行学术交流、参与国际会议、开展外籍专家讲座等方式，提升教师的国际化视野和教学水平，激发教师的教学热情和科研激情，促进师资队伍的专业发展与学术提升，为学生提供更加优质和专业化的教育服务。

综上所述，通过积极推动国际合作交流，高职茶专业可以引入国际先进教学资源和理念，提升教学质量和培养能力；促进学生的国际化视野和跨文化交流能力的提升，增强学生的竞争力和综合素养；推动学术研究与学科建设的深度合作与交流，丰富学科内涵与发展方向；促进师资队伍的国际化与能力建设，提高教师的教学水平和科研能力。通过不断推进教育国际合作交流，高职茶专业可以为茶业领域的国际化发展提供更多的人才支持和智力保障，推动中国茶文化在国际舞台上的传播与推广。

22　研究结论与未来展望

22.1　研究结论

本研究旨在以新中式茶饮视角下高职茶专业教学传承与创新为主题，通过系统梳理相关文献、深入调研数据以及实地考察，探讨高职茶专业教学在新中式茶饮发展背景下的挑战和机遇。

本研究通过对研究数据和实地考察结果的分析，得出以下关键结论，以期为高职茶专业教育的持续发展和创新提供理论指导和实践经验。首先，随着新中式茶饮在市场中迅速崛起与蓬勃发展，高职茶专业教育亦面临着新的要求和挑战。传统的茶道、茶艺等课程始终是高职茶专业的核心，但需结合新中式茶饮的市场特点与消费趋势，灵活调整课程设置与教学方法，以培养学生对茶饮品类的深刻理解和创新应用能力。在传承中国茶道文化的同时，将现代茶业的商业运作、产品研发和品牌营销纳入教学内容，使学生具备更全面的专业知识和实践技能，适应行业日新月异的变化和发展需求。其次，在教学方法上，实践教学与理论教学的结合至关重要。为了更好地培养学生对新中式茶饮的制作技能和市场需求的把握能力，高职茶专业应加强实践性课程设计，如实地考察、实训课程等，让学生通过亲身体验和实际操作来深化学习。同时，邀请业界专家和企业实践人员参与教学，将实践经验和行业动态融入教学内容，为学生提供更丰富的学习资源和就业机会，激发学生的学习热情和职业发展动力。此外，本研究所得结论为高职茶专业的教学传承与创新提供了一定的理论支持和实践指导，为行业发展提供了新的人才支持。最后在教学成果展示与贡献分析上，通过对茶专业教学现状的深入剖析和市场需求的认知，可以为高校教育部门和教师提供更具针对性和实效性的教学方案和培训机制，促进茶文化的传承与创新，推动茶业产业的良性发展。

然而，我们也必须保持清醒的认知，正视目前存在的问题与挑战。例如，高职茶专业教师队伍短缺、教学设施条件有待改善等都是亟待解决的难题。为此高校教育部门需加大对教师队伍的培训和引进力度，提升教师的专业素养和教学水平；同时加大对实验室设施与技术装备的投入，提高实践教学的质量和水平，确保学生能够获得更加全面和实用的专业知识和技能。

综上所述，本研究从新中式茶饮视角出发，对高职茶专业教学传承与创新进行了全面深入的探讨和分析。通过对理论文献的归纳总结、实地考察的实证研究，为高职茶专业的持续改进与发展提供了重要参考和建议。

22.2 未来展望

22.2.1 新中式茶饮发展趋势分析

新中式茶饮行业正处于蓬勃发展的阶段，前景广阔，吸引着越来越多的消费者和投资者的关注。在新中式茶饮行业的快速发展中，以下几个方面的发展趋势将成为行业发展的重要方向：第一，创新饮品和产品将成为新中式茶饮行业发展的关键驱动力。随着消费者口味的不断更新和变化，对于茶饮品种、口味和配方的需求也在不断变化和升级。因此，新中式茶饮行业需要不断推出具有创新性和个性化的饮品和产品，以迎合消费者的多样化需求。这意味着行业内的企业需要加大对研发创新的投入，培养专业的研发团队，持续推出具有市场竞争力的新品种和新口味，不断拓展产品线，提升产品的吸引力和竞争力。第二，品牌建设和扩张将成为新中式茶饮行业的重要发展方向。随着市场竞争的加剧，建立品牌形象和提升品牌知名度对于行业内的企业来说愈发重要。因此，新中式茶饮品牌需要加强品牌建设和推广工作，注重打造独特的品牌文化和形象，提升品牌的认知度和美誉度。同时行业内优秀的品牌还可以考虑拓展国际市场，将新中式茶饮文化推向全球，吸引更多国际消费者的关注和喜爱，促进品牌的国际化发展。第三，绿色健康发展是新中式茶饮行业的必然选择。随着人们对健康生活方式的日益重视，新中式茶饮行业将越来越注重推出健康、有机的茶饮产品，满足消费者对绿色健康产品的需求。生产过程中的原料选择、加工工艺以及环境保护等方面都将成为企业发展的重要考量因素。同时企业需要加大对原材料的筛选和监控，确保产品的质量和安全，符合消费者对绿色健康产品的追求。此外，在经营过程中，企业还需要注重环境保护和可持续发展，推动整个产业链的绿色转型，避免对环境造成负面影响，促进行业的可持续发展。

总体来看，新中式茶饮行业具有巨大的发展潜力和市场空间，未来随着消费需求的不断提升和市场竞争的加剧，行业内的企业将需要不断创新、加强品牌建设以及致力于绿色健康发展，以适应市场变化和挑战，实现行业的持续发展和壮大。只有不断提升产品品质、服务水平和品牌形象，不断拓展市场份额和国际影响力，新中式茶饮行业才能在激烈的市场竞争中脱颖而出，赢得更广阔的发展空间和更长远的发展前景。

22.2.2 高职茶专业教学的未来发展方向

随着新中式茶饮行业的蓬勃发展和市场需求的变化，高职茶专业的教学模式也需要不断调整和改进，以适应行业发展的需求和挑战。

在未来的发展中，高职茶专业教学的方向主要将包括以下几个方面：第一，专业课程的优化和更新。随着新中式茶饮行业的迅速崛起和消费者需求的变化，高职茶专业需要不断优化课程设置，更新教学内容，及时融入行业最新发展趋势和技术创新，确保教学内容与实际市场需求保持一致。通过对课程体系的优化和更新，高职茶专业可以更好地培养学生的专业知识和实践技能，提高毕业生的就业竞争力和适应行业发展的能力。第二，实践性教学的强化。新中式茶饮行业对专业人才的实践能力要求较高，因此高职茶专业教学应该注重实践性教学环节的设置和强化，提升学生的实际操作能力和创新能力。通过增加实训课程、实地考察、模拟实习等方式，让学生在真实的工作场景中进行实践操作，锻炼实际应用能力，培养解决问题的能力和创新思维，为他们未来的职业发展奠定坚实的基础。第三，行业合作与实习基地建设。高职院校应积极与新中式茶饮行业建立紧密的合作关系，开设实习基地，为学生提供更多的实践机会和行业资源，帮助他们更好地融入行业。通过与行业合作，学生可以接触到最新的行业发展动态和技术趋势，提前了解市场需求和行业要求，增强就业竞争力。同时，实习基地的建设也能为学生提供更多的实践机会和专业指导，帮助他们将理论知识应用到实际工作中，提升实操技能和职业素养。

22.2.3 创新模式探索与发展策略建议

创新模式探索与发展策略是任何行业和领域都需要不断思考和实践的重要方面。特别是在高职茶专业教学领域，创新模式的探索和发展策略的制定对于培养优秀的专业人才和推动行业发展至关重要。

在此背景下，各高校首先要加强师资队伍建设。教师团队是高职茶专业教学的重要支柱，他们的教学水平和实践经验直接关系到教学质量和学生的学习效果。因此建议学校应重视师资队伍的建设，培养一支具有丰富实践经验和行业背景的教师团队。这样的教师团队可以为学生提供更具实战性的教学内容和指导，帮助学生更好地理解行业需求和就业市场，为他们的职业发展提供有力支持。其次，开展行业研究与创新项目。通过鼓励学生和教师参与行业研究和创新项目，学校可以提升自身的创新能力和影响力，为行业发展注入新的活力和动力。学生可以通过参与项目实践，锻炼解决问题的能力和创新思维，为未来的职业发展做好准备。同时学校也可以通过开展创新项目，探索新的教学模式和实践路径，不断提升教学质量和学校声誉。最后，拓展国际交流与合作。在当今全球化的背景下，开展国际茶文化交流活动，与国外知名高校或企业建立合作关系，可以为高职茶专业教学注入新的思想和理念，促进学校的国际化发展。通过引进国外优质教育资源和先进理念，学校可以提升教育水平和教学质量，为学生提供更广阔的学习平台和更多的发展机会。国际交流与合作还可以促进行业内外的资源共享和经验交流，推动行业的国际化发展，提升行业的竞争力和影响力。

参考文献

王友财，黎雪，2024. “一带一路”倡议下高职院校农业类国际应用型人才培养路径探索［J］. 公关世界（13）：36-38.

罗希，刘松林，2024. 高职教育专业教学创新研究：基于创新共同体理论的视角［J］. 河北软件职业技术学院学报，26（2）：28-32.

束必清，刘晓宏，郑娟，2024. 产业学院背景下职业院校土建类专业课程思政研究［J］. 佳木斯职业学院学报，40（6）：194-196.

张国丽，赵炳国，2024. 高职院校技能型人才培养的国际合作创新研究［J］. 河北软件职业技术学院学报，26（2）：24-27.

王庚辰，2024. 生活的艺术：中国茶文化的功夫取向［J］. 茶业通报，46（2）：85-90.

黄渊，2024. 新时代高职大学生管理工作面临的困难与对策探析［J］. 成才之路（18）：13-16.

魏媛，2024. 高职院校“课堂改革”实施路径研究［J］. 成才之路（18）：21-24.

周聃，严雨灵，欧阳全胜，2024. 以变破唯：构建高职院校中德合作办学路径探析［J］. 继续教育研究（8）：41-46.

张顺，刘万英，王一臣，2024. 政产学研用体系视角下职业院校人才培养模式构建［J］. 科技风（17）：73-75.

陈志斌，2024. 茶文化视阈下的高校创新创业教育工作优化路径［J］. 福建茶叶，46（6）：105-107.

王一淇，2024. 茶文化进高校思政课堂的实践分析［J］. 福建茶叶，46（6）：116-118.

郑琦，贾丽娜，杨鸿鹏，2024. 茶文化与思政教育的创新融合模式［J］. 福建茶叶，46（6）：122-124.

孙珊珊，2024. 茶文化融入高职院校思政教育的作用与策略［J］. 福建茶叶，46（6）：125-127.

代水冰，宋蔚，赖莉，2024. “课程思政”视域下茶文化在大学生就业创业教育中的应用［J］. 福建茶叶，46（6）：127-129.

杨笑冉，2024.《在斯万家那边》中“茶文化”的象征及作用分析［J］. 福建茶叶，46（6）：145-147.

张晓俭，2024. 茶文化与体育产业有机融合促发展策略[J]. 福建茶叶，46（6）：62-64.

郑礼平，2024. 基层经济管理与茶文化旅游产业的协同发展路径［J］. 福建茶叶，46（6）：65-67.

刘丽阳，2024. 茶艺带动茶旅融合发展的乡村振兴之路：以宁波海曙为例［J］. 福建茶叶，46（6）：71-73.

赵赟，2024. 茶文化背景下的体育旅游产业发展研究［J］. 福建茶叶，46（6）：83-85.

曹倩，2024. 中西方文化差异对茶文化英语翻译的影响［J］. 福建茶叶，46（6）：153-155.

陈杰平，2024. 英语语言文学对茶文化传播的作用［J］. 福建茶叶，46（6）：165-167.

郭晶宇，徐晓芳，张玲玲，2024. 中国茶文化对心理健康的影响初探［J］. 福建茶叶，46（6）：193-195.

李川，2024. 马克思主义文化观视阈下中国优秀茶文化创新发展策略［J］. 福建茶叶，46（6）：1-3.

冯静雯，2024. 思政教育中茶文化融入课堂教学的途径［J］. 福建茶叶，46（6）：113-115.

吴秋梅，2024. 基于茶文化的高校人力资源管理［J］. 福建茶叶，46（6）：108-110.

黄梦琪，赵颖，杨蕾，2024. “双高”建设背景下高职院校实践创新能力人才培养的协同提升路径［J］. 杨凌职业技术学院学报，23（2）：76-79.

王琼，2024. 茶文化的历史传承与现代发展趋势［J］. 福建茶叶，46（6）：190-192.

柯杰，2024. 大学生文化自信视角下优秀茶文化的创新发展路径［J］. 福建茶叶，46（6）：4-6.

冯安琪，2024. 茶艺的文化传承与创新实践［J］. 福建茶叶，46（6）：74-76.

王荣华，2024. 基于传统文化的茶馆环境设计策略［J］. 福建茶叶，46（6）：96-98.

陶琛，2024. 茶文化融入社区教育路径探索［J］. 广东茶业（3）：40-43.

王永飞，马慧，2024. 劳动教育融入高职院校人才培养体系的实践路径分析［J］. 河北职业教育，8（2）：101-104.

海南，2024. 产教融合背景下高职院校职业素养培养途径与策略研究［J］. 北京政法职业学院学报（2）：114-119.

林树清，2024. 传统茶文化与现代生活理念的碰撞、交融与传承：以福安“坦洋工夫”红茶为例［J］. 文物鉴定与鉴赏（11）：122-125.

刘立兵，赵虹霞，2024. “参与式”视角下的高职学生人才培养模式探析［J］. 公关世界（11）：181-183.

汪灵，2024. 对标国家职业技能标准的高职人才培养策略［J］. 公关世界（11）：82-84.

吉元强，2024. 新时代劳动教育融入高职院校人才培养全过程的路径研究［J］. 现代职业教育（16）：33-36.

平婧，2024. 产学研深度融合背景下高职院校创新创业人才培养的实然困囿与应然路径［J］. 现代职业教育（16）：161-164.

刘晓璇，2024. 高职院校技能人才培养赋能新质生产力的内在逻辑研究与路径探索［J］. 现代职业教育（16）：149-152.

钱晓玲，2024. 乡村振兴背景下高职助力乡村物流人才培养模式研究［J］. 现代职业教育（16）：169-172.

史田田，闫薇，杨林，等，2024. 高职院校涉农专业服务区域乡村振兴的双创型人才培养研究［J］. 现代职业教育（16）：37-40.

王敏，2024. 以职业生涯规划提升高职院校人才培养质量［J］. 四川劳动保障（5）：70-71.

姚大斌，2024. 中国式现代化视域下高职院校创新创业型人才培养研究［J］. 科教文汇（10）：147-151.

李阳，2024. 知识整合视角下高职院校专业群的生成机制研究［J］. 当代职业教育（3）：30-39.

朱骅，2024. 高职院校多类型人才培养的实践路径研究［J］. 齐齐哈尔大学学报（哲学社会科学版）（5）：145-147，167.

朱彧，陈姣，2024. 思政元素融入高职院校管理学课程教学探索［J］. 成才之路（15）：65-68.

李杨，任佳丽，2024. "双高计划"背景下高职院校人才培养模式研究［J］. 现代商贸工业，45（12）：131-133.

徐冬冬，2024. 校企合作模式下的高职院校职业道德教育体系的构建［J］. 才智（15）：112-115.

赵捷，2024. 人才培养模式改革与高职教学管理体系建设思考［J］. 公关世界（9）：42-44.

刘鹄，李玄，2024. 高职院校创新创业人才培养的信息化路径探索［J］. 公关世界（10）：53-55.

林小萍，2024. 新时代高职教育赋能乡村人才振兴的现实困境与对策［J］. 才智（14）：189-192.

朱国华，2024. 中华优秀传统文化在高职院校中的传承路径［J］. 文化创新比较研究，8（14）：133-137.

李岩，2024. 数字化赋能高职院校教师队伍建设的研究［J］. 大学（13）：141-144.

姚建锋，2024. 高职院校双层嵌入创新创业教育研究［J］. 现代职业教育（13）：21-24.

赵登梅，龙锦春，2024. 乡村振兴战略背景下高职院校人才培养路径研究［J］. 现代职业教育（13）：49-52.

张永鹏，2024. 高职院校数字经济人才培养创新机制分析［J］. 理财（5）：96-97，100.

楚爱英，罗俊波，2024. 中华优秀传统文化融入广东省体育高职院校人才培养策略研究［J］. 体育世界（4）：20-22.

宋灵，2024. 新时代高职院校“德技并修、产教融合”人才培养模式探究［J］. 大众文艺（8）：154-156.

张俊强，徐翔，金小千，2024. 人才培养“小切口”绘就乡村振兴“大文章”：基于常德职业技术学院服务乡村发展的实践［J］. 机械职业教育（4）：19-23.

李友余，江玉芬，陈玲，2024. 高职科产教融合型“双创”实践基地全域人才培养模式研究［J］. 创新创业理论研究与实践，7（8）：135-140.

史琦琪，2024. 高质量就业视角下高职院校招生、专业设置与人才培养联动机制研究［J］. 公关世界（7）：51-53.

裴瑞，张建珍，孙伟俊，2024. 高职院校职业导师制人才培养模式探究：以山西机电职业技术学院为例［J］. 广西职业技术学院学报，17（2）：97-103.

毛永乐，2024. 产教融合视域下高职院校创新人才培养模式构建［J］. 新课程研究（12）：63-65.

郭萌迪，2024. “互联网+”背景下高职院校应用型人才培养模式探讨［J］. 互联网周刊（8）：75-77.

胡生琴，戚燕丽，赵泓洋，2023. PBL 教学法在混合式教学模式中的应用探索：以茶学专业英语为例［J］. 江苏航运职业技术学院学报，22（4）：94-98.

谭梦聪，2023. 茶文化与农林高校汉语言文学专业实践教学融合路径研究［J］. 福建茶叶，45（10）：113-115.

谢志萍，王保云，罗永琴，等，2023. 滇西应用技术大学茶学专业实践教学信息化平台建设［J］. 中南农业科技，44（9）：208-212，225.

杨娴，胡庆政，张蓓蓓，2023. 论茶文化融入高职中医学专业英语教学的三层逻辑［J］. 卫生职业教育，41（10）：69-72.

郑世仲，周子维，林志斌，等，2023. 乡村振兴背景下茶学专业实践教学体系改革探索［J］. 安徽农业科学，51（3）：280-282.

黄晓琴，张丽霞，向勤锃，等，2022. 茶学专业实践教学模式创新与实践［J］. 中国茶叶，44（5）：71-75.

李琴，2022. 茶文化视域下旅游管理专业实践教学体系构建思路［J］. 福建茶叶，44（5）：177-179.

覃美绒，2022. 茶与咖啡文化在高校双语教学中的跨文化交际功能研究［J］. 产业与科技论坛，21（9）：163-164.

陈勤操，黄莹捷，甘玉迪，等，2022. 新农科建设背景下茶学专业实践教学体系改革思考［J］. 南方园艺，33（1）：70-73.

阳相翼，顾晴怡，2022. 茶文化融入法学专业课程思政教育探析［J］. 福建茶叶，44（1）：188-190.

温燕，康保苓，2021. 新文科建设背景下茶文化专业课程思政实践与思考：以习茶礼仪教学为例［J］. 河北能源职业技术学院学报，21（4）：68-72，75.

邓燕莉，2021. “新农科”背景下茶学专业实践教学的改革与创新［J］. 福建茶叶，43（12）：87-88.

孙丽娜，2021. 基于茶文化视域下高校金融专业人才培养改革路径［J］. 福建茶叶，43（9）：174-176.

杨金澔，2021. 茶文化在计算机专业课程思政教学中的应用研究［J］. 福建茶叶，43（8）：181-182.

彭家欣，2021. 茶文化背景下市场营销专业教育教学现状与创新策略研究［J］. 福建茶叶，43（1）：169-171.

王丽梅，2020. 基于茶文化的环境设计专业产教融合模式探究［J］. 福建茶叶，42（12）：113-114.

袁红雨，韩艳婷，2020. 地方应用型本科高校茶学专业实践教学改革探讨［J］. 课程教育研究（49）：111-112，114.